"十四五"职业教育国家规划教材 修订版

车削加工技术

第 2 版

主　编　汪哲能　徐文庆

副主编　陈黎明　刘少华　蒋林翰

参　编　刘红燕　袁文昭　高　伟

　　　　丁　宁　吴　落　赵泽辉

　　　　王同伟　林少龙　刘登发

主　审　张信群

机械工业出版社

本书是"十四五"职业教育国家规划教材修订版，是根据教育部新颁布的职业教育相关专业教学标准，同时参考车工职业资格标准编写的。本书采用现行国家标准，突出理论与实践的结合，将车工的工艺知识与基本技能训练有机地结合起来，用理论指导实践，用实践验证理论，体现"学中做、做中教"的先进教学理念。

本书内容包括车工概述、车工常用工装夹具、车削外圆柱面、车削内圆柱面、车削圆锥面、车削成形面和表面修饰加工以及车削螺纹七个模块。

为便于教学，本书配套有教学课件等教学资源，选择本书作为教材的教师可来电（010-88379375）索取，或登录 www.cmpedu.com 网站，注册、免费下载。

本书可作为职业院校装备制造大类相关专业教材，也可作为职工的培训或自学用书，以及相关工程技术人员的参考用书。

图书在版编目（CIP）数据

车削加工技术/汪哲能，徐文庆主编. —2 版（修订版）. —北京：机械工业出版社，2023. 10（2024. 8 重印）

"十四五"职业教育国家规划教材

ISBN 978-7-111-74022-3

Ⅰ.①车… Ⅱ.①汪… ②徐… Ⅲ.①车削-职业教育-教材 Ⅳ.①TG51

中国国家版本馆 CIP 数据核字（2023）第 190903 号

机械工业出版社（北京市百万庄大街 22 号 邮政编码 100037）

策划编辑：赵文婕 责任编辑：赵文婕
责任校对：宋 安 封面设计：王 旭
责任印制：郜 敏

三河市宏达印刷有限公司印刷

2024 年 8 月第 2 版第 2 次印刷

210mm×285mm · 13. 75 印张 · 312 千字

标准书号：ISBN 978-7-111-74022-3

定价：49.00 元

电话服务　　　　　　　　网络服务
客服电话：010-88361066　　机 工 官 网：www.cmpbook.com
　　　　　010-88379833　　机 工 官 博：weibo.com/cmp1952
　　　　　010-68326294　　金 书 网：www.golden-book.com
封底无防伪标均为盗版　机工教育服务网：www.cmpedu.com

关于"十四五"职业教育
国家规划教材的出版说明

为贯彻落实《中共中央关于认真学习宣传贯彻党的二十大精神的决定》《习近平新时代中国特色社会主义思想进课程教材指南》《职业院校教材管理办法》等文件精神，机械工业出版社与教材编写团队一道，认真执行思政内容进教材、进课堂、进头脑要求，尊重教育规律，遵循学科特点，对教材内容进行了更新，着力落实以下要求：

1. 提升教材铸魂育人功能，培育、践行社会主义核心价值观，教育引导学生树立共产主义远大理想和中国特色社会主义共同理想，坚定"四个自信"，厚植爱国主义情怀，把爱国情、强国志、报国行自觉融入建设社会主义现代化强国、实现中华民族伟大复兴的奋斗之中。同时，弘扬中华优秀传统文化，深入开展宪法法治教育。

2. 注重科学思维方法训练和科学伦理教育，培养学生探索未知、追求真理、勇攀科学高峰的责任感和使命感；强化学生工程伦理教育，培养学生精益求精的大国工匠精神，激发学生科技报国的家国情怀和使命担当。加快构建中国特色哲学社会科学学科体系、学术体系、话语体系。帮助学生了解相关专业和行业领域的国家战略、法律法规和相关政策，引导学生深入社会实践、关注现实问题，培育学生经世济民、诚信服务、德法兼修的职业素养。

3. 教育引导学生深刻理解并自觉实践各行业的职业精神、职业规范，增强职业责任感，培养遵纪守法、爱岗敬业、无私奉献、诚实守信、公道办事、开拓创新的职业品格和行为习惯。

在此基础上，及时更新教材知识内容，体现产业发展的新技术、新工艺、新规范、新标准。加强教材数字化建设，丰富配套资源，形成可听、可视、可练、可互动的融媒体教材。

教材建设需要各方的共同努力，也欢迎相关教材使用院校的师生及时反馈意见和建议，我们将认真组织力量进行研究，在后续重印及再版时吸纳改进，不断推动高质量教材出版。

机械工业出版社

第2版前言

　　车削加工是机械制造业中应用非常广泛的一种加工方法，车床的数量约占机床总数的一半。为帮助读者更好地掌握车工初、中级技能，根据《国家职业技能标准　车工》的知识要求和技能要求，由职业院校骨干教师和企业一线工程技术人员编写了本书。本书自第1版出版发行以来，得到了读者的欢迎和喜爱，也获得了读者对教材使用情况的反馈。为深入贯彻党的二十大报告中关于"深化教育领域综合改革，加强教材建设和管理"的精神，在机械工业出版社的大力支持下，在充分吸收读者意见和建议的基础上，对第1版进行了修订。

　　修订后，本书有以下特色：

　　1. 更新标准，理实结合。采用现行国家标准，突出理论与实践的结合，将车工的工艺知识与基本技能训练有机地结合起来，用理论指导实践，用实践验证理论。

　　2. 精心安排各任务，内容贴合实际生产。在本书的编写过程中，编者始终坚持从生产实际出发，合理安排全书的知识和技能结构，突出技能培养。为贯彻落实党的二十大报告提出的"绿色低碳"发展理念，精心设计训练课题，尽量提高材料的利用率，在保证训练效果的同时，极大地减少了材料的消耗。

　　3. 注重培养职业兴趣。在结构安排和表达方式上，强调由浅入深，循序渐进，力求做到图文并茂，形象直观，通俗易懂，以规范学生的职业素养，培养学生的职业兴趣。

　　本书以国家颁布的职业标准考核内容为基本依据，从职业院校学生基础能力出发，遵循专业理论的学习规律和技能形成规律，根据生产一线对车工技能的要求，设计了一系列课题，使知识点更完善，能力点更均衡，强调实践与理论的结合，实现了岗课赛证融通，为学生提供了立体化的成长空间，从而实现个性化、综合化的人才培养，有利于学生的综合成长。为推进教育数字化，建设全民终身学习的学习型社会、学习型大国，适应数字化教学的发展需要，本书对部分内容提供了数字化教学资源，以供读者学习时选用。

　　本书由湖南财经工业职业技术学院汪哲能、徐文庆任主编，陈黎明、刘少华、蒋林翰任副主编，参加编写工作的还有刘红燕、袁文昭、高伟、丁宁、吴落、赵泽辉、王同伟、林少龙、刘登发。本书由张信群主审。山东豪迈数控机床有限公司教育行业总监王同伟、特变电工衡阳变压器有限公司人力资源部校企合作主任林少龙、衡阳风顺车桥有限公司总工程师刘登发等多位企业一线工程技术人员深度参与教材的编写工作，从本书体系的构建、内容的选取及训练课题的设置，依据行业企业对技术技能人才的需求，提供了极具实践价值的建议和意见。

在本书的编写过程中，编者参阅了同类教材及有关资料、技术标准等，本书的顺利完成，离不开这些作者们的辛勤付出，也得到了很多同行无私的帮助和支持，在此一并致以衷心的谢意。

虽然编者在编写过程中本着认真负责的态度，力求做到精益求精，但由于水平有限，且深感知识世界的广袤无垠，书中难免存在疏漏和不足，恳请读者不吝赐教，对书中不妥之处予以指正，以便做出进一步的修改。编者邮箱：hywzn@ yeah. net。

编　者

第1版前言

　　本书采用最新国家标准，突出理论与实践的结合，将车工的工艺知识与基本技能训练有机地结合起来，用理论指导实践，用实践验证理论。在本书的编写过程中，编者始终坚持从生产实际出发，合理安排全书的知识和技能结构，突出技能性培养，摒弃"繁难偏旧"的理论知识讲解。在结构安排和表达方式上，强调由浅入深，循序渐进，力求做到图文并茂、形象直观、通俗易懂，让读者由浅入深，理论联系实际，逐步掌握车工的基本操作技能及相关的工艺知识，从而具备完成生产任务和分析问题、解决问题的能力。

　　本书以就业为导向，以国家颁布的职业标准考核内容为基本依据，从职业院校学生基础能力出发，遵循专业理论的学习规律和技能形成规律，设计了一系列课题，使知识点更完善，能力点更均衡，有利于学生的综合成长。为贯彻推进教育数字化要求，新增了二维码链接的视频资源，供师生教学、学习参考。

　　本书由湖南财经工业职业技术学院汪哲能、刘少华任主编，周晓宏（深圳技师学院）、陈黎明、熊建武（湖南工业职业技术学院）任副主编，全书由滁州职业技术学院张信群主审。参加编写工作的还有徐文庆、袁文昭、高伟、周勇、赵泽辉、雷小云、刘登发、朱茂蒙。从本书体系的构思到内容的选取上，东莞科立五金模具厂总工程师陈黎明、衡阳风顺车桥有限公司总工程师刘登发、湖南天雁机械有限责任公司高级技师朱茂蒙等多位企业一线工程技术人员提供了极具实践价值的建议和意见。

　　本书经职业教育教材审定委员会审定，评审专家对本书提出了宝贵的建议，在此对他们表示衷心感谢！在本书的编写过程中，编者参阅了同类教材及有关资料、技术标准等，本书的顺利完成，离不开这些作者们的辛勤付出，也得到了很多同行无私的帮助和支持，在此一并致以衷心的谢意。

　　虽然编者在编写过程中本着认真负责的态度，力求做到精益求精，但由于水平有限，且深感知识世界的广袤无垠，书中难免存在疏漏和不足，恳请读者不吝赐教，对书中不妥之处予以指正，以便做出进一步的修改。编者邮箱：hywzn@ yeah. net。

编　者

目录

车工概述

模块描述

在装备制造业中，车削加工是应用非常广泛的一种加工方法，车床在金属切削机床中的数量约占机床总数的一半。本模块介绍车工的主要工作内容、常用车床的种类、典型车床的基本操作、车工安全文明生产常识、切削加工的相关知识，以及车床的润滑与维护保养。

学习目标

知识目标

1. 了解车工的主要工作内容。
2. 了解常用车床的种类。
3. 掌握切削加工的相关内容。

技能目标

1. 掌握 CA6140 型卧式车床的基本操作方法。
2. 掌握车工的安全文明生产常识，注重个人安全防护。
3. 能进行车床的基本维护和保养。
4. 具备知识技能拓展能力及适应发展的能力。

素养目标

1. 培养敬业、专注、创新的工匠精神。
2. 具备将车工基本知识应用于具体工作领域的能力，具有一定的分析问题和解决问题的能力。

课题一 车工的主要工作内容及车床的基本操作

一、车工的主要工作内容

1. 车削加工

车削加工是在车床上以零件的旋转运动为主运动，刀具（车刀、钻头、铰刀、丝锥、板牙等）只作横向、纵向进给运动，从而把毛坯加工为成品的加工方法，其运动如图1-1所示。

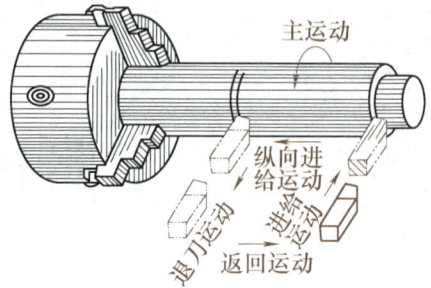

图1-1　车削运动

2. 车削加工范围

车削加工只能加工围绕中心回转的表面及内孔，如车削内外圆柱面、端面、止口、内外圆锥面、内外螺纹、沟槽、成形面和靠模成形等，如图1-2所示。

从加工工艺的角度看，车削加工可分为粗车（尺寸公差等级为IT11~IT12，表面粗糙度值为$Ra12.5~25\mu m$）、半精车（尺寸公差等级为IT9~IT10，表面粗糙度值为$Ra3.2~6.3\mu m$）和精车（尺寸公差等级为IT7~IT8，表面粗糙度值为$Ra0.8~1.6\mu m$）。

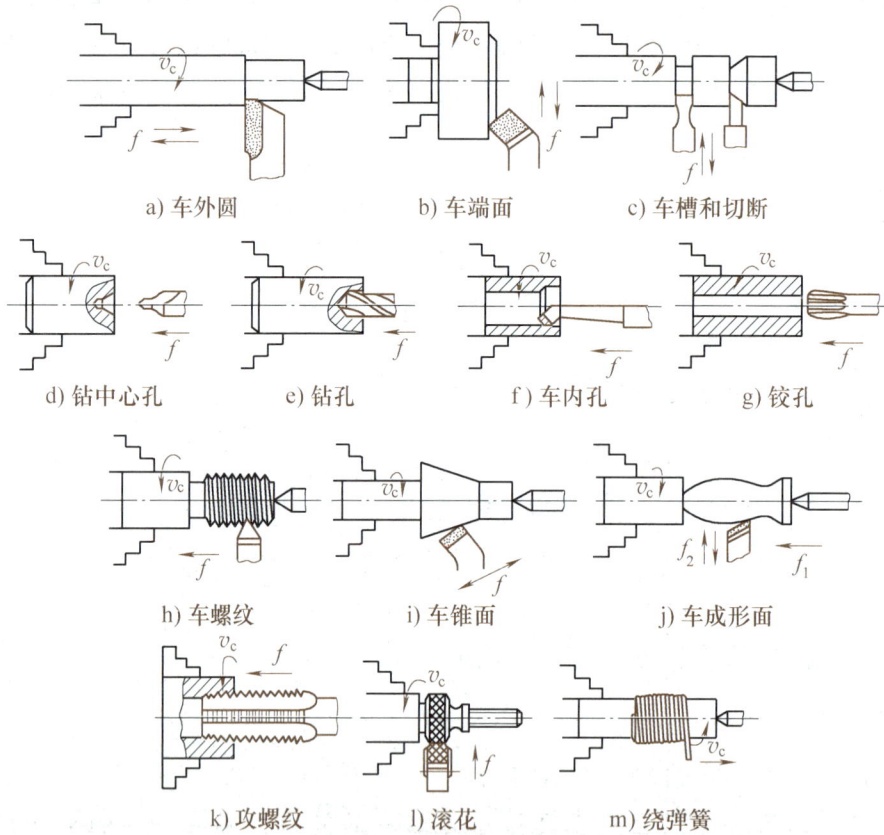

a) 车外圆　　b) 车端面　　c) 车槽和切断

d) 钻中心孔　e) 钻孔　f) 车内孔　g) 铰孔

h) 车螺纹　i) 车锥面　j) 车成形面

k) 攻螺纹　l) 滚花　m) 绕弹簧

图1-2　车削加工范围

在机械制造业中，车削加工是应用非常广泛的一种加工方法，车床在金属切削机床中的数量占机床总数的50%左右。

可用车削加工的零件种类繁多，如图1-3所示。

3. 车削的工艺特点

（1）加工范围广　只要是能在车床上装夹的零件，均可作车削加工；车削加工的精度范围大，可获得低、中和较高的加工精度；可加工各种金属材料和非金属材料，如钢、铸铁、非铁金属、塑料、木材等；加工批量不受限制，适用于单件小批到大批量生产。

（2）适用于塑性较大的非铁金属的精加工　塑性较大的非铁金属零件，若采用磨削

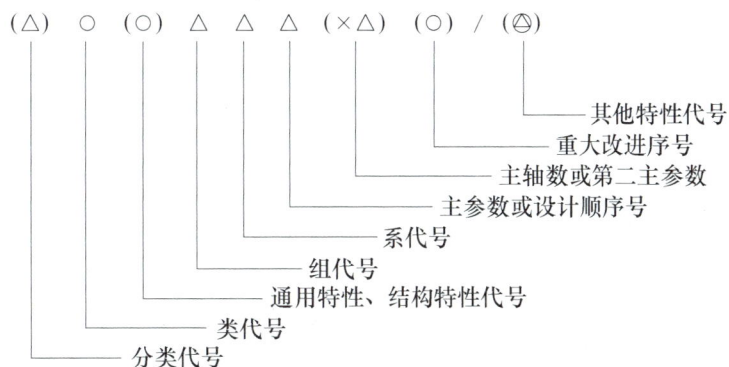

图 1-3　可用车削加工的零件

加工，则易堵塞砂轮，加工质量不高。若采用小进给量、高速（$v_c = 300\text{m/min}$）精细车削加工，则加工的尺寸公差等级可达 IT5～IT6，表面粗糙度值可达 $Ra0.2～0.4\mu\text{m}$。

（3）生产率高　由于一般车削过程是连续的，切削力变化很小，切削过程平稳，同时刀柄刚性大，因此可采用较大的切削用量，如高速切削和强力切削等。

（4）易于保证轴、套、盘类等零件各表面的位置精度　由于此类零件的各加工面具有同一回转轴线，并与车床主轴的回转轴线重合，因此可保证在一次装夹过程中加工出的各面相互间的同轴度和垂直度等几何精度符合要求。

（5）成本较低　车刀制造、刃磨和使用方便，通用性强；车床附件较多，可满足大多数零件的加工要求，生产准备时间短，有利于提高生产率，降低成本。

4. 车工

车工是操作车床进行零件旋转表面切削加工的人员。

二、机床型号的编制方法

GB/T 15375—2008《金属切削机床　型号编制方法》规定的通用金属切削机床型号由基本部分和辅助部分组成，中间用"/"隔开，读作"之"。基本部分需统一管理，辅助部分纳入型号与否由企业自定。型号构成如下：

$$(\triangle)\ \bigcirc\ (\bigcirc)\ \triangle\ \triangle\ \triangle\ (\times\triangle)\ (\bigcirc)\ /\ (\varoslash)$$

其他特性代号
重大改进序号
主轴数或第二主参数
主参数或设计顺序号
系代号
组代号
通用特性、结构特性代号
类代号
分类代号

注：① 有"（）"的代号或数字，当无内容时，不表示；若有内容则不带括号。

② 有"○"符号者，为大写的汉语拼音字母。

③ 有"△"符号者，为阿拉伯数字。

④ 有"⊘"符号者，为大写的汉语拼音字母或阿拉伯数字，或两者兼有之。

机床按其工作原理划分为11类，其类代号用大写的汉语拼音字母表示，按其相对应的汉字字意读音。例如：车床的类代号"C"读作"车"。

机床的分类和代号见表1-1。

表1-1 机床的分类和代号（摘自 GB/T 15375—2008）

类别	车床	钻床	镗床	磨床			齿轮加工机床	螺纹加工机床	铣床	刨插床	拉床	锯床	其他机床
代号	C	Z	T	M	2M	3M	Y	S	X	B	L	G	Q
读音	车	钻	镗	磨	二磨	三磨	牙	丝	铣	刨	拉	割	其

机床的通用特性代号和结构特性代号均用大写的汉语拼音字母表示，位于类代号之后。通用特性代号有统一的规定含义，其代号见表1-2。结构特性代号在型号中没有统一的含义，只在同类机床中起区分机床结构、性能的作用。当型号中有通用特性代号时，结构特性代号应排在通用特性代号之后。结构特性代号所用的汉语拼音字母，不能用通用特性代号已使用的字母和"I""O"两个字母，可用的有 A、B、C、D、E、L、N、P、T、Y，当单个字母不够用时，可将两个字母组合起来使用。

表1-2 机床的通用特性代号（摘自 GB/T 15375—2008）

通用特性	高精度	精密	自动	半自动	数控	加工中心（自动换刀）	仿形	轻型	加重型	柔性加工单元	数显	高速
代号	G	M	Z	B	K	H	F	Q	C	R	X	S
读音	高	密	自	半	控	换	仿	轻	重	柔	显	速

机床的组、系各用一位阿拉伯数字表示，依次位于类代号或通用特性代号、结构特性代号之后。金属切削机床的类、组划分情况见附录A。

机床型号中的主参数用折算值表示，位于系代号之后。当折算值大于1时，则取整数，前面不加"0"；当折算值小于1时，则取小数点后第一位数，并在前面加"0"。

车床的组、系划分及主参数情况见附录B。

三、常用车床

根据 GB/T 15375—2008《金属切削机床 型号编制方法》对机床的分类，车床可分为仪表小型车床，单轴自动车床，多轴自动、半自动车床，回轮、转塔车床，曲轴及凸轮轴车床，立式车床，落地及卧式车床，仿形及多刀车床，轮、轴、辊、锭及铲齿车床，其他车床共10组，其组代号分别用0~9表示。

1. 卧式车床

生产中应用最多的是卧式车床，其典型型号是 CA6140，如图1-4所示。它适用于单件、小批量的轴类、盘类零件的加工。

2. 回轮车床

图1-5所示的回轮车床没有尾座，有一个可绕水平轴线转位的圆盘形回轮刀架。回轮刀架可沿床身导轨纵向进给和绕自身轴线缓慢回转作横向进给。

回轮刀架上可以装夹较多的切削刀具，在一次安装中能完成较复杂零件表面的加工。

图 1-4　CA6140 型卧式车床

1—进给箱　2—交换齿轮箱　3—主轴箱　4—床鞍　5—中滑板　6—刀架　7—回转盘　8—小滑板
9—尾座　10—床身　11、15—床腿　12—光杠　13—丝杠　14—溜板箱　16—操纵手柄

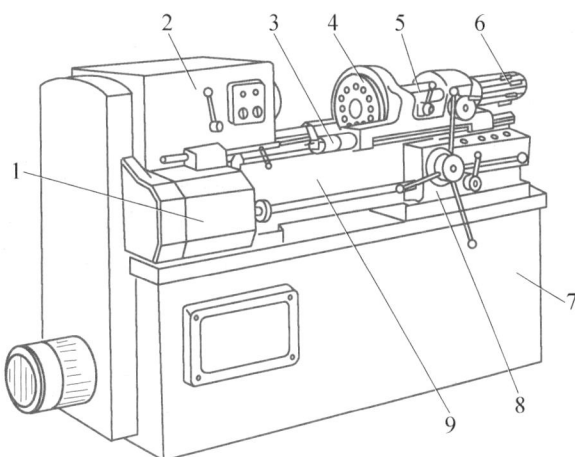

图 1-5　回轮车床

1—进给箱　2—主轴箱　3—刚性纵向定程机构　4—回轮刀架
5—纵向刀具溜板　6—纵向定程机构　7—底座　8—溜板箱　9—床身

回轮车床适用于中、小批量生产。

3. 转塔车床

图 1-6 所示的转塔车床有一个可绕垂直轴线转位的六角转塔刀架，此刀架通常只能作纵向进给。转塔车床也没有尾座。

六角转塔刀架可以装夹较多的切削刀具。转塔车床适用于中、小批量生产。

由于回轮车床和转塔车床没有丝杠，因此只能用丝锥、板牙加工内、外螺纹。

4. 立式车床

图 1-7 所示的立式车床用于加工径向尺寸大而轴向尺寸相对较小的大型和重型零件，分单柱式和双柱式。因为立式车床的结构布局特点是主轴垂直布置，有一个水平布置的、直径很大的圆形工作台供装夹零件，所以对于笨重零件的装夹、找正比较方便。由于工作台和零件的重力由床身导轨、推力轴承承受，极大地减轻了主轴轴承的负荷，因此可

图 1-6　转塔车床

1—进给箱　2—主轴箱　3—前刀架　4—转塔刀架　5—纵向溜板
6—定程装置　7—床身　8—转塔刀架溜板　9—前刀架溜板箱

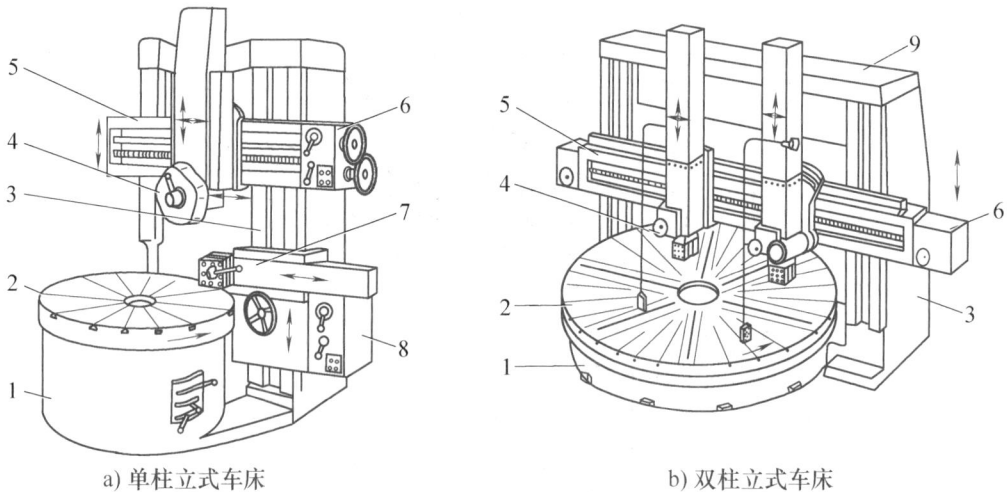

a) 单柱立式车床　　　　　　　　b) 双柱立式车床

图 1-7　立式车床

1—底座　2—工作台　3—立柱　4—垂直刀架　5—横梁
6—垂直刀架进给箱　7—侧刀架　8—侧刀架进给箱　9—顶梁

长期保持车床的加工精度。

四、CA6140 型卧式车床的基本操作

1. 主要组成

CA6140 型卧式车床的主要组成部分如图 1-4 所示。

（1）主轴箱　主轴箱支承主轴并带动零件作回转运动。主轴箱内装有齿轮、轴等零件，组成变速传动机构，变换主轴箱外手柄的位置，可使主轴得到多种不同转速。

（2）进给箱　进给箱是进给传动系统的变速机构，将交换齿轮箱传递来的运动经过变速后传递给丝杠或光杠，以实现各种螺纹的车削或机动进给。

（3）交换齿轮箱　交换齿轮箱用来将主轴的回转运动传递到进给箱。更换交换齿轮箱内的齿轮，配合进给箱变速机构，可以得到车削各种螺距的螺纹（或蜗杆）的进给运动，并满足车削时对不同纵、横向进给量的需求。

（4）溜板箱　溜板箱接受光杠或丝杠传递来的运动，驱动床鞍和中、小滑板及刀架实现车刀的纵、横向进给运动。溜板箱上装有一些手柄和按钮，可以方便地操纵车床来选择诸如机动、手动、车螺纹及快速移动等运动方式。

（5）床身　床身是车床的基础部件，其精度要求很高，用来支承和连接车床的各个部件。床身上面有两条精确的导轨（山形导轨和平导轨），床鞍和尾座可沿着导轨移动。

（6）刀架部分　图1-8所示的刀架用来装夹车刀，并可作纵向、横向及斜向运动。刀架是多层结构，由以下几部分组成：

1）床鞍。床鞍与溜板箱牢固相连，可沿床身导轨作纵向移动。

2）中滑板。中滑板装置在床鞍顶面的横向导轨上，可作横向移动。

3）转盘。转盘固定在中滑板上，松开紧固螺母后，可转动转盘，使它和床身导轨形成所需要的角度，而后再拧紧螺母，以加工圆锥面等。

4）小滑板。小滑板装在转盘上面的燕尾槽内，可作短距离的进给移动。

5）刀架。刀架固定在小滑板上，可同时装夹4把车刀。松开锁紧手柄，即可转动方刀架，将所需的车刀更换到工作位置上。

（7）尾座　图1-9所示的尾座安装在床身导轨上，并可沿导轨作纵向移动，以调整其工作位置。尾座主要用来安装后顶尖，以支承较长的零件，也可以安装钻头、铰刀等切削刀具进行孔加工。偏移尾座可以车削出长零件的锥体。

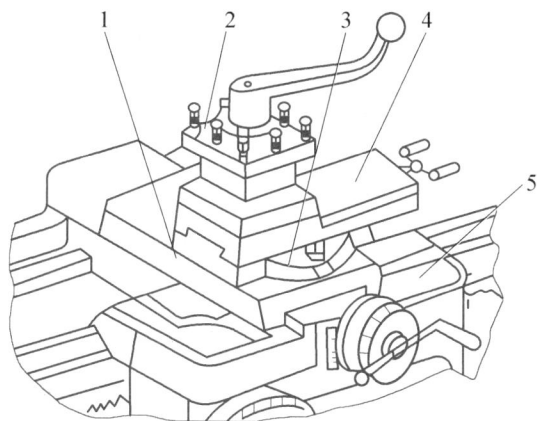

图1-8　刀架的组成

1—中滑板　2—刀架　3—转盘　4—小滑板　5—床鞍

图1-9　尾座的结构

1—底座　2—尾座体　3—手轮　4—尾座锁紧手柄
5—丝杠螺母　6—丝杠　7—套筒　8—套筒锁紧手柄
9—顶尖　10—调节螺钉　11—底板

尾座由以下几部分组成：

1）套筒。套筒左端有锥孔，用以安装顶尖或锥柄刀具。套筒在尾座体内的轴向位置可用手轮调节，并可用锁紧手柄固定。将套筒退至极右位置时，即可卸出顶尖或刀具。

2）尾座体。尾座体与底座相连，松开固定螺钉，拧动螺杆可使其在底板上作微量横向移动，以便使前、后顶尖对准中心或偏移一定距离车削长锥面。

3）底座。底座直接安装在床身导轨上，用以支承尾座体。

（8）光杠与丝杠　光杠与丝杠将进给箱的运动传至溜板箱。光杠用于一般车削，丝杠用于车削螺纹。

（9）操纵手柄　操纵手柄是车床的控制机构，在操纵杆左端和溜板箱右侧各装有一个操纵手柄，操作者可以很方便地操纵手柄来控制车床主轴正转、反转或停车。

（10）床腿　前、后床腿分别与床身前后两端下部连为一体，用以支承床身及安装在床身上的各个部件。可以通过调整垫块把床身调整到水平状态，并用地脚螺栓把整台车床固定在工作场地上。

（11）冷却装置　冷却装置主要通过冷却泵将切削液加压后经冷却嘴喷射到切削区域。

2. 传动系统

CA6140 型卧式车床的传动系统如图 1-10 所示。为把电动机的旋转运动转变为零件和车刀的运动，所通过的一系列复杂的传动机构称为车床的传动路线。

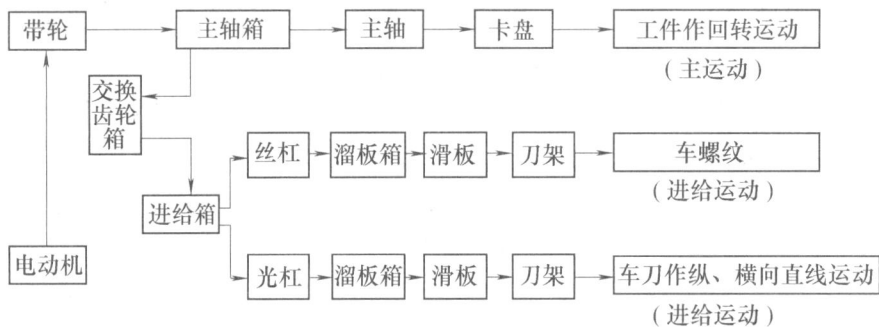

图 1-10　CA6140 型卧式车床的传动系统

3. 车床的起动操作

1）检查车床各变速手柄是否处于空档位置，离合器是否处于正确位置，操纵手柄是否处于停止状态，确认无误后合上车床电源总开关。

2）按下床鞍上的绿色起动按钮（图 1-11），电动机起动。

3）向上提起溜板箱右侧的操纵手柄，主轴正转；操纵手柄回到中间位置，主轴停止

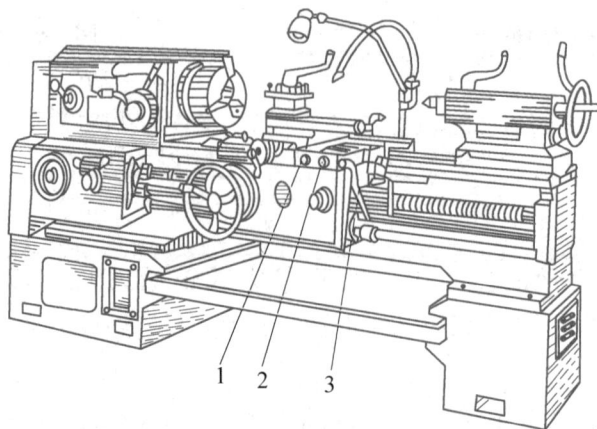

图 1-11　车床起动操作的按钮和手柄
1—停止按钮（红）　2—起动按钮（绿）　3—操纵手柄

转动；下压操纵手柄，主轴反转。

4）主轴正、反转的转换要在主轴停止转动后进行，以避免因连续转换操作使瞬间电流过大而引起电气故障。

5）按下床鞍上的红色停止按钮（图 1-11），电动机停止工作。

4. 主轴箱的变速操作

车床主轴变速通过改变主轴箱正面右侧的两个叠套手柄的位置来控制。前面的手柄有 6 个档位，每个档位有 4 级转速，由后面的手柄控制，因此主轴共有 24 级转速，如图 1-12 所示。

主轴箱正面左侧的手柄用于螺纹左、右旋向的变换和加大螺距，共有 4 个档位，即右旋螺纹、左旋螺纹、右旋加大螺距螺纹和左旋加大螺距螺纹，如图 1-13 所示。

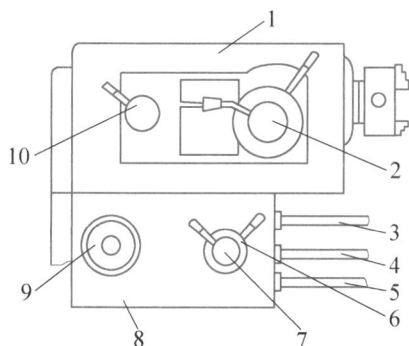

图 1-12 车床主轴箱的变速操作手柄

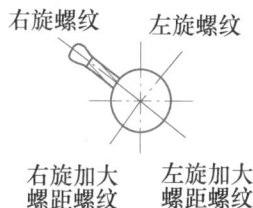

1—主轴箱 2—主轴变速叠套手柄 3—丝杠 4—光杠
5—操纵杆 6—进给变速手柄 7—丝杠、光杠变换手柄
8—进给箱 9—进给变速手轮 10—螺纹旋向变换手柄

图 1-13 车削螺纹的变换手柄

主轴变速操作练习：

1）调整主轴转速分别为 16r/min、450r/min 和 1400r/min，确认后起动车床并进行观察。注意：主轴转速调整必须在停车的状态下进行。

2）选择车削右旋螺纹和车削左旋加大螺距螺纹的手柄位置。

5. 进给箱的变速操作

进给箱正面左侧有一个手轮，此手轮有 8 个档位；右侧有前、后叠装的两个手柄，前面的手柄是丝杠、光杠变换手柄，后面的手柄有 Ⅰ、Ⅱ、Ⅲ、Ⅳ 四个档位，用来与手轮配合以调整螺距或进给量。

根据加工要求调整所需螺距或进给量时，可通过查找进给箱油池盖上的调配表来确定手轮和手柄的具体位置。

进给变速操作练习：

1）确定选择纵向进给量为 0.46mm/r、横向进给量为 0.20mm/r 时的手轮和手柄的位置，并进行调整。

2）确定车削螺距分别为 1mm、1.5mm、2mm 的普通螺纹时，进给箱上手轮与手柄的位置，并进行调整。

6. 溜板部分的操作

溜板部分包括溜板箱、床鞍、中滑板、小滑板及刀架等，如图 1-14 所示。

溜板部分实现车削时绝大部分的进给运动：床鞍及溜板箱作纵向移动，中滑板作横向移动，小滑板可作纵向或斜向移动。进给运动有手动进给和机动进给两种方式。

（1）溜板部分的手动操作

1）床鞍及溜板箱的纵向移动由溜板箱正面左侧的大手轮控制。沿顺时针方向转动手轮时，床鞍及溜板箱向右运动；沿逆时针方向转动手轮时，床鞍及溜板箱向左运动。手轮轴上的刻度盘圆周等分为 300 格，手轮每转过 1 格，床鞍及溜板箱纵向移动 1mm。

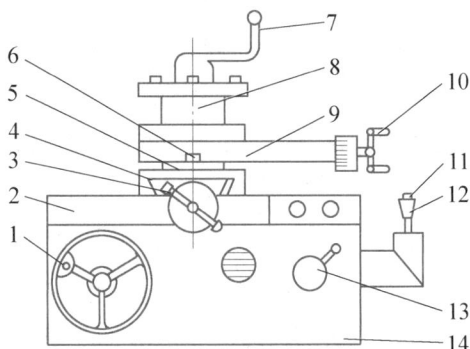

图 1-14　溜板部分

1—大手轮　2—床鞍　3—中滑板手柄　4—中滑板
5—分度盘　6—锁紧螺母　7—刀架手柄　8—刀架
9—小滑板　10—小滑板手柄　11—快进按钮
12—自动进给手柄　13—开合螺母手柄　14—溜板箱

2）中滑板的横向移动由中滑板手柄控制。沿顺时针方向转动手柄时，中滑板向远离操作者的方向运动（即横向进给）；沿逆时针方向转动手柄时，中滑板向靠近操作者的方向运动（即横向退刀）。中滑板丝杠上的刻度盘圆周等分为 100 格，手柄每转过 1 格，中滑板横向移动 0.05mm。

3）小滑板在小滑板手柄的控制下可作短距离的纵向移动。沿顺时针方向转动小滑板手柄时，小滑板向左运动；沿逆时针方向转动小滑板手柄时，小滑板向右运动。小滑板丝杠上的刻度盘圆周等分为 100 格，手柄每转过 1 格，小滑板纵向（或斜向）移动 0.05mm。小滑板的分度盘在刀架需斜向进给车削短圆锥体时，可沿顺时针或逆时针方向在 90°范围内偏转所需角度。调整时，先松开锁紧螺母，转动小滑板至所需角度位置后，再锁紧锁紧螺母将小滑板固定。

4）刻度盘使用注意事项。由于丝杠与螺母之间的配合存在间隙，在摇动丝杠手柄时，滑板会产生空行程（即丝杠带动刻度盘已转动，而滑板并未立即移动），因此使用刻度盘时要先反向转动适当角度，再正向慢慢摇动手柄，带动刻度盘到所需的格数。如果摇动时不慎多转动了几格（图 1-15a），绝不能简单地退回到所需的位置（图 1-15b），必须向相反方向退回全部空行程（通常反向转动 1/2 圈），再重新摇动手柄使刻度盘转到所

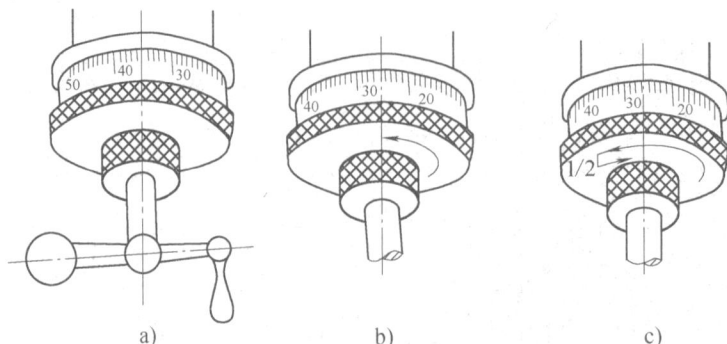

a)　　　　b)　　　　c)

图 1-15　消除刻度盘空行程的方法

需的刻度位置，如图 1-15c 所示。

利用中、小滑板刻度盘作为进给的参考依据时，需要注意的是，中滑板刻度盘控制的背吃刀量应是零件直径余量尺寸的 1/2；而小滑板刻度盘上的刻线值，则直接表示零件长度方向上的切除量。

手动进给操作练习：

1）摇动大手轮，使床鞍向左或向右作纵向移动；用左手、右手分别摇动中滑板手柄，作横向进给和退出移动；用双手交替摇动小滑板手柄，作纵向短距离的左、右移动。要求做到操作熟练自如，床鞍、中滑板、小滑板的移动平稳、均匀。

2）用左手摇动大手轮，右手同时摇动中滑板手柄，纵、横向快速趋近和快速退离零件。

3）利用大手轮刻度盘上的刻线，使床鞍分别纵向移动 250mm、324mm；利用中滑板手柄刻度盘上的刻线，使刀架分别横向进刀 0.5mm、1.25mm。注意丝杠间隙的消除。

4）利用小滑板分度盘扳转角度，使刀架可车削圆锥角 $\alpha = 30°$ 的圆锥体（小端在右端）。

（2）溜板部分的机动操作

1）CA6140 型卧式车床的纵、横向机动进给和快速移动采用单手柄操纵。自动进给手柄在溜板箱右侧，可沿十字槽纵、横向扳动，手柄扳动方向与刀架运动方向一致，操作简单、方便。手柄在十字槽中央位置时，停止进给运动。在自动进给手柄顶部有一快进按钮，按下此按钮，快速电动机工作，床鞍或中滑板按手柄扳动方向作纵向或横向快速移动；松开此按钮，快速电动机停止转动，快速移动停止。

2）溜板箱正面右侧有一开合螺母操纵手柄，用于控制溜板箱与丝杠之间的运动联系。车削非螺纹表面时，开合螺母手柄位于上方；车削螺纹时，沿顺时针方向扳下开合螺母手柄，使开合螺母闭合并与丝杠旋合，将丝杠的运动传递给溜板箱，使溜板箱、床鞍按预定的螺距（或导程）作纵向进给。车削完螺纹后，应立即将开合螺母手柄扳回原位。

机动进给操作练习：

1）用自动进给手柄作床鞍纵向进给和中滑板横向进给的机动进给练习。

2）用自动进给手柄和手柄顶部的快进按钮作纵向、横向的快速进给操作。

操作时要注意：当床鞍快速移动至离主轴箱或尾座尚有足够远的距离、中滑板伸出床鞍足够远时，应立即松开快进按钮，停止快速进给，以免床鞍撞击主轴箱或尾座和因中滑板悬伸太长而使燕尾导轨受损。

3）操作进给箱上的丝杠、光杠变换手柄，使丝杠回转，将溜板箱向右移动足够远的距离，扳下开合螺母，观察床鞍是否按选定的螺距作纵向进给。扳下和抬起开合螺母的操作应果断有力，练习中体会手的感觉。

4）左手操作中滑板手柄，右手操作开合螺母，两手配合练习每次车削完螺纹时的横向退刀动作。

7. 尾座（图1-16）**的操作**

1）手动沿床身导轨纵向移动尾座至合适位置，逆时针方向扳动尾座固定手柄，将尾座固定。需要注意的是，移动尾座时用力不要过大。

2）沿逆时针方向移动套筒固定手柄（松开），摇动手轮，使套筒作进、退移动。沿顺时针方向转动套筒固定手柄，将套筒固定在选定的位置。

3）擦净套筒内孔和顶尖锥柄，安装后顶尖；松开套筒固定手柄，摇动手轮使套筒后退并退出后顶尖。

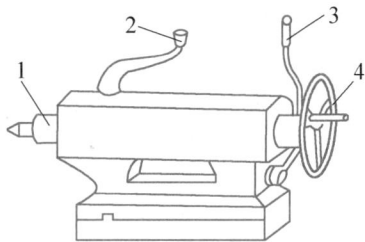

图1-16 尾座
1—套筒 2—套筒锁紧手柄
3—尾座固定手柄 4—手轮

课题二 车工安全文明生产常识

一、安全文明生产常识

在车床上进行车削加工时，必须掌握以下安全文明生产常识。

1）必须穿上紧袖口和紧下摆的工作服和合适的工作鞋，禁止穿裙子、短裤和凉鞋。操作时必须戴袖套（或将袖口扎紧）和防护眼镜。女生要戴工作帽，将长发盘起压入帽内。

2）操作车床时不能戴手套。不得在车间内嬉戏、追逐和喧哗。未经允许不得动用其他任何机床。

3）调节车床照明灯使工作区光线充足。选用高度合适的工作踏板和防屑挡板。

4）在多人共用一台车床的情况下，只能一人操作（或轮换），并且要注意他人的安全。

5）在车床运转前，车床的润滑部位要加油润滑，各操作手柄必须推到正确的位置上，然后低速运转3~5min，确认正常后才能开始工作。

6）车床在变换速度时必须停车，否则容易损坏机床齿轮。

7）零件、刀具和夹具必须装夹牢固。扳手使用完毕后，必须及时取下放回安全位置。

8）进行车削加工时，头部不要离零件太近，手和身体不要靠近正在旋转的零件。

9）不能测量旋转中零件的尺寸。不能用手去触摸或擦拭转动着的卡盘或零件表面。

10）摇动手柄时动作要协调，用力要均匀；注意进给与退刀的方向，以免出错。

11）在车床开动后不得离开车床，离开车床前必须停车，关闭电源。

12）常用刀具、量具、工具、夹具及材料、图样、产品等应摆放在合适的位置，工艺文件的安放位置要便于阅读。车床床身、刀架和主轴变速箱上不准摆放物品。

13）不允许在卡盘及车床上敲击或校直零件。在拆装卡盘或装夹较重零件时，床面上应垫上木板以保护导轨和床身。

14）不准用手直接清除切屑。清除切屑时一定要用钩子和刷子，最好停车清理。

15）坚持给车床加油润滑的保养制度，做好班前、班后给油的习惯，保证车床处于

工具、刀具、量具摆放

良好的润滑状态。

16）若车床运转时有异响或异常现象，要立即停车，排除故障后方可重新开车。

17）零件的堆放一定要整齐、稳当；毛坯、成品应分开放置，不要碰伤已加工表面。

18）工作时应精力集中，坚守岗位。在工作结束后，应关闭车床电源开关，关闭配电箱上的总电源开关，清除切屑，养护机床，做好工作场地的清洁卫生工作。

二、6S 管理

"6S 管理"是现代工厂行之有效的现场管理理念和方法，其作用是提高效率，保证质量，使工作环境整洁有序，以预防为主，保证安全。"6S 管理"的本质是一种具有执行力的企业文化和强调纪律性的文化，不怕困难，想到做到，做到做好。落实"6S 管理"，能为其他管理活动提供优质的管理平台。

"6S 管理"的基本内容如下。

1. 整理（SEIRI）

将工作场所的任何物品区分为有必要的和没有必要的，除了将有必要的留下来以外，其他的都清除掉。目的：腾出空间，活用空间，防止误用，创造清爽的工作场所。

2. 整顿（SEITON）

把留下来的、必要的物品按规定位置摆放，并放置整齐，加以标识。目的：使工作场所一目了然，减少寻找物品的时间，营造整整齐齐的工作环境，消除过多的积压物品。

3. 清扫（SEISO）

将工作场所内看得见与看不见的地方清扫干净，保持工作场所干净、整洁。目的：稳定品质，减少工业伤害。

4. 清洁（SEIKETSU）

将整理、整顿、清扫进行到底，并且制度化、规范化，经常保持环境外在美观的状态。目的：创造明朗的现场，维持上面"3S"的成果。

5. 素养（SHITSUKE）

每位成员都养成良好的习惯，并按规则做事，培养积极主动的精神（也称习惯性）。目的：培养有好习惯、遵守规则的员工，打造团队精神。

6. 安全（SECURITY）

重视成员的安全教育，每时每刻都有"安全第一"的观念，防患于未然。目的：建立安全的生产环境，所有的工作应建立在安全的前提下。

💡 警钟长鸣

案例一　某学校进行车工实训时，一名学生在安装完工件后，忘记取下卡盘扳手就开动车床，结果卡盘扳手飞出，打到自己的膝盖，造成骨折。

案例二　在一次车工实训中，一名学生为了仔细观看正在车削的工件情况，头距离卡盘太近，被飞转的卡盘打中头部，造成昏迷。

案例三　在许多企业都发生过因女工不把长发扎起来盘好，结果在车削加工过程中头发被卡盘或工件卷住的事故。

<table>
<tr><td>课题三</td><td>切削加工</td></tr>
</table>

一、切削运动

1. 切削运动的相关概念

切削运动是指在刀具和零件相互作用的过程中，刀具相对于零件的运动。按照在切削过程中的作用，切削运动可分为主运动和进给运动。

（1）主运动和进给运动

1）主运动。直接切除零件上的切削层，使之变为切屑，形成零件新表面的运动。

2）进给运动。配合主运动保持切除多余材料的状态，以便形成已加工表面的运动。

（2）车床的主运动和进给运动

1）主运动。车削加工时，主轴带动零件旋转的运动是主运动，通常主运动速度较高，消耗的切削功率较大。电动机的回转运动经带传动机构（V带及带轮）传递到主轴箱。通过变速机构变速，使主轴得到24级正向转速（转速范围为10~1400r/min）和12级反向转速（转速范围为14~1580r/min），再经卡盘（或其他夹具）带动零件作回转运动。

2）进给运动。车削加工时，车刀的纵向或横向连续直线运动为进给运动，其速度通常较低，消耗的功率也较少。主轴把旋转运动输入交换齿轮箱，再通过进给箱变速后由丝杠或光杠驱动溜板箱、刀架做直线运动，使刀具作纵向或横向进给运动，实现手动、机动、快速移动及车削螺纹等运动。CA6140型卧式车床的纵向进给速度为64级（进给量范围为0.08~1.59mm/r），横向进给速度共64级（进给量范围为0.04~0.79mm/r）。

2. 切削时零件上的三个表面

车削加工时，零件上的三个表面如图1-17所示。

（1）已加工表面　零件上经刀具切削后形成的表面。

（2）待加工表面　零件上有待切除的表面。

（3）过渡表面　零件上由切削刃形成的那部分表面，它在下一切削行程，刀具或零件的下一转里被切除，或由下一切削刃切除。

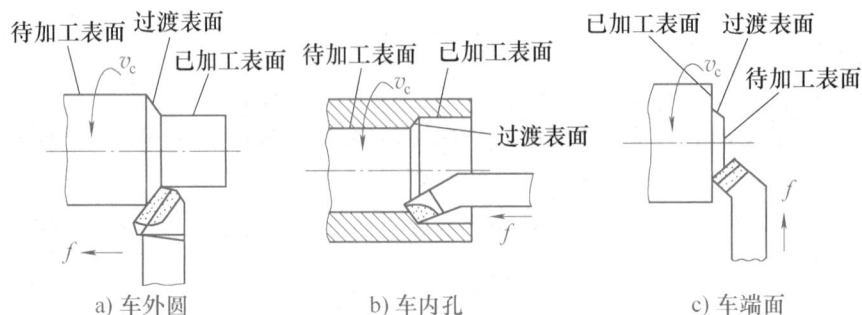

a) 车外圆　　　　　b) 车内孔　　　　　c) 车端面

图1-17　零件上的三个表面

二、切削用量

切削用量是衡量切削加工中主运动及进给运动大小的参数，便于在加工前合理选择转速、进给量及背吃刀量，进而提高生产率。

切削用量包括切削速度、进给量和背吃刀量，又称切削三要素。

1. 切削速度 v_c

切削速度是衡量主运动大小的参数，是在进行切削加工时，刀具切削刃上的某一点相对于待加工表面在主运动方向上的瞬时速度，其单位为 m/min。

切削速度 v_c 的计算公式为

$$v_c = \frac{\pi d_w n}{1000}$$

在实际生产中，通常根据加工条件选择好切削速度，再确定车床主轴转速，因此切削速度的计算公式常换成下式

$$n = \frac{1000 v_c}{\pi d_w} = \frac{318 v_c}{d_w}$$

式中 d_w——待加工表面的直径（mm）；

n——车床主轴每分钟转速（r/min）。

计算所得转速若与车床转速铭牌上列出的转速不一致，应取和铭牌上接近的转速。

2. 进给量 f

进给量是衡量进给运动快慢的参数，它表示零件每转一周，刀具沿进给运动方向移动的距离，单位为 mm/r。进给速度表示单位时间里的进给量，其单位为 mm/min。

车削加工时的进给速度为

$$v_f = nf$$

3. 背吃刀量 a_p

背吃刀量通常称为切削深度，它是衡量零件吃刀量大小的参数。背吃刀量是指零件上已加工表面和待加工表面间的垂直距离，也就是每次进给时车刀切入零件的深度，其单位为 mm。

外圆车削加工时，背吃刀量的计算公式为

$$a_p = \frac{d_w - d_m}{2}$$

式中 d_w——零件待加工表面的直径（mm）；

d_m——零件已加工表面的直径（mm）。

三、切削液

切削液是在切削过程中能改变切削效果的液体。在车削过程中，金属切削层产生了变形，在切屑与刀具间、刀具与加工表面间存在剧烈的摩擦，产生了很大的切削力和大量的切削热。因此，合理使用切削液，能改善表面质量，使切削力减小 15%～30%；能使温度降低 100～150℃，从而延长刀具的使用寿命，提高劳动生产率和产品质量。

1. 切削液的种类

（1）水溶液　水溶液的主要成分是水，并加入一定量的防锈剂，主要起冷却作用。使用时可用94.5%的水、4%的肥皂和1.5%的无水碳酸钠配制而成，用于粗加工和钻孔。

（2）乳化液　乳化液是将乳化油用水稀释而成的，乳化油是由矿物油、乳化剂和添加剂配成的。低浓度乳化液起冷却作用，适用于粗加工；高浓度乳化液起润滑作用，适用于精加工。

（3）切削油　切削油包括全损耗系统用油、柴油、煤油等矿物油，还有豆油、蓖麻油、菜油、猪油等动植物油。它主要起润滑作用，普通车削、攻螺纹可选用全损耗系统用油；精加工非铁金属和铸铁可选用煤油。

2. 切削液的作用

切削液主要起冷却、润滑、清洗和防锈作用。切削液能吸收和带走大量的切削热，改善散热条件，降低刀具和零件的温度；能够渗透到零件与刀具之间、切屑与刀具之间的间隙中形成吸附薄膜，减小摩擦因数，使排屑顺利，并抑制积屑瘤的生成；具有一定压力和流量的切削液可将切屑冲离加工区，使切削顺利进行。在切削液中加入的防锈剂，可在金属表面形成一层保护膜，起到防锈的作用。

3. 切削液的选用

车削时应根据加工性质、零件材料、刀具材料等条件选用合适的切削液。切削液须浇注到切削区和刀体上。粗加工时，由于加工余量和切削用量大，产生大量的切削热，所以须选用冷却性能好的水基切削液或低浓度的乳化液；精加工时，主要是为了保证加工精度和表面质量，故以切削油或高浓度乳化液为好。钻、铰等孔加工时，排屑和散热困难，容易烧伤刀具和增大零件表面粗糙度值，因此应选用黏度小的水基切削液或乳化液，并加大流量和压力，强化清洗作用。切削铸铁等脆性材料时，由于切屑碎小，切削温度较低，一般可不用切削液；但精加工时，为了提高切削表面的质量，可选用渗透性和清洗性都比较好的煤油或水基切削液。切削铜、铝等非铁合金时，不宜采用含硫的切削液，以免腐蚀零件和生成难剪切固体膜。切削镁合金时，不能使用切削液，以免引起燃烧（可用压缩空气冷却）。硬质合金刀具的耐热性好，一般不加切削液，必要时可采用低浓度的乳化液，但必须自始至终连续充分地浇注；如果断续使用切削液，则硬质合金会因骤冷骤热而产生裂纹。用高速工具钢刀具切削时切削液的选择见表1-3。

表1-3　用高速工具钢刀具切削时切削液的选择

	零件材料	碳素钢、合金钢	不锈钢	耐热钢	铸铁	铜合金	铝合金
加工方法	粗车	3、1、7	7、4、2	2、4、7	0、3、1	3、2	0、3
	精车	4、7	7、4、2	2、8、4	0、6	3、2	0、6
	车槽	4、2、7	7、4、2	2、8、4	0、6	3、2	0、6
	钻孔	3、1	8、4、2	2、8、4	0、3、1	3、2	0、3
	铰孔	7、8、4	8、7、4	8、7	0、6	5、7	0、5、7
	攻螺纹	7、8、4	8、7、4	8、7	0、6	5、7	0、5、7
	车螺纹	7、8	8、7	8、7	0、3	5、7	0、5、7

注：表中数字的意义：0—干切削；1—润滑性不强的水基切削液；2—润滑性较好的水基切削液；3—普通乳化液；4—极压乳化液；5—普通切削油；6—煤油；7—含硫的极压切削油或植物油和矿物油的复合油；8—含硫氯、氯磷或硫氯磷的极压切削油。

车床的润滑与维护保养

为了保证车床的正常运转，减少磨损，延长其使用寿命，应对车床的所有摩擦部位进行润滑，并注意车床的日常维护保养。

一、车床常用的润滑方式

车床各部位采用不同的润滑方式。

1. 浇油润滑

浇油润滑通常用于外露的滑动表面，如床身导轨面和滑板导轨面等。

2. 溅油润滑

溅油润滑通常用于密闭的箱体。例如，车床的主轴箱是利用箱中齿轮的转动将箱内下方的润滑油溅射到箱体上部的油槽中，然后经槽内油孔流送到各润滑点进行润滑的。

3. 油绳导油润滑

油绳导油润滑常用于车床进给箱和溜板箱的油池中，它利用毛线既易吸油又易渗油的特性，通过毛线将油引入润滑点，间断地滴油润滑，如图1-18所示。

4. 弹子油杯注油润滑

弹子油杯注油润滑通常用于尾座、中滑板手柄和丝杠、光杠、操纵杆支架的轴承处。注油时，用油枪端头油嘴压下油杯上的弹子，注入润滑油，如图1-19所示。撤去油嘴，弹子回复原位，封住油杯的注油口，以防尘屑入内。

5. 润滑脂杯润滑

润滑脂杯常用于交换齿轮箱交换齿轮架的中间轴或不便经常润滑的地方。在润滑脂杯中事先装满钙基润滑脂，需要润滑时，拧动油杯盖，将杯中的油脂挤压到润滑点（如轴承套）中去，如图1-20所示。使用油脂润滑比加注全损耗系统用油方便，且存油期长，不需要每天加油。

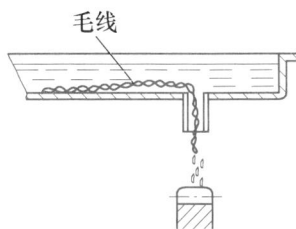

图1-18　油绳导油润滑　　　图1-19　弹子油杯注油润滑　　　图1-20　润滑脂杯润滑

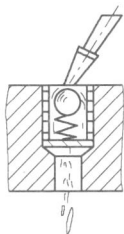

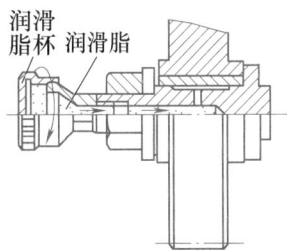

6. 丝杠、光杠轴套润滑

由于丝杠和光杠的转速较高，润滑条件较差，必须每班次加油，润滑油可以从轴承座的方腔中加入，如图1-21所示。

7. 油泵输油润滑

油泵输油润滑常用于转速高、需要大量润滑油连续强制润滑的场合。例如，车床主轴箱内许多润滑点就采用这种润滑方式，如图1-22所示。

二、CA6140型卧式车床的润滑要求

1. 车床润滑系统

CA6140型卧式车床的润滑系统如图1-23所示。

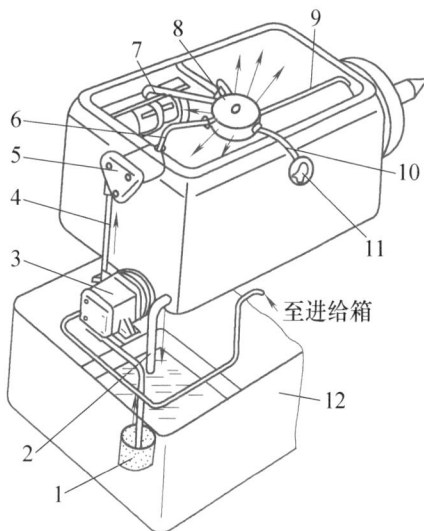

图 1-21 丝杠、光杠轴套润滑
1—丝杠 2—光杠 3—操纵杆

图 1-22 主轴箱油泵输油润滑

1—网式过滤器 2—回油管 3—油泵 4、6、7、9、10—油管
5—精过滤器 8—分油器 11—油标 12—左床腿

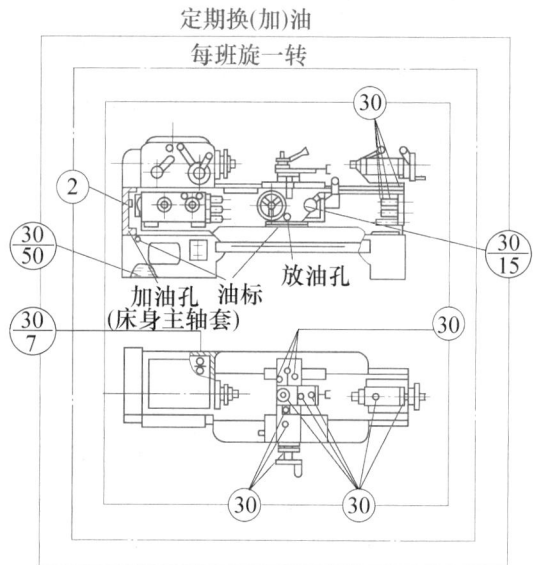

图 1-23 CA6140型卧式车床的润滑系统

图中标出了各种润滑点的位置示意，润滑部位的要求用数字标注，其含义如下：

②——该润滑部位用2号钙基润滑脂进行润滑。

㉚——该润滑部位用30号全损耗系统用油进行润滑。

$\frac{30}{7}$——分子数字表示润滑油的类别（30号全损耗系统用油）；分母数字表示两班制工作时换（加）油的间隔天数（示例为7天）。

换油时，应先将废油放尽，然后用煤油把箱体内部冲洗干净，再注入新的全损耗系统用油；注油时应用滤网过滤，且油面应不低于油标的中线。

2. 润滑要求

车床的润滑要求见表1-4。

表 1-4 车床的润滑要求

润滑部位	润滑方式	润滑要求
主轴箱内零件	轴承:油泵循环润滑 齿轮:飞溅润滑	箱内润滑油每3个月更换1次。车床运转时,箱体上油标应不间断有油输出
进给箱内齿轮和轴承	飞溅润滑和油绳导油润滑	每班向储油池加油1次

（续）

润滑部位	润滑方式	润滑要求
交换齿轮箱中间齿轮轴轴承	润滑脂杯润滑，每班 1 次	每 7 天向润滑脂杯加钙基润滑脂 1 次
尾座和中、小滑板手柄，以及光杠、丝杠、刀架转动部位	弹子油杯注油润滑，每班 1 次	—
床身导轨、滑板导轨	每班工作前后擦拭干净，并用油枪浇油润滑	—

三、车床的日常维护保养要求

为保证车床的精度，延长其使用寿命，保证零件的加工质量和提高生产率，操作者除了要熟练地操作车床外，还必须掌握车床的维护、保养要求。

车床日常维护、保养的要求如下：

1）每班工作后切断电源，擦净车床导轨面（包括中、小滑板），要求无油污、无切屑，并浇油润滑；擦拭车床各表面、罩壳、操纵手柄和操纵杆等，使车床外表清洁和场地整齐。

2）每周要求保养车床床身和中、小滑板等三个导轨面及进行转动部位的清洁、润滑。要求油孔畅通、油标清晰；清洗油绳和护床油毛毡，保持车床外表和工作场地的整洁。

四、车床的一级保养

车床运行 500h 后，需要进行一级保养。一级保养工作以操作工人为主，在维修工人的配合下进行。保养时，必须先切断电源，以确保安全，然后按以下内容和顺序进行。

1. 主轴箱部分

1）拆下过滤器并进行清洗，使其无杂物，然后复装。

2）检查主轴，其锁紧螺母应无松动现象，紧定螺钉应拧紧。

3）调整制动器及离合器摩擦片之间的间隙。

2. 交换齿轮箱部分

1）拆下齿轮、轴套、扇形板等进行清洗，然后复装，在润滑脂杯中注入新润滑脂。

2）调整齿轮啮合间隙。

3）检查轴套应无晃动现象。

3. 刀架和滑板部分

1）拆下方刀架清洗。

2）拆下中、小滑板的丝杠、螺母、镶条进行清洗。

3）拆下床鞍防尘油毛毡，进行清洗、加油和复装。

4）中滑板的丝杠、螺母、镶条、导轨加油后复装，调整镶条间隙和丝杠螺母间隙。

5）小滑板的丝杠、螺母、镶条、导轨加油后复装，调整镶条间隙和丝杠螺母间隙。

6）擦净刀架底面，涂油、复装、压紧。

4. 尾座部分

1）拆下尾座套筒和压紧块，进行清洗、涂油。

2）拆下尾座丝杠、螺母，进行清洗、加油。

3）清洗尾座并加油。

4）复装尾座部分并调整。

5. 润滑系统

1）清洗油泵、过滤器和盛液盘。

2）检查并保证油路畅通，油孔、油绳、油毡应清洁无切屑。

3）检查润滑油，油质应保持良好，油杯应齐全，油标应清晰。

6. 电气部分

1）清扫电动机、电气箱上的尘屑。

2）电气装置固定整齐。

7. 车床外表

1）清洗车床外表面及各罩盖，保持其清洁，无锈蚀、无油污。

2）清洗丝杠、光杠和操纵杆。

3）检查并补齐各螺钉、手柄、手柄球。

8. 清理机床附件

1）中心架、跟刀架、交换齿轮、卡盘等应洁净，摆放整齐。

2）保养工作完成后，应对各部件进行必要的润滑。

9. 注意事项

进行一级保养工作，事先应充分做好准备工作，如准备好拆装工具、清洗装置、润滑油料、放置机件的盘子和必要的备件等；保养应有条不紊地进行，拆下的机件应成组安放，不允许乱置乱放，做到文明操作。

课后测评

1. 车削加工主要有哪些工作内容？

2. 车削的工艺特点是什么？

3. 常用车床有哪些？

4. 卧式车床的"四箱""两杠""一架一座"分别指什么？有何功用？

5. 在使用刻度盘时，若刻度盘手柄不慎多摇了几格，应如何处理？为什么？

6. 车工安全文明生产常识有哪些？

7. 企业"6S管理"包含哪些内容？

8. 车削加工的主运动和进给运动分别是什么？

9. 什么是切削三要素？

10. 切削液的种类有哪些？

11. 切削液有哪些作用？

12. 切削加工时，如何选用切削液？

13. 车床常用润滑方式有哪些？

14. 车床的日常维护保养工作有哪些？

车工常用工装夹具

模块描述

  要完成车削加工，除了需要车床外，还需要相应的工装夹具，如车刀、卡盘、鸡心夹头、平行对分夹头等。本模块主要介绍车工常用的工装夹具及其使用方法。

学习目标

知识目标

1. 了解的车刀的种类和组成。
2. 掌握车刀的有关角度。
3. 了解卡盘的作用和种类。

技能目标

1. 能正确进行车刀的刃磨。
2. 能正确装夹车刀。
3. 能正确装卸卡盘。
4. 能进行零件的装夹和找正。
5. 具备知识技能拓展能力及适应发展的能力。

素养目标

1. 培养敬业、专注、创新的工匠精神。
2. 培养节能意识、安全意识。能正确遵守个人和车间安全作业要求，注重个人安全防护。
3. 具备将车工工装夹具知识应用于具体工作领域的能力，具有一定的分析问题和解决问题的能力。

课题一　常用车刀的刃磨和装夹

一、车刀的种类

  常用车刀按用途可分为外圆车刀、端面车刀、切断刀、内孔车刀、圆头车刀、螺纹车刀、成形车刀和特种车刀 8 大类。

按结构不同，车刀可分为焊接式车刀、机械夹固式车刀和整体车刀。

按制作材料不同，车刀可分为硬质合金车刀、陶瓷车刀、金刚石车刀、高速工具钢车刀、特种材料制作的车刀等。

1. 焊接式车刀

焊接式车刀是将硬质合金刀片用焊接的方法固定在刀体上，其优点是结构简单、紧凑，刚性好，抗振性能好，使用灵活，制造方便等。缺点是由于焊接应力的影响，刀具材料的使用性能受到影响，有的甚至会产生裂纹。根据零件加工表面及用途不同，焊接式车刀又可分为外圆车刀、内孔车刀、端面车刀、切断刀、螺纹车刀等，如图 2-1 所示。

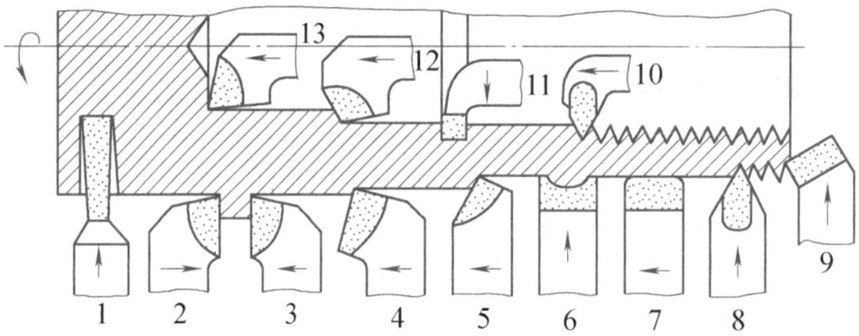

图 2-1 焊接式车刀的种类

1—切断刀 2—左偏刀 3—右偏刀 4—弯头车刀 5—直头车刀 6—成形车刀 7—宽刃精车刀
8—外螺纹车刀 9—端面车刀 10—内螺纹车刀 11—内槽车刀 12—通孔车刀 13—不通孔车刀

（1）外圆车刀 外圆车刀又称偏刀，主要用于车削零件的外圆、台阶、止口、端面等，如果刀尖的圆弧过渡刃磨得大些，也可以用来车削圆弧或圆球。

（2）内孔车刀 内孔车刀主要用于车削零件的内孔，也可用来车削端面的圆槽及内孔倒角等。

（3）端面车刀 端面车刀俗称弯头刀，用于车削零件的外圆、端面、倒角，对于外圆及端面的粗加工，45°车刀是最好的选择。

（4）切断刀 切断刀又称车槽刀，用于车削零件中间的台阶，或在零件上车槽，或切断零件。

（5）螺纹车刀 根据螺纹的形状不同，可选择不同的螺纹车刀，如普通螺纹车刀、梯形螺纹车刀、矩形螺纹车刀、内螺纹车刀、外螺纹车刀。

2. 机械夹固式车刀

机械夹固式车刀简称机夹式车刀，根据使用情况不同可分为机夹重磨车刀和机夹可转位车刀，如图 2-2 所示。

机夹重磨车刀是将普通刀片用机械夹固的方法夹持在刀柄上使用的车刀，如图 2-2a 所示。这种刀具的切削刃磨钝后，只要把刀片重磨一下，适当调整位置仍可继续使用。

机夹可转位车刀又称机夹不重磨车刀，它是采用机械夹固的方法，将可转位刀片夹紧并固定在刀体上的一种车刀，如图 2-2b 所示。它是一种高效率的刀具，刀片上制有多个切削刃，当一个切削刃用钝后，不需要重磨，只要将刀片转一个位置，便可继续使用。

机夹式车刀与焊接式车刀相比较具有如下特点：

a) 机夹重磨车刀　　　　　　b) 机夹可转位车刀

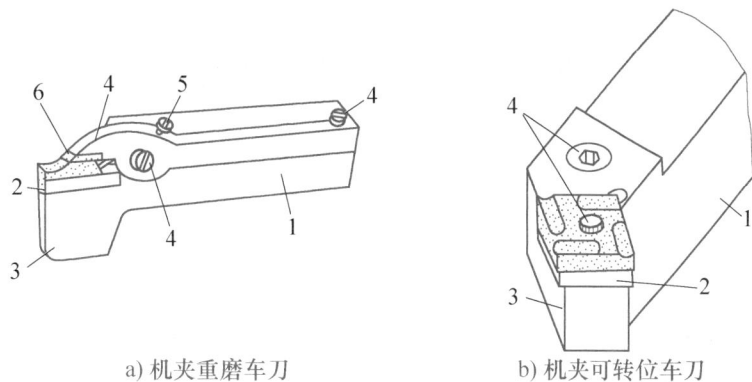

图 2-2　机械夹固式车刀

1—刀柄　2—垫块　3—刀体　4—夹紧元件　5—调节螺钉　6—挡屑块

1）刀片不经过高温焊接，避免了因焊接应力引起的硬度下降和产生的裂纹等缺陷，延长了刀具的使用寿命。

2）因为刀具的使用寿命长，所以换刀次数减少，可以提高生产率。

3）刀柄可以重复使用，节省了制造刀柄的材料。

3. 整体车刀

整体车刀是用高速工具钢制成的，可以直接磨出各种形状的切削刃，既可以做一般的切削刀具，也可以磨出各种形状的成形刀具。

二、车刀的组成

车刀由刀头和刀柄组成，如图 2-3 所示。刀柄用于装夹车刀，刀头是车刀的切削部分，用来完成切削。切削部分由"一尖""两刃""三面"组成，所有车刀的切削部分都是由各种刀面和切削刃、刀尖组成的，只是刀具结构类型不同，其数目有多有少，如切断刀有 4 个刀面、3 个切削刃、2 个刀尖。

1. 刀尖

刀尖是主切削刃与副切削刃的交点。实际上，刀尖是一段圆弧过渡刃，根据车削的需要磨出的刀尖圆弧为 0.2~0.8mm。

2. 主切削刃

主切削刃是前刀面与主后刀面的交线，担负着主要切削任务。刀头的形状不一样，主切削刃的位置也不一样。

图 2-3　车刀的组成

3. 副切削刃

副切削刃是前刀面与副、主后刀面的交线，只担负着少量的切削任务。

4. 前刀面

前刀面是切屑流出的表面，也就是车刀刀头的上表面。前刀面在切削时控制切屑的流向，决定切屑的形状及车刀的切削力。

5. 主后刀面

主后刀面是车刀上与零件上过渡表面相对的那个表面。

6. 副后刀面

副后刀面是车刀上与零件上已加工表面相对的那个表面。

三、车刀的几何角度

1. 辅助平面

为了确定刀具的几何角度，必须选定三个辅助平面作为标注、刃磨和测量车刀角度的基准，称为静止坐标的参考系，由基面、切削平面和正交平面三个相互垂直的平面构成，如图2-4所示。

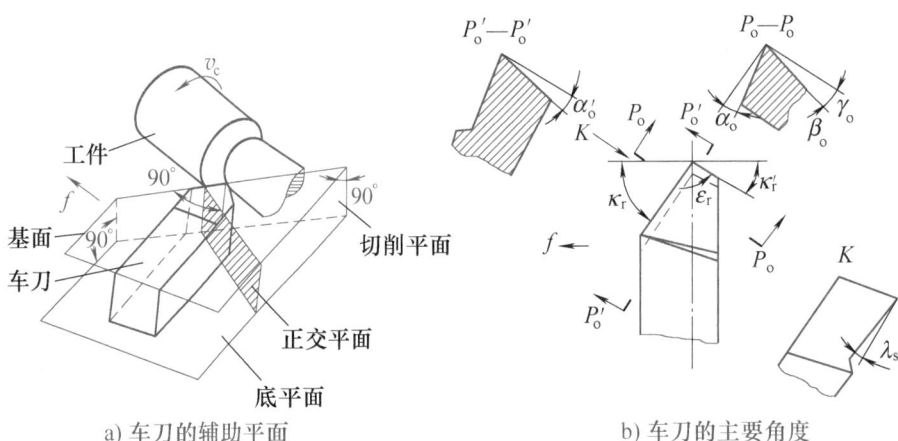

a) 车刀的辅助平面　　　　　b) 车刀的主要角度

图 2-4　车刀几何角度的确定

（1）基面　过切削刃上的选定点，并与该点切削速度方向垂直的平面。

（2）切削平面　通过切削刃上的选定点，与切削刃相切并垂直于基面的平面。

（3）正交平面　通过切削刃上的选定点，同时垂直于基面和切削平面的平面。

2. 车刀的六个基本角度

车刀切削部分主要有六个独立的基本角度：前角 γ_o、后角 α_o、副后角 α_o'、主偏角 κ_r、副偏角 κ_r' 和刃倾角 λ_s，如图2-5和图2-6所示。它们是由刀面和切削刃空间位置而确定的角度。

（1）前角 γ_o　前角是用来表示前刀面倾斜程度的角度。从面和面之间的关系来看，前角为前刀面和基面间的夹角。从切削的角度看，前角影响切削刃的锋利程度和强度，以及切削变形和切削力，前角增大，能使切削刃锋利，减小切削变形，使切削省力、排屑顺利，如图2-7所示。切断刀就是较为典型的例子。前角减小，可增加刀体的强度和改善刀头的散热条件。一般选 $\gamma_o = 5° \sim 20°$，精加工时，γ_o 取大值。

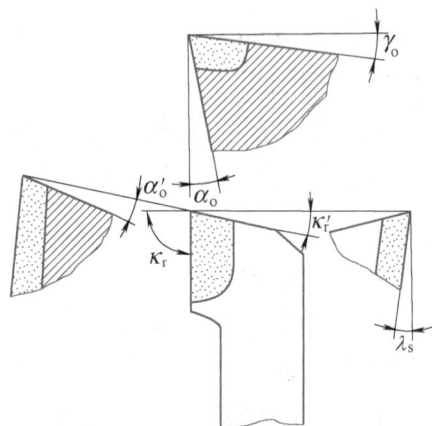

图 2-5　90°外圆车刀的基本角度

（2）后角 α_o　后角为后刀面和切削平面间的夹角。后角的主要作用是减小车刀后刀面与零件的摩擦，一般 $\alpha_o = 3° \sim 12°$。粗加工或切削较硬材料时，α_o 取小值；精加工或切削较软材料时，α_o 取较大值。

（3）主偏角 κ_r　如图 2-8 所示，主偏角为主切削刃在基面上的投影与进给方向间的夹角，其主要作用是改变主切削刃和刀头的受力及散热情况。通常 κ_r 选 45°、60°、75°、90° 几种。

a) 端面车刀　　　　　　b) 切断刀

图 2-6　端面车刀和切断刀的基本角度

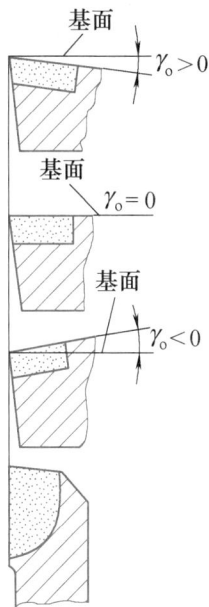

图 2-7　正、负前角和零前角

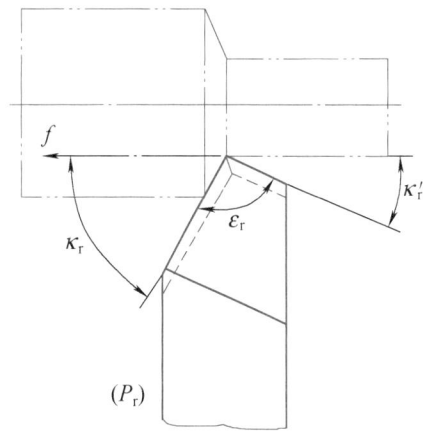

图 2-8　基面上的主偏角和副偏角

（4）副偏角 κ_r'　副偏角为副切削刃在基面上的投影与背离进给方向间的夹角，其主要作用是减小副切削刃和零件已加工表面间的摩擦，主要影响已加工表面的表面粗糙度。κ_r' 越大，切削时已加工表面残留面积的高度越大，表面粗糙度值越大，如图 2-9 所示。一般 $\kappa_r' = 5° \sim 15°$，有时为了减小表面粗糙度值，可取刀尖处的 $\kappa_r' = 0°$，即形成修光刃。

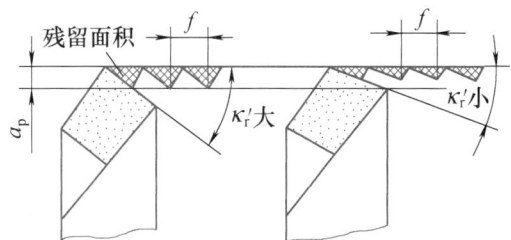

图 2-9　副偏角对已加工表面的表面粗糙度的影响

（5）刃倾角 λ_s。 刃倾角为主切削刃与基面的夹角，其主要作用是控制排屑方向，并影响刀头强度。

刃倾角有 0°、正值和负值三种情况，如图 2-10 所示。

当主切削刃与基面平行时，刃倾角为 0°，切削时，切屑向垂直于主切削刃的方向流出。当刀尖位于主切削刃的最低点时，刃倾角为负值，切削时，切屑流向零件的已加工表面，切屑易划伤已加工的零件表面，但刀尖强度好。当刀尖位于主切削刃上的最高点时，刃倾角为正值，切削时，切屑流向零件的待加工表面，切屑不易划伤零件表面。

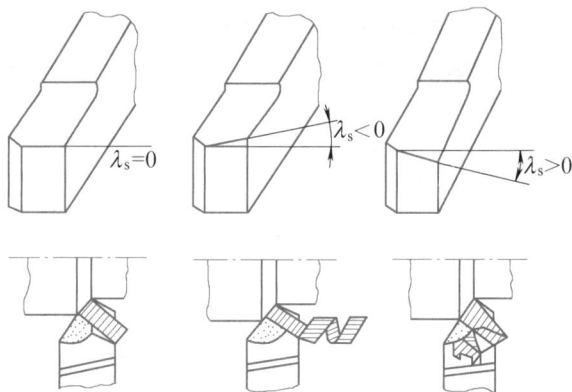

图 2-10　刃倾角的三种情况及其对切屑流向的影响

（6）楔角 ε_r。 楔角为正交平面内前刀面与后刀面间的夹角，如图 2-8 所示。楔角影响刀体的强度。

四、车刀的刃磨

车刀（指整体车刀与焊接式车刀）在切削过程中，前刀面和后刀面处于剧烈的摩擦和切削热的作用之中，使其切削刃变钝而失去切削能力，必须通过刃磨来恢复切削刃的锋利和正确的车刀几何角度。

车刀的刃磨方法有机械刃磨和手工刃磨两种。机械刃磨效率高、操作方便、几何角度准确、质量好，但在中、小型企业中，目前仍普遍采用手工刃磨的方法，因此车工必须掌握手工刃磨车刀的技术。

1. 车刀切削部分的材料

车刀切削部分的材料一般有高速工具钢（常用牌号有 W18Cr4V 和 W6Mo5Cr4V2）和硬质合金（钨钴类、钨钴钛类和通用类）两类。

2. 常用砂轮的种类及其选用

砂轮是由磨料和结合剂构成的特殊刀具，其质地硬而脆，工作时转速较高，因此使用砂轮机时，应严格遵守安全操作规程，严防砂轮碎裂和造成人身伤害。

（1）砂轮的种类　刃磨车刀的砂轮大多采用平形砂轮。按其磨料不同，常用的砂轮有氧化铝砂轮和碳化硅砂轮两类。

氧化铝砂轮又称刚玉砂轮，多呈白色，其磨粒韧性好，比较锋利，硬度较低（指磨粒在磨削抗力作用下容易从砂轮上脱落），自锐性好。

碳化硅砂轮多呈绿色，其磨粒的硬度高，切削刃锋利，但脆性大。

（2）砂轮的选用

1）刃磨高速工具钢车刀及硬质合金车刀时，选用白色氧化铝砂轮；刃磨硬质合金车刀时，选用绿色碳化硅砂轮。

2）粗磨车刀时，选用基本粒尺寸大的粗粒度砂轮；精磨车刀时，选用基本粒尺寸小的细粒度砂轮。

3. 砂轮机

砂轮机是用来刃磨各种刀具、工具的常用设备。

如图 2-11a 所示的砂轮机主要由砂轮、电动机和机座组成。随着人们环保意识的提高,现在很多场合都使用加装了除尘设备的除尘砂轮机,如图 2-11b 所示,它能自动收集刃磨过程中产生的磨尘。

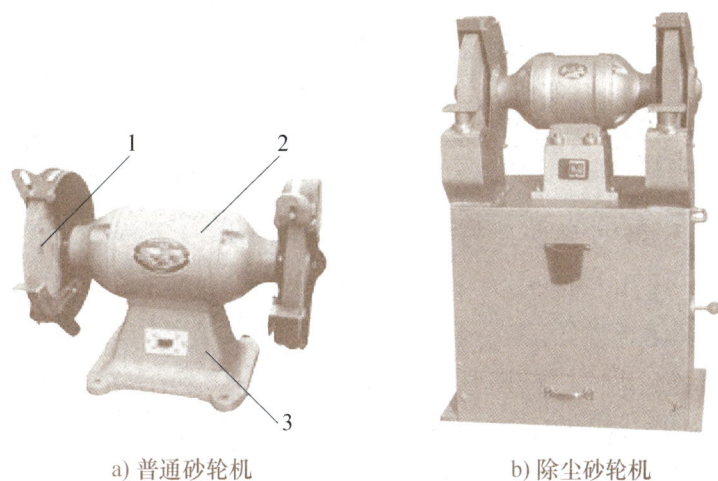

a) 普通砂轮机　　　　　　　　b) 除尘砂轮机

图 2-11　砂轮机

1—砂轮　2—电动机　3—机座

4. 刀具刃磨安全知识

1)刃磨前应检查砂轮机电源接线是否完好,防护罩必须安全牢固,砂轮机的搁架与砂轮间的距离保持在 3mm 以内,如图 2-12a 所示。如果间隔距离过大,在刃磨时容易将刃磨刀具带入,夹在砂轮与搁板之中而引起砂轮爆裂,造成安全事故,如图 2-12b 所示。

2)刃磨刀具前,应首先检查砂轮有无裂纹,砂轮轴螺母是否拧紧。砂轮机起动后,应等砂轮转速平稳后再进行磨削。若砂轮跳动明显,应及时停机修整。

3)砂轮的旋转方向应正确,使磨屑向下方飞离砂轮。

4)磨削时,操作者不要站立在砂轮的正对面,而应站在其侧面或斜对面。

图 2-12　砂轮与搁架的距离不能太大

5)刃磨车刀时要防止车刀撞击砂轮;不能用力过大,否则会使手打滑而触及砂轮面,造成工伤事故。

6)刃磨车刀时应戴防护眼镜,以免砂粒和切屑飞入眼中。

7)刃磨车刀时,车刀应置于砂轮的水平中心,刀尖略微上翘 3°~8°,车刀接触砂轮后应沿左右方向作水平移动,车刀离开砂轮时,刀尖需向上抬起,以免磨好的切削刃被砂轮碰伤。

8)磨小刀头时,必须把小刀头装入刀柄后再进行刃磨。

9）使用砂轮时，必须使用砂轮的外圆柱面进行刃磨，不得使用砂轮的侧面，以防砂轮变薄后强度不够而发生事故。

10）车刀的刃磨分为粗磨和精磨。粗磨时，按主后刀面、副后刀面、前刀面的顺序刃磨；精磨时，按前刀面、主后刀面、副后刀面、修磨刀尖圆弧的顺序进行。

11）刃磨高速工具钢车刀时，应及时浸水冷却，以防切削刃退火，致使硬度降低。刃磨硬质合金刀片焊接式车刀时，则不能浸水冷却，以防刀片因骤冷而崩裂。

12）刃磨结束时，应随手关闭砂轮机电源。

13）严禁在砂轮上刃磨与实训课题无关的东西。

五、车刀刃磨训练

1. 刃磨刀尖角 $\varepsilon_r = 80°$ 的外圆车刀（图2-13）

（1）粗磨 粗磨选用粒度号为 F46~F60、硬度为 H~K 的白色氧化铝砂轮。

1）刃磨主后刀面，同时磨出主偏角 $\kappa_r = 50°$ 及主后角 $\alpha_o = 5°~8°$。刃磨主后刀面时，刀柄尾部向左偏移，使刀柄轴线与砂轮轴线之间成 $90° - \kappa_r = 40°$ 的夹角，如图2-14所示。

2）刃磨副后刀面，同时磨出副偏角 $\kappa_r' = 50°$ 及副后角 $\alpha_o' = 5°~8°$。刃磨时，刀柄尾部向右偏移，使刀柄轴线与砂轮轴线之间成 $90° - \kappa_r' = 40°$ 的夹角，如图2-15所示。

车刀材料：W18Cr4V
规格：20mm×20mm×125mm

图2-13 $\varepsilon_r = 80°$ 外圆车刀图样

3）刃磨前刀面，同时磨出前角 $\gamma_o = 20°$，如图2-16所示。

（2）精磨 精磨时选用粒度号为 F80~F120、硬度为 H~K 的白色氧化铝砂轮。

1）修磨前刀面。

2）修磨主后刀面，保持主切削刃平直、锋利。

3）修磨副后刀面，保持副切削刃平直、锋利。

4）左手握车刀前端作为支点，用右手左右摆动车刀尾部，修磨刀尖圆弧，刀尖圆弧半径 $r_\varepsilon = 0.4~0.8mm$，如图2-17所示。

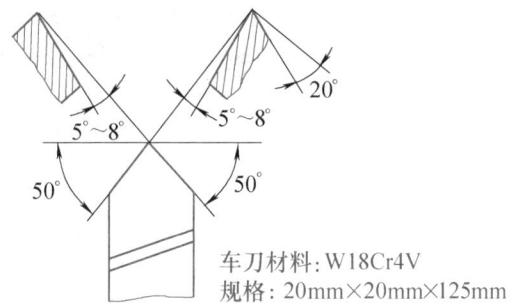

图2-14 刃磨主后刀面　　图2-15 刃磨副后刀面　　图2-16 刃磨前刀面　　图2-17 刃磨刀尖圆弧

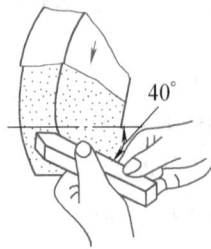

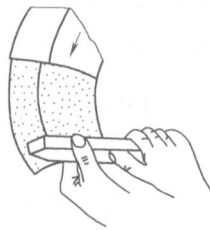

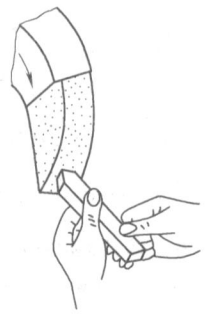

2. 刃磨90°外圆车刀（图2-18）

（1）粗磨刀头 选用粒度号为 F24~F36、硬度为 K 或 L 的白色氧化铝砂轮。

1）磨去车刀前刀面、后刀面上的焊渣，并将刀体底面磨平。

2）在略高于砂轮中心水平位置处，将车刀翘起一个比后角大 2°~3° 的角度，粗磨刀头的主后刀面和副后刀面，以形成后隙角，为刃磨车刀切削部分的主后刀面和副后刀面作准备，如图 2-19 所示。

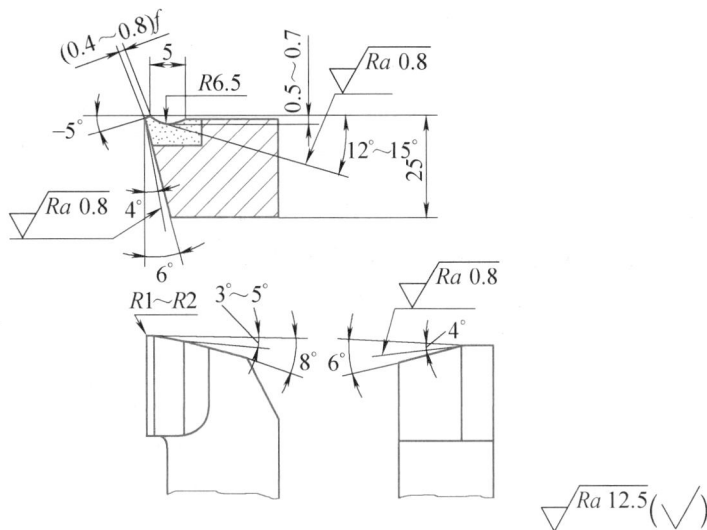

图 2-18　90°外圆车刀图样

a)　　　　　　　　　　b)

图 2-19　粗磨刀头

（2）粗磨切削部分主后刀面　选用粒度号为 F36~F60、硬度为 G 或 H 的碳化硅砂轮。

刀体柄部与砂轮轴线保持平行，刀体底平面向砂轮方向倾斜一个比主后角大 2°~3° 的角度。刃磨时，将车刀刀体上已磨好的主后隙面靠在砂轮的外圆上，以接近砂轮中心的水平位置为刃磨的起始位置，然后使刃磨位置继续向砂轮靠近，并左右缓慢移动，一直磨至切削刃处为止。同时磨出主偏角 $\kappa_r = 90°$ 和主后角 $\alpha_o = 4°$，如图 2-20 所示。

（3）粗磨切削部分副后刀面　刀体柄部尾端向右偏摆，转过副偏角 $\kappa_r' = 8°$，刀体底平面向砂轮方向倾斜一个比副后角大 2°~3° 的角度，如图 2-21 所示。刃磨方法与刃磨主后刀面相同，但应磨至刀尖处为止。同时磨出副偏角 $\kappa_r' = 8°$ 和副后角 $\alpha_o' = 4°$。

（4）粗磨前刀面　以砂轮的端面粗磨出前刀面，同时磨出前角 $\gamma_o = 12°~15°$，如图 2-22 所示。

（5）磨断屑槽　手工刃磨的断屑槽一般为圆弧形。刃磨前，应先将砂轮圆柱面与端

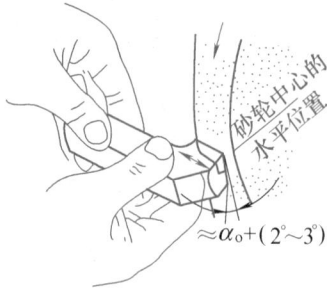

图 2-20　粗磨主后刀面　　　　　　　　　图 2-21　粗磨副后刀面

面的交角处用金刚石笔或硬砂条修成相应的圆弧。刃磨时，刀尖可以向下或向上磨，如图 2-23 所示。但选择刃磨断屑槽部位时，应考虑留出刀头倒棱的宽度。刃磨的起点位置应该与刀尖、主切削刃离开一定的距离，以防主切削刃和刀尖被磨塌。

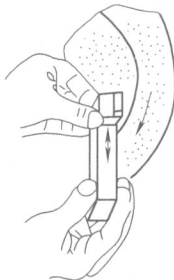

图 2-22　粗磨前刀面

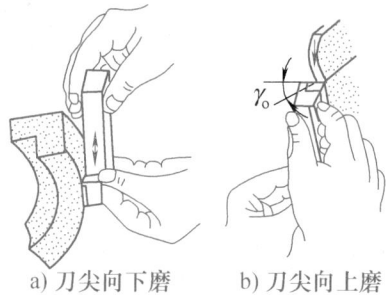

a) 刀尖向下磨　　b) 刀尖向上磨

图 2-23　刃磨断屑槽

（6）精磨主、副后刀面　选用粒度号为 F180 或 F220 的绿色碳化硅杯形砂轮。

精磨前应先修整好砂轮，保证回转平稳。刃磨时，将车刀底平面靠在调整好角度的托架上，并使切削刃轻轻地靠住砂轮端面，沿着端面缓慢地左右移动，保证车刀切削刃平直，如图 2-24 所示。

（7）磨负倒棱　负倒棱如图 2-25 所示。刃磨负倒棱有直磨法和横磨法两种方法，如图 2-26 所示。刃磨时用力要轻微，要使主切削刃的后端向刀尖方向摆动。负倒棱倾斜角度 $\gamma_f = -5°$，宽度 $b = (0.4 \sim 0.8)f$。为保证切削刃的质量，最好采用直磨法。

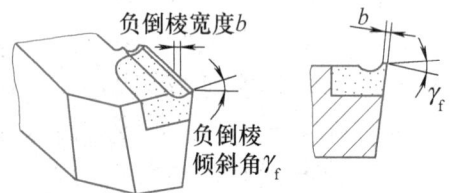

a) 精磨主后刀面　　b) 精磨副后刀面

图 2-24　精磨主、副后刀面　　　　　　　　图 2-25　负倒棱

（8）研磨车刀　在砂轮上刃磨的车刀，其切削刃不够平滑光洁，这不仅影响车削零件的表面质量，也会降低车刀的使用寿命，而硬质合金车刀在切削过程中则容易产生崩刃。因此，应用细油石研磨切削刃。研磨时，手持油石在切削刃上来回移动，动作应平

稳，用力应均匀，如图 2-27 所示。研磨后的车刀，应消除在砂轮上刃磨后的残留痕迹。

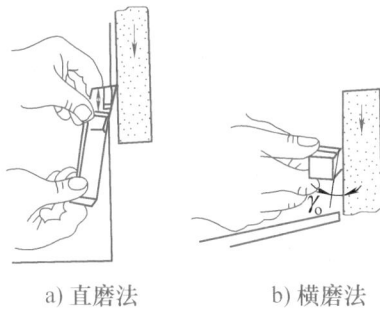

a) 直磨法　　b) 横磨法

图 2-26　刃磨负倒棱

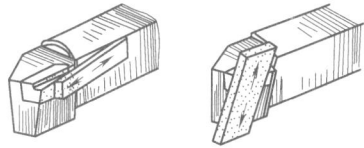

图 2-27　车刀的研磨

六、车刀的装夹

1. 装夹车刀的要求

车刀的正确装夹方法如图 2-28 所示。

（1）悬伸长度　车刀装在刀架上的伸出部分的长度应尽量短，一般为刀柄高度的 1~1.5 倍。伸出过长，会使其刚性变差，车削时容易引起振动。

（2）使用垫片　车刀垫片应平整、无毛刺、厚度均匀。每把车刀下面所用垫片的数量应尽量少（以 1~2 片为宜）。垫片应与刀架边缘对齐，且至少用两个螺钉压紧。

（3）车刀刀柄方向　车刀刀柄中心线应与进给方向垂直或平行。

刀尖对准顶尖
刀体前刀面朝上
刀具伸出部分的长度为刀柄高度 1~1.5 倍
刀柄与工件轴线垂直
垫片数量应尽量少且与刀架边缘对齐

图 2-28　车刀的正确装夹方法

（4）车刀刀尖高度　车刀的刀尖必须对准零件的回转中心，如图 2-29a 所示。如果车刀刀尖高于零件的回转中心，如图 2-29b 所示，则会使车刀的实际后角减小，车刀后刀面与零件之间的摩擦增大；车刀刀尖若低于零件的回转中心，如图 2-29c 所示，则会使车刀的实际前角减小，切削阻力增大。

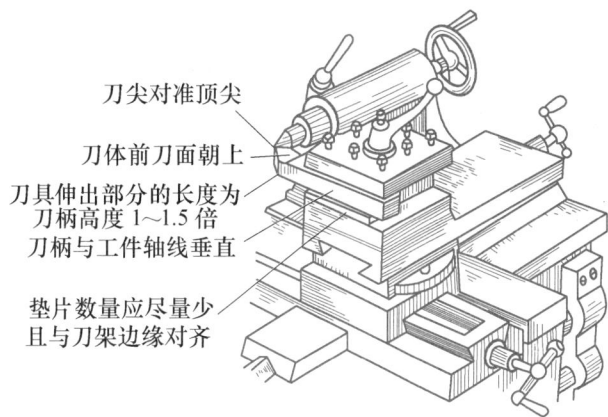

a) 正确的高度　　b) 刀尖过高　　c) 刀尖过低

图 2-29　刀尖高度

车刀刀尖没有对准零件的回转中心，在车削端面至中心时会在零件上留有凸头或造成刀尖崩碎，如图 2-30 所示。

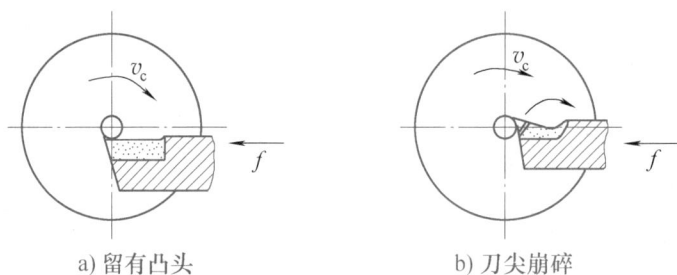

a) 留有凸头   b) 刀尖崩碎

图 2-30 车刀刀尖未对准零件回转中心

2. 车刀刀尖对中心的方法

1）根据车床主轴的中心高，用钢直尺测量对中心并装刀，如图 2-31 所示。

2）利用车床尾座后顶尖对刀和装夹车刀，如图 2-28 所示。

3）将车刀靠近零件端面，用目测法估计车刀的高低，然后夹紧车刀，试车端面，再根据端面的中心来调整车刀。

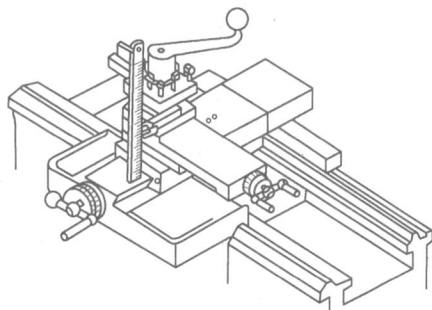

图 2-31 用钢直尺测量对中心并装刀

3. 夹紧车刀的方法

用刀架上的螺钉压紧车刀，每把车刀的压紧螺钉应不少于两个。注意不要产生虚压，即车刀刀柄下面、压紧螺钉正下方不能短缺垫片。

课题二 卡盘

一、卡盘的作用及种类

卡盘是车床的常用附件，用于装夹零件。车床上常用的卡盘有自定心卡盘、单动卡盘、花盘等，如图 2-32 所示。

1. 自定心卡盘

自定心卡盘的三个卡爪均匀地分布在卡盘的圆周上，它们能同步沿径向移动，实现对零件的夹紧或松开。自定心卡盘能自动定心，装夹零件时一般不需要找正，使用方便，在车床上应用最为普遍。自定心卡盘的夹紧力较小，适宜装夹中、小型圆柱形、正三边形或正六边形零件。

自定心卡盘的结构如图 2-33 所示。将卡盘扳手插入小锥齿轮 3 端部的方孔 7 中，转动扳手使小锥齿轮转动，并带动大锥齿轮 6 回转。大锥齿轮的背面有平面螺纹 4，与卡爪 5 的端面螺纹相啮合，大锥齿轮回转时，平面螺纹带动与其啮合的三个卡爪沿径向同时做向心或离心移动。

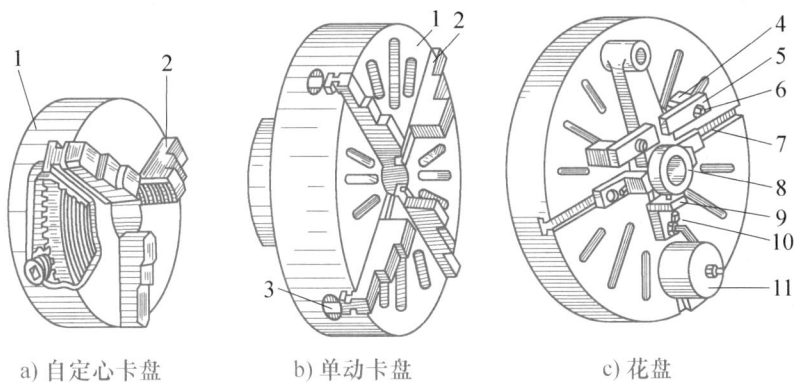

a) 自定心卡盘　　　　　b) 单动卡盘　　　　　c) 花盘

图 2-32　卡盘

1—卡盘体　2—卡爪　3—丝杠　4—垫铁　5—压板　6—螺栓
7—螺栓槽　8—零件　9—弯板　10—顶丝　11—平衡铁

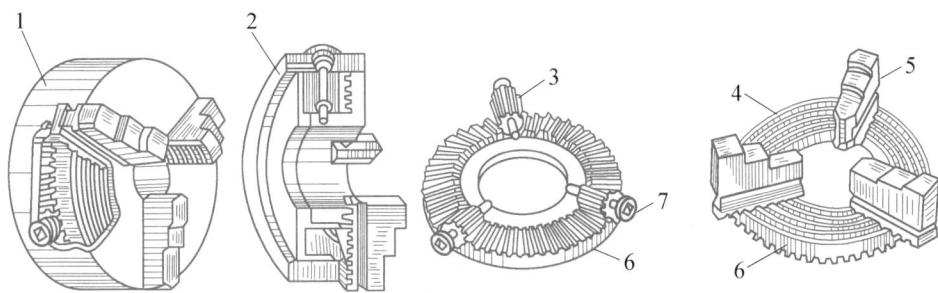

图 2-33　自定心卡盘的结构

1—卡盘壳体　2—防尘盖板　3—带方孔的小锥齿轮　4—平面螺纹
5—卡爪　6—大锥齿轮　7—方孔

常用的自定心卡盘规格有 150mm、200mm、250mm 等。

2. 单动卡盘

单动卡盘的四个卡爪沿圆周均布，每个卡爪单独沿径向移动。装夹零件时，通过调节各卡爪的位置对零件的位置进行找正，将零件加工部位的回转中心找正到与车床主轴回转中心重合。单动卡盘的夹紧力较大，但找正零件位置烦琐、费时，适用于单件、小批量生产中装夹大型或形状不规则的零件，如图 2-34 所示。

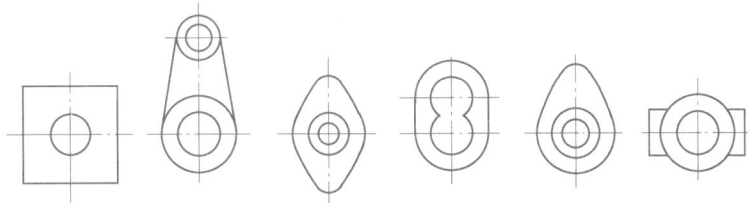

图 2-34　单动卡盘装夹的零件举例

3. 花盘

图 2-35 所示的花盘是一个材质为铸铁的大圆盘，安装在车床主轴上，盘面平整，其上有若干呈辐射状分布的长短不一的通槽，用于安装各种螺钉，以紧固零件。花盘适用于用其他方法不便装夹的不对称或形状复杂的零件，装夹零件时需要反复找正和平衡。

花盘附件如图 2-36 所示。

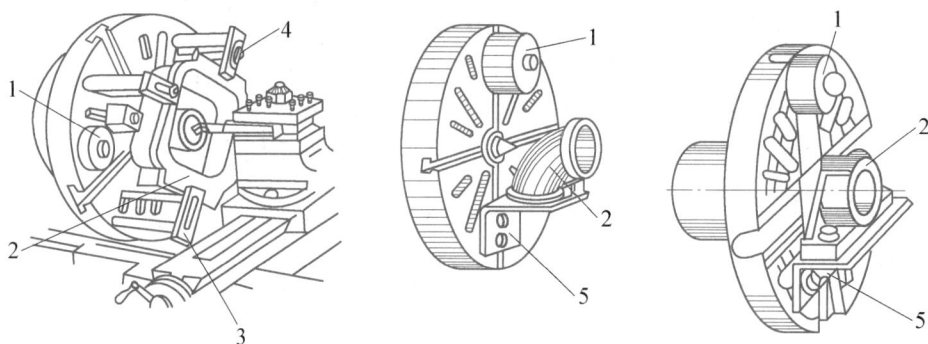

图 2-35　花盘的使用

1—平衡铁　2—零件　3—压板　4—螺栓　5—角铁

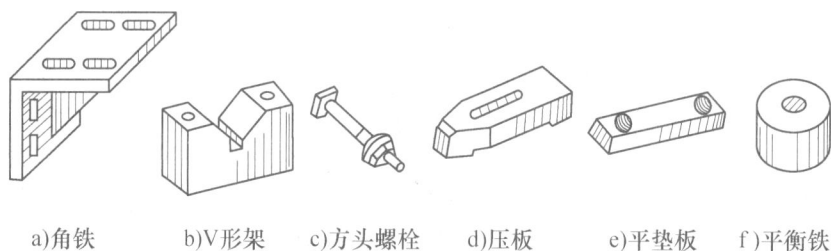

a)角铁　　b)V形架　　c)方头螺栓　　d)压板　　e)平垫板　　f)平衡铁

图 2-36　花盘附件

二、卡爪的装卸

1. 卡爪

自定心卡盘有正、反两副卡爪。正卡爪用于装夹外圆直径较小和内径较大的零件，反卡爪用于装夹外圆直径较大的零件，如图 2-37 所示。每副卡爪上分别标有编号 1、2、3，安装卡爪时，必须按顺序装配。如果卡爪的编号标记不清晰，可将三个卡爪并列在一起，比较卡爪上端面螺纹牙数的多少，最多的为 1 号，最少的为 3 号，如图 2-38 所示。

2. 卡爪的安装

将卡盘扳手的方榫插入卡盘壳体圆柱面上的方孔中，沿顺时针方向旋转，驱动大锥齿轮回转，当其背面平面螺纹的螺扣转到将要接近槽 1 时，将 1 号卡爪插入壳体的槽 1 内；继续沿顺时针方向旋转卡盘扳手，在卡盘壳体的槽 2、槽 3 内依次装入 2 号、3 号卡爪。随着卡盘扳手的继续转动，三个卡爪同步沿径向做向心运动，直至汇聚于卡盘的中心，如图 2-39 所示。

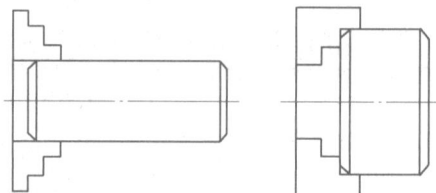

a) 正卡爪　　　b) 反卡爪

图 2-37　不同零件的装夹形式

3. 卡爪的拆卸

将卡盘扳手沿逆时针方向旋转，三个卡爪则同步沿径向作离心移动，直至退出卡盘壳体。卡爪退离卡盘壳体时，要注意防止卡爪从卡盘壳体中跌落受损。

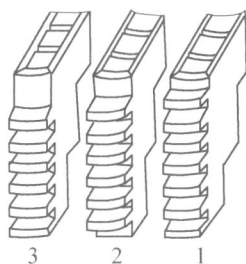

图 2-38 卡爪

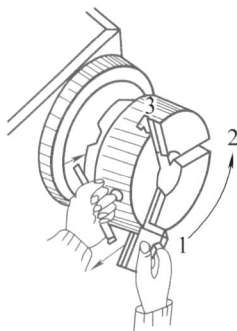

图 2-39 安装卡爪

更换反卡爪，按同样的方法进行卡爪的安装、拆卸操作练习。

三、自定心卡盘的安装与拆卸

1. 卡盘与车床主轴的连接

自定心卡盘通过连接盘与车床主轴连为一体。CA6140 型卧式车床连接盘与主轴、卡盘的连接方式如图 2-40 所示。连接盘 4 由主轴 1 上的短圆锥面定位。安装时，将连接盘的四个螺栓 7 从主轴轴肩和锁紧盘 2 上的孔内穿过，螺栓中部的圆柱面与主轴轴肩上的孔精密配合，用螺母 8 拧紧，使连接盘可靠地安装在主轴上。连接盘前面的台阶面是安装卡盘 6 的定位基面，通过三个螺钉 5 将卡盘与连接盘连接在一起。端面键 3 用于防止连接盘相对主轴转动，是保险装置。螺钉 9 是拆卸连接盘时用的顶丝。

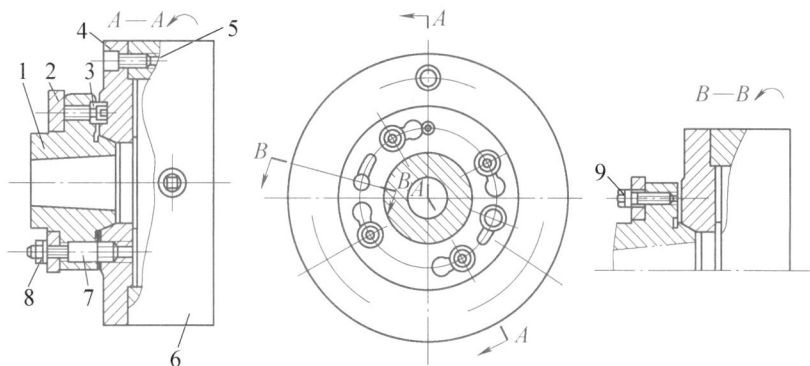

图 2-40 连接盘与主轴、卡盘的连接

1—主轴 2—锁紧盘 3—端面键 4—连接盘 5、9—螺钉 6—卡盘 7—螺栓 8—螺母

2. 卡盘的安装

1）切断车床电动机电源。

2）擦净卡盘和连接盘各表面（尤其是定位配合表面）并涂油。

3）在靠近主轴处的床身导轨上垫一块有一定厚度的木板，以保护导轨面不致因受意外撞击而损伤。

4）将一根比主轴通孔直径稍小的硬木棒穿在卡盘中，将卡盘抬至连接盘端，使木棒的一端插入主轴的通孔内，另一端伸出在卡盘外。

5）小心地将卡盘背面的台阶孔装配在连接盘的定位基面上，用三个螺钉将连接盘与卡盘可靠地连接在一起。

6）抽去硬木棒，撤掉防护垫板。

3. 卡盘的拆卸

1）切断电源，垫好床身防护垫板，将硬木棒插入主轴孔内，木棒另一端伸出卡盘外，并搁置在刀架上。

2）卸下连接盘与卡盘连接的三个螺钉，用木锤轻轻敲击卡盘背面，使卡盘止口从连接盘台阶上分离下来。

3）小心抬下卡盘，撤去床身防护垫板。

课题三 零件的装夹和找正

车削时安装零件的方法主要有用自定心卡盘、单动卡盘、顶尖等装夹。

找正零件的方法有划线盘或百分表找正。

零件的形状、大小各异，加工精度及加工数量不同，因此，在车床上加工零件时，其装夹方法也不同。

一、用自定心卡盘装夹

1. 轴类零件的装夹

自定心卡盘能自动定心，故装夹零件时一般不需要找正。但在装夹较长的零件时，零件上离卡盘夹持部分较远处的回转中心不一定与车床主轴轴线重合，这时必须对零件位置进行找正。此外，在自定心卡盘因使用时间较长失去应有的精度，而零件的加工精度要求又较高时，也需要进行找正。

2. 轴类零件的找正

找正的要求是使零件的回转中心与车床主轴的回转中心重合。

（1）划线盘找正轴类零件 粗加工时，常用目测法或划线盘找正毛坯表面。

1）用卡盘轻轻夹住零件，将划线盘放置在适当位置，将划针尖端触向零件悬伸端处的圆柱表面，如图 2-41 所示。

2）将主轴箱变速手柄置于空档，用手轻拨卡盘使其缓慢转动，观察划针尖与零件表面的接触情况，并用铜棒轻击零件悬伸端，直至全圆周划针与零件表面间隙均匀一致，找正结束。

3）夹紧零件。

（2）百分表找正轴类零件 精加工时，用百分表进行找正。

1）用卡盘轻轻夹住零件，将磁性表座吸在车床固定不动的表面（如导轨面）上，调整表架位置，使百分表测头垂直指向零件悬伸端外圆柱表面，如图 2-42 所示。对于直径较大而轴向长度不大的盘形零件，可将百分表测头垂直指向零件端面的外缘处，如图 2-43 所示，将百分表测头预先压下 0.5～1mm。

2）用相同的方法扳动卡盘缓慢转动，并找正零件，直至每转中百分表读数的最大差值在 0.10mm 以内（或视零件精度要求而定），找正结束。

3）夹紧零件。

3. 盘类零件的装夹和找正

装夹经粗加工端面后的盘类零件时，可采用下述方法。

1）在刀架上夹持一圆头铜棒，如图 2-44 所示。

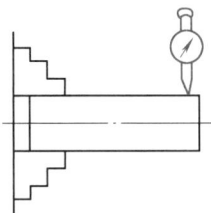

图 2-41 用划线盘
找正轴类零件

图 2-42 用百分表找
正轴类零件外圆

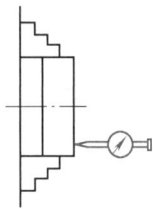

图 2-43 用百分表找
正轴类零件端面

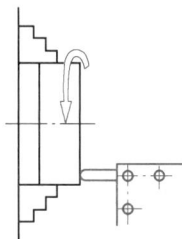

图 2-44 盘类零件的
装夹与找正

2）用卡盘轻轻夹住零件，使主轴低速转动。

3）移动床鞍和中滑板，使刀架上的圆头铜棒轻轻接触和挤压零件端面的外缘，当目测零件端面基本与主轴轴线垂直后退出铜棒。

4）停止主轴回转。

5）夹紧零件。

二、用单动卡盘装夹

1. 轴类零件的装夹

1）将主轴箱变速手柄置于空档位置。

2）根据零件装夹部位的尺寸调整卡爪，使相对的两卡爪间的距离稍大于零件装夹部位的尺寸（轴类、盘类零件的外圆直径）。要确定卡爪的位置是否与主轴回转中心等距，可参考卡盘平面上的多圈同心圆线。

3）在零件装夹位置下方的床身导轨面上放置防护垫板。

4）夹持零件，零件被夹持部分的长度一般在 15mm 左右。

2. 轴类零件的找正

找正轴类零件时，通常找正外圆柱面上的 A、B 两点，如图 2-45 所示。

1）先找正 A 点。找正时，用划针尖靠近零件外圆表面上的 A 点，用手转动卡盘，观察零件表面与划针尖间的间隙大小。然后根据间隙大小调整两卡爪的相对位置，调整量为间隙差值的一半，如图 2-46 所示。需要注意的是，找正时不能同时松开两只卡爪，以防零件掉落。当间隙均匀一致时，找正完成。

2）找正 B 点。将划针尖移到靠近零件外圆表面的 B 点处进行找正。不调整卡爪位置，而是用铜棒轻轻敲击。至间隙均匀一致时，找正完成。

3）均匀地夹紧零件。

3. 盘类零件的装夹和找正

找正盘类零件时，不仅要找正外圆柱面（即 A 点），还需要找正零件的端面（即 B 点），如图 2-47 所示。

图 2-45　用划线盘找正轴类零件

图 2-46　卡爪位置的调整

1）找正 A 点。找正时，用移动卡爪的方法进行调整，与轴类零件 A 点的找正方法相同。

2）找正 B 点。将划针尖靠近零件端面边缘处，用手转动卡盘，观察划针尖与端面之间的间隙。调整时可用铜棒轻轻敲击找正，调整量等于间隙差值，如图 2-48 所示。至间隙均匀一致时，找正完成。

3）均匀地夹紧零件。

图 2-47　用划线盘找正盘类零件

图 2-48　端面位置的找正

三、用两顶尖装夹

两顶尖装夹，主要用于长度较长或必须经多道工序才能加工完成的轴类零件，如图 2-49 所示。用两顶尖装夹零件，装夹方便，不需要找正，而且定位精度很高；但装夹前必须先在零件的两端面加工出合适的中心孔。

图 2-49　在两顶尖间装夹零件
1—拨盘　2—卡头　3—零件　4—后顶尖
5—夹紧螺钉　6—前顶尖

1. 顶尖

顶尖的作用是定中心，承受零件的重量与切削时的切削力。顶尖分前顶尖和后顶尖两类。

（1）前顶尖　前顶尖是安装在主轴上的顶尖，它随主轴和零件一起回转。因此，前顶尖与零件中心孔无相对运动，不产生摩擦。

前顶尖有两种类型：一种是以带锥度的柄部插入主轴锥孔内的前顶尖，如图 2-50 所示，这种顶尖装夹牢靠，可重复使用，适用于批量生产；另一种是装夹在自定心卡盘上的前顶尖，如图 2-51 所示，通常可在卡盘上夹持一段钢料，车削成圆

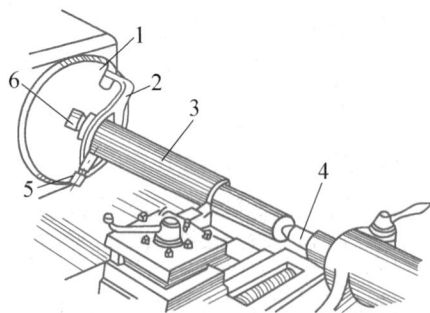

锥角 α＝60°的顶尖。这种顶尖的特点是制造、装夹方便，定心准确；缺点是顶尖的硬度较低，容易磨损，车削中如受到冲击，容易发生位移，只适用于小批量生产，且顶尖自卡盘上取下后，如需再次装夹使用，则必须修整顶尖的锥面，以保证锥面轴线与主轴轴线重合。

图 2-50 前顶尖

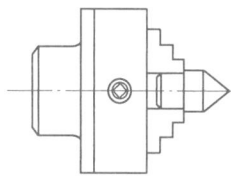

图 2-51 在卡盘上车制成的前顶尖

（2）后顶尖 插入尾座套筒锥孔中的顶尖称为后顶尖，后顶尖又分为固定顶尖和回转顶尖两类。

1）固定顶尖。固定顶尖分为普通固定顶尖、硬质合金固定顶尖和反顶尖，如图 2-52所示。固定顶尖的优点是定心好、刚度高，切削时不易产生振动；缺点是与零件中心孔之间有相对运动，容易磨损和产生高热。普通固定顶尖用于低速切削，硬质合金固定顶尖可用于高速切削。

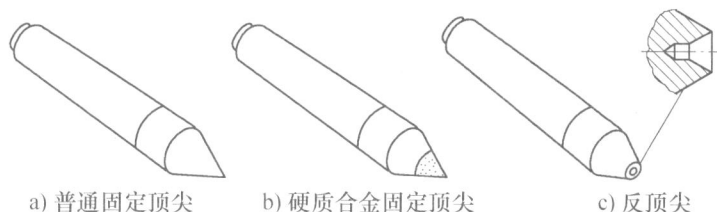

a) 普通固定顶尖　　b) 硬质合金固定顶尖　　c) 反顶尖

图 2-52 固定顶尖

2）回转顶尖。图 2-53 所示的回转顶尖将顶尖与中心孔之间的滑动摩擦转变成顶尖内部轴承的滚动摩擦，克服了固定顶尖容易磨损和产生高热的缺点，可以承受很高的转速；但其定心精度不如固定顶尖高，刚度也稍低。

图 2-53 回转顶尖

2. 使用两顶尖装夹零件

（1）安装并找正顶尖

1）擦净主轴锥孔、前顶尖柄部，将前顶尖插入主轴锥孔内，如图 2-50 所示。

2）擦净尾座套筒锥孔和后顶尖柄部，将后顶尖插入尾座套筒锥孔内。

3）拉动尾座，慢慢向主轴靠近，位置合适后，摇动尾座手轮，使尾座套筒带着后顶尖趋近并轻轻接触前顶尖，如图 2-54 所示。

4）从正上方与正前方两个方向观察前、后顶尖是否对准。若两顶尖没有对准，可调整尾座的调整螺栓，直至符合要求。

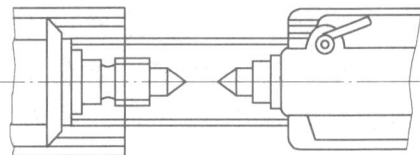

图 2-54　前、后顶尖相对位置的找正

（2）装夹零件

1）用图 2-55a、b 所示的平行对分夹头或鸡心夹头夹紧零件一端的适当部位（应使夹头上的拨杆伸出零件轴端），如图 2-55c 所示。

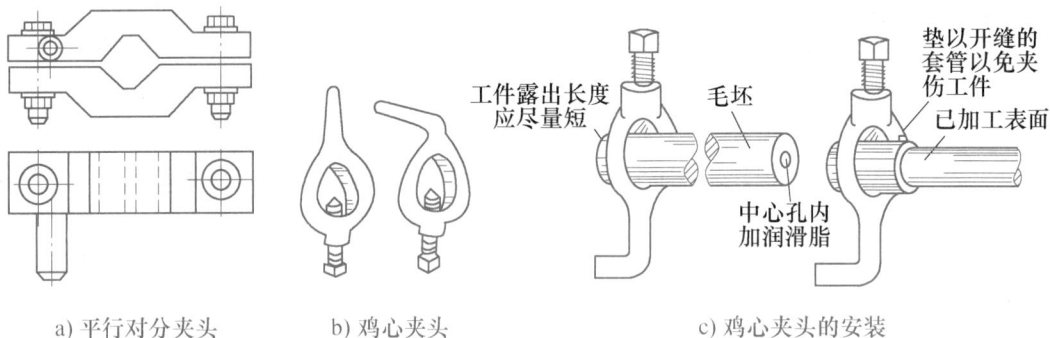

a) 平行对分夹头　　　b) 鸡心夹头　　　c) 鸡心夹头的安装

图 2-55　用平行对分夹头、鸡心夹头装夹零件

2）左手托起零件，将夹有夹头一端的中心孔放置在前顶尖上，并使夹头的拨杆插入拨盘的凹槽中（用卡盘夹持的前顶尖，则将拨杆贴近卡盘的卡爪侧面），以通过拨盘（或卡盘）来带动零件回转。

3）右手摇动事先已根据零件长度调整好位置并紧固的尾座手轮，使后顶尖顶入零件另一端的中心孔中，其松紧程度以零件在两顶尖间可以灵活转动，而又没有轴向窜动为宜，如图2-56 所示。

图 2-56　调整两顶尖的距离装夹零件

4）尾座套筒从尾座架伸出的长度应尽量短；若后顶尖使用固定顶尖，则应使用润滑脂。最后将尾座套筒的固定手柄压紧。

四、一夹一顶装夹

1. 一夹一顶方式

用两顶尖装夹轴类零件，虽然定位精度高，但其刚度较低，尤其是对于粗大、笨重的零件，装夹时稳定性不够，切削用量的选择受到限制。这时，通常选用零件一端用卡盘（自定心卡盘或单动卡盘）夹持，另一端用后顶尖支承，即一夹一顶的方法装夹零件，如图 2-57 所示。这种装夹方法安全、可靠，能承受较大的轴向切削力。但对于相互位置

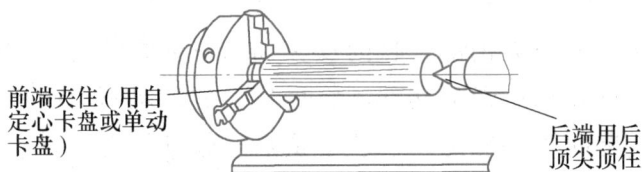

前端夹住（用自定心卡盘或单动卡盘）

后端用后顶尖顶住

图 2-57　一夹一顶装夹零件

精度要求较高的零件，调头车削时找正较困难。

2. 零件的轴向定位

（1）用支承限位 在卡盘内装一个轴向限位支承，以防止在轴向切削力的作用下，零件发生轴向窜动，如图 2-58 所示。

（2）用台阶限位 在零件被夹持部位车削一个 10~20mm 长的台阶，作为轴向限位支承，防止切削过程中零件发生轴向窜动，如图 2-59 所示。

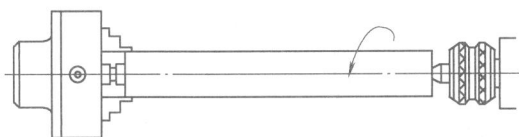

图 2-58 用限位支承
防止零件轴向窜动

图 2-59 用零件上的台阶防止
零件轴向窜动

五、用心轴装夹

利用零件上已精加工过的孔，将零件安装在心轴上，再把心轴安装在前、后顶尖之间，利用顶尖装夹轴类零件的方式来精加工零件的外圆或端面，如图 2-60 所示。

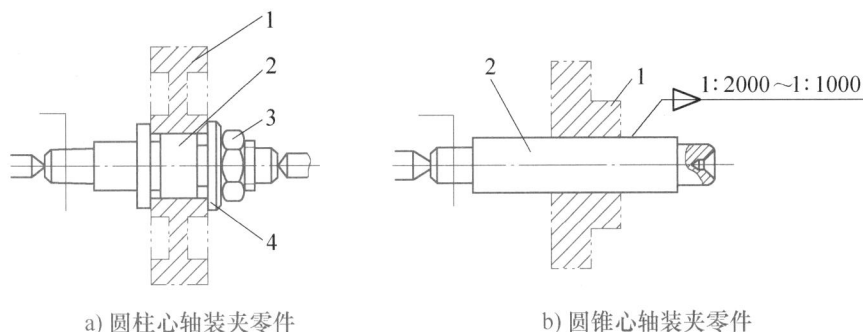

a) 圆柱心轴装夹零件   b) 圆锥心轴装夹零件

图 2-60 用心轴装夹零件
1—零件 2—心轴 3—螺母 4—开口垫圈

六、中心架和跟刀架

1. 中心架的使用

中心架固定在车床导轨上，支承零件前先在零件上车削出一小段光滑表面，然后调整中心架的三个支承爪与其接触，再分段车削外圆或端面，如图 2-61 所示。

2. 跟刀架的使用

跟刀架固定于大刀架上，并随大刀架一起作纵向运动，如图 2-62 所示。先在零件上靠后顶尖的一端车削出一小段外圆，根据其尺寸大小调节跟刀架的支承爪，然后车削出零件的全长。跟刀架多用于加工细长的光轴和长丝杠等，分为两爪跟刀架和三爪跟刀架，如图 2-63 所示。

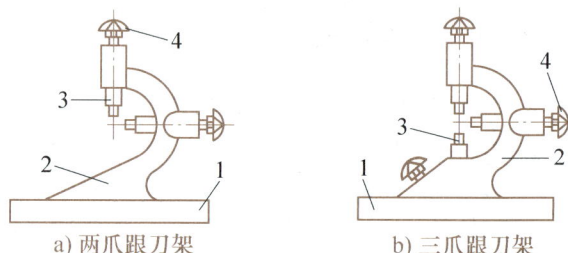

a) 车长轴　　　　　　　　　　　　　　b) 车端面

图 2-61　中心架的使用

1、6—螺栓　2—支承爪　3—固定螺钉　4—中心架上部　5—铰链　7—压板　8—中心架下部　9—调节螺钉

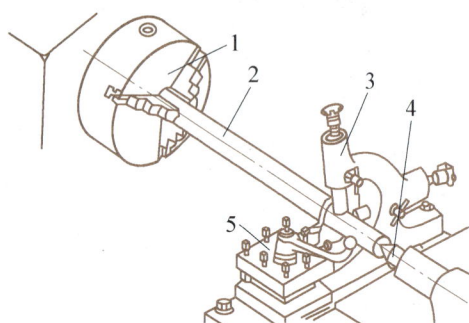

图 2-62　跟刀架的使用

1—自定心卡盘　2—零件　3—跟刀架
4—后顶尖　5—刀架

a) 两爪跟刀架　　　　b) 三爪跟刀架

图 2-63　跟刀架的种类

1—底座　2—支架　3—支承爪　4—调节螺钉

课后测评

1. 常用车刀有哪些种类?

2. 车刀由哪几部分组成?

3. 为确定刀具的几何角度,使用了哪些辅助平面?各平面是如何定义的?

4. 车刀有哪些基本角度?

5. 装夹车刀时有哪些要点?

6. 车削端面时,如果刀尖的安装低于零件的旋轴轴线会产生什么结果?

7. 卡盘有何作用?常用卡盘有哪几种?

8. 自定心卡盘和单动卡盘的工作原理分别是什么?

9. 常用零件的装夹方式有哪些?

10. 车削细长轴时,常采用哪些措施增加刚性以保证质量?

模块三 车削外圆柱面

学习目标

知识目标

1. 掌握车削外圆柱面零件的加工工艺。
2. 掌握车削外圆柱面车刀的种类、特征和用途。
3. 了解中心孔的形式和作用。
4. 了解中心钻的类型和装夹方法。

技能目标

1. 能正确选用车削的切削用量。
2. 能正确刃磨车刀。
3. 能车削外圆、端面、台阶，并进行精度检验和质量分析。
4. 能车槽、切断，并进行精度检验和质量分析。
5. 能车削简单的轴类零件，并进行精度检验和质量分析。
6. 具备知识技能拓展能力及适应发展的能力。

素养目标

1. 培养敬业、专注、创新的工匠精神。
2. 培养节能意识、安全意识。能正确遵守个人和车间安全作业要求，注重个人安全防护。
3. 具备将车削外圆柱面的知识技能应用于具体工作领域的能力，具有一定的分析问题和解决问题的能力。

任务一 车削外圆、端面和台阶

任务描述

用车削的方法加工零件的外圆表面称为车外圆。外圆表面包括外圆柱表面和外圆锥表面。习惯上所说的车外圆是指车削外圆柱面。本任务主要介绍外圆车刀的种类，车外圆、端面和台阶的方法，以及各种表面的测量方法。

知识链接

一、外圆车刀

1. 90°外圆车刀

90°外圆车刀俗称偏刀，其主偏角 $\kappa_r = 90°$。按车削时的进给方向不同，90°外圆车刀分成右偏刀和左偏刀两种，如图 3-1 所示。右偏刀的主切削刃在刀柄左侧，一般用来车削零件的外圆、端面和右向台阶；左偏刀的主切削刃在刀柄右侧，一般用来车削零件的外圆和左向台阶，也适合车削直径较大而长度较短的零件的端面。

偏刀的使用如图 3-2 所示。

a) 右偏刀　　　　　b) 左偏刀　　　　　c) 右偏刀外形

图 3-1　90°外圆车刀

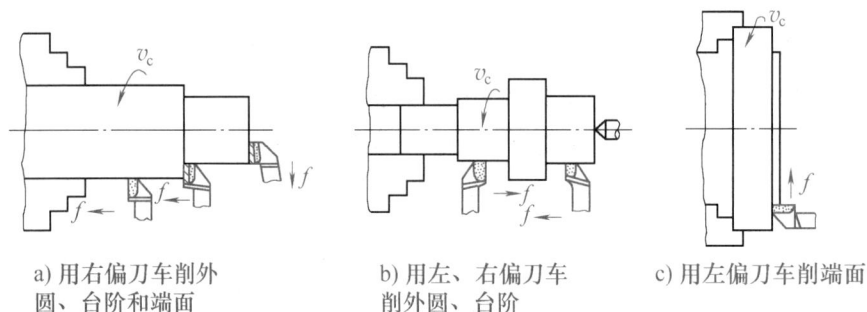

a) 用右偏刀车削外圆、台阶和端面　　　b) 用左、右偏刀车削外圆、台阶　　　c) 用左偏刀车削端面

图 3-2　偏刀的使用

由于主偏角较大，用偏刀车削外圆时作用于零件的径向切削力较小，因此零件不容易被顶弯。

用右偏刀车削零件端面时，车刀由零件外缘向中心进给，此时由车刀副切削刃担负切削任务，如果背吃刀量 a_p 较大，则切削抗力 F' 会使车刀扎入零件而形成凹面，如图 3-3a 所示。为了避免产生这种现象，可改从中心向外缘进给，由主切削刃进行切削，但此时背吃刀量 a_p 较小，如图 3-3b 所示。在切削余量较大时，可用图 3-3c 所示的端面车刀进行车削。

a)　　　　　b)　　　　　c)

图 3-3　用右偏刀车削端面

2. 75°外圆车刀

图 3-4 所示的 75°外圆车刀的刀尖角 $\varepsilon_r > 90°$，其刀体强度高，较耐用，因此适合粗车轴类零件的外圆和强力切削铸件、锻件等余量较大的零件。

75°外圆车刀也有右偏刀与左偏刀两种，可用于车削外圆，如图 3-5a 所示。左偏的 75°外圆车刀还可用来车削铸件、锻件的大平面，如图 3-5b 所示。

3. 45°外圆车刀

45°外圆车刀俗称弯头车刀，分为右弯头车刀与左弯头车刀两种，如图 3-6 所示。

45°外圆车刀的刀尖角 $\varepsilon_r = 90°$，所以其刀体强度和散热条件都比 90°外圆车刀好。

45°外圆车刀常用于车削零件的端面和进行 45°倒角，也可以用来车削长度较短的外圆，如图 3-7 所示。

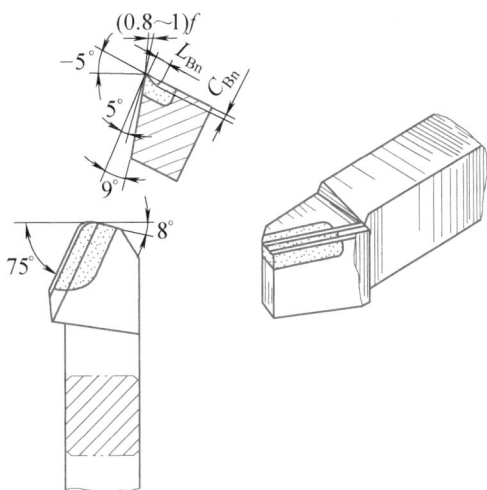

图 3-4　75°外圆车刀

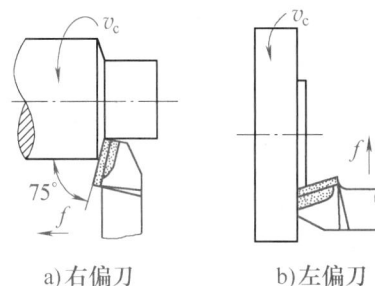

a) 右偏刀　　　　b) 左偏刀

图 3-5　75°外圆车刀的使用

a) 45°右弯头车刀　　　b) 45°左弯头车刀　　　c) 45°外圆车刀外形

图 3-6　45°外圆车刀

二、粗车和精车

车削零件，一般分粗车和精车两个加工阶段。

1. 粗车

粗车的目的是切除加工表面上绝大部分的加工余量。粗车时，对加工表面没有严格的要求，只需留有一定的半精车余量（1～2mm）和精车余量（0.1～0.5mm）即可。因此，粗车时主要考虑的是提高生产率和保证车刀有一定的寿命。在车床动力

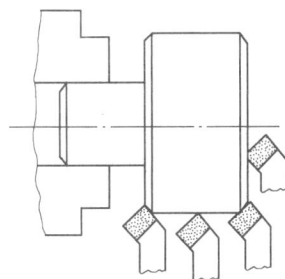

图 3-7　45°外圆车刀的使用

许可的条件下,粗车时采用大的背吃刀量(通常是一次进给切除应留余量之外的所有余量)和大的进给量,而切削速度不是很高。由于粗车时切削力很大,所以零件装夹必须牢固可靠。

粗车的另一个作用是及时发现毛坯材料内部的缺陷,如夹渣、砂眼、裂纹等,也能消除毛坯零件内部的残余应力并防止热变形等。

2. 精车

精车是车削的末道加工,其加工余量较小,主要考虑的是保证加工精度和加工表面质量。精车时切削力较小,车刀磨损不严重,一般将车刀磨得较锋利,选择较高的切削速度,而进给量则选得小些,以减小加工表面的表面粗糙度值。

三、车削台阶

1. 台阶的车削方法

车削台阶时,不仅要车削组成台阶的外圆,还要车削环形的端面,它是外圆车削和平面车削的组合。因此,车削台阶时,既要保证外圆的尺寸精度和台阶面的长度要求,还要保证台阶平面对零件轴线的垂直度要求。

(1)车刀的选择与装夹 车削台阶时,通常选用90°外圆车刀。

车刀的装夹应根据粗车、精车余量的多少来调整。粗车时,余量多,为了增大背吃刀量和减小刀尖的压力,装夹车刀时,实际主偏角以小于90°为宜(一般 $\kappa_r = 85° \sim 90°$),如图3-8所示。精车时,为了保证台阶平面与零件轴线的垂直度,装夹车刀时,实际主偏角应大于90°(一般 κ_r 在93°左右),如图3-9所示。

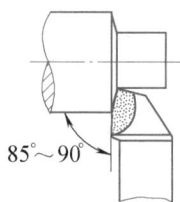

图3-8 粗车台阶时偏刀的装夹位置

图3-9 精车台阶时偏刀的装夹位置

(2)台阶的车削方法 车削台阶零件时,一般分为粗车和精车。

粗车时,台阶的长度除第一级台阶的长度因留精车余量而略短外,采用链接式标注的其余各级台阶的长度可以车削至规定要求。

精车时,通常在机动进给精车外圆至接近台阶处时,改以手动进给替代机动进给。当车削至台阶面时,变纵向进给为横向进给,移动中滑板由里向外慢慢精车台阶平面,以确保其对轴线的垂直度要求。

(3)台阶长度尺寸的控制方法

1)刻线法。先用钢直尺或样板量出台阶的长度尺寸,然后用车刀刀尖在台阶所在位置处车刻出一圈细线,按刻线痕进行车削,如图3-10a所示。

2)挡铁控制法。用挡铁定位控制台阶长度,主要用在成批车削台阶轴时,如

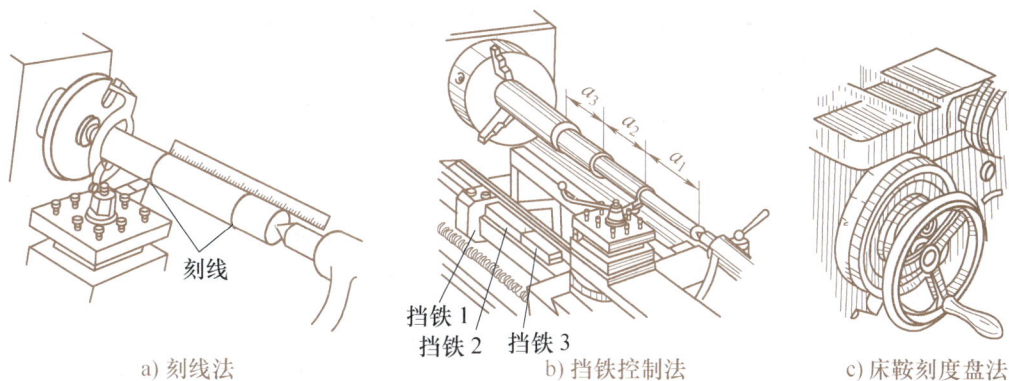

a) 刻线法　　　　　　b) 挡铁控制法　　　　c) 床鞍刻度盘法

图 3-10　台阶长度尺寸的控制方法

图 3-10b 所示。

挡铁 1 固定在床身导轨上，并与零件上台阶 a_3 台阶平面的轴向位置一致，挡铁 2、3 的长度分别等于 a_2、a_1 的长度。纵向进给时，当床鞍碰到挡铁 3 时，零件台阶长度 a_1 车削至要求；拿去挡铁 3，调整好下一个台阶的背吃刀量，继续纵向进给，当床鞍碰到挡铁 2 时，台阶长度 a_2 车削至要求……按前述方法依次车削各台阶。

采用挡铁定位控制台阶长度的方法，可节省加工中大量的测量时间，且成批零件长度尺寸的一致性较好。台阶长度的尺寸精度可达 0.1~0.2mm。

3）床鞍刻度盘法。在 CA6140 型卧式车床上用床鞍纵向进给刻度盘控制台阶长度。据此，可根据台阶长度计算出床鞍进给时刻度盘应转动的格数，如图 3-10c 所示。

> **经验之谈**
>
> 采用一夹一顶方式装夹零件时，主轴锥孔内应设置限位支承，以保证零件的轴向位置。
>
> 当床鞍纵向进给快碰到挡铁时，应改机动进给为手动进给。

2. 台阶零件的检测

（1）台阶长度的检测　台阶长度尺寸可用钢直尺、游标深度卡尺、深度千分尺进行测量；在大批量生产中，也可使用样板进行测量，如图 3-11 所示。

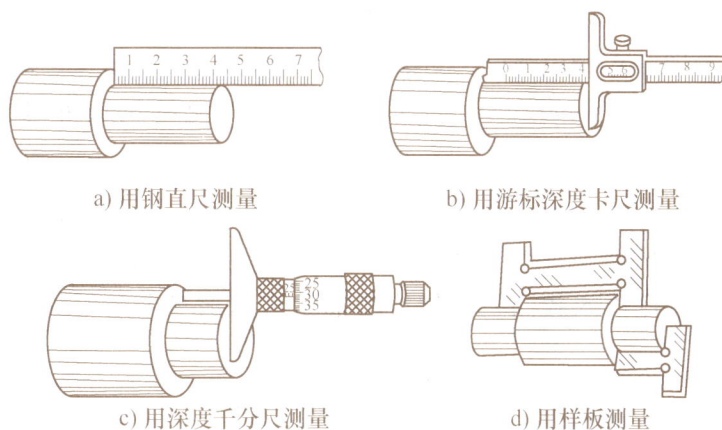

a) 用钢直尺测量　　　　　　b) 用游标深度卡尺测量

c) 用深度千分尺测量　　　　d) 用样板测量

图 3-11　台阶长度的测量

（2）台阶平面度和直线度的检测　平面度误差和直线度误差可用刀口形直尺和塞尺检测。

（3）端面、台阶平面对零件轴线垂直度的检测　端面、台阶平面对零件轴线的垂直度误差可用直角尺或标准套配合百分表进行检测，如图3-12所示。

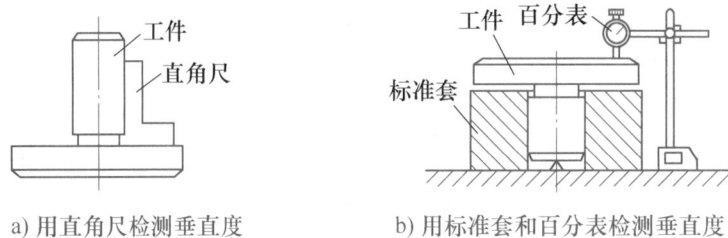

a) 用直角尺检测垂直度　　　　b) 用标准套和百分表检测垂直度

图 3-12　台阶垂直度的检测

四、切削用量的选择

车床的切削用量包括主轴转速 v_c、车刀的进给量 f 和背吃刀量 a_p。

1. 主轴转速

主轴转速是根据切削速度进行选取的，而切削速度的选择则与零件材料、刀具材料及零件加工精度有关。用高速工具钢车刀车削工件时，$v_c = 18 \sim 60\text{m/min}$；用硬质合金车刀时，$v_c = 60 \sim 180\text{m/min}$。车削高硬度钢比车削低硬度钢的转速低一些。根据选定的切削速度计算出车床主轴的转速，再对照车床主轴转速铭牌，选取车床上最接近计算值而偏小的一档。需要特别注意的是，必须在停车状态下扳动变速手柄调整转速。

例如，用硬质合金车刀加工直径 $d = 200\text{mm}$ 的铸铁带轮，选取的切削速度 $v_c = 1\text{m/s}$，计算主轴转速为

$$n = \frac{1000 \times 60 v_c}{\pi d} = 95.5\text{r/min}$$

从主轴转速铭牌中选取偏小一档的近似值为 94r/min。

2. 进给量

进给量是根据零件加工要求确定的。粗车时，进给量一般取 0.2 ~ 0.3mm/r；精车时，进给量随所需要的表面粗糙度值而定，例如，表面粗糙度值为 $Ra3.2\mu\text{m}$ 时，选用 0.1 ~ 0.2mm/r；为 $Ra1.6\mu\text{m}$ 时，选用 0.06 ~ 0.12mm/r。进给量的调整可对照车床进给量表扳动手柄位置，具体方法与调整主轴转速相似。

3. 背吃刀量 a_p

在工艺系统刚性和机床功率允许的条件下，应尽可能选取较大的背吃刀量，以减少进给次数。当零件的精度要求较高时，则应考虑留有精加工余量，一般为 0.1 ~ 0.5mm。

五、刻度盘的使用

车削零件时，为了准确和迅速地掌握背吃刀量，通常利用中滑板或小滑板上的刻度盘作为进刀的参考依据。

1. 中滑板刻度盘

加工外圆时，车刀向零件中心移动为进给，远离中心为退刀；而加工内孔时则与其相反。

若横向进给丝杠的螺距为5mm，刻度盘一周等分100格，当摇动中滑板手柄一周时，中滑板移动5mm，则刻度盘每转过一格时，中滑板的移动量为5mm/100＝0.05mm。

即中滑板进给移动距离为0.05mm时，零件直径减小0.1mm。

2. 小滑板刻度盘

小滑板的刻度盘用来控制车刀短距离的纵向移动，其刻线原理与中滑板刻度盘相同。

六、车削外圆常用量具

（一）游标卡尺

1. 游标卡尺的使用

游标卡尺（图3-13和图3-14）是一种指示量具，可直接测量零件的外尺寸、内尺寸和深度尺寸，它是一种车工应用最多、适合测量中等精度尺寸的量具。常用游标卡尺的分度值为0.02mm。

图3-13　Ⅰ型游标卡尺

1—尺身　2—刀口内测量爪　3—制动螺钉　4—深度尺　5—游标　6—外测量爪

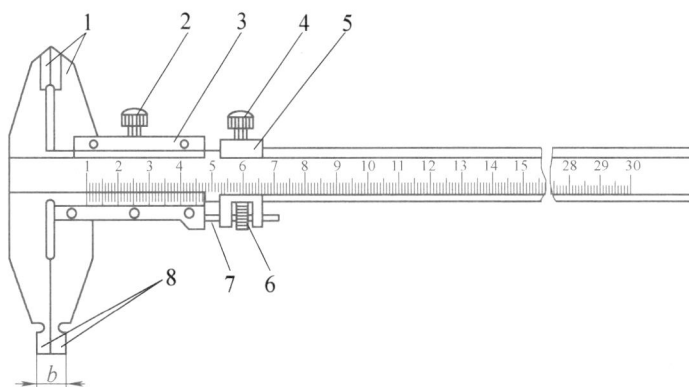

图3-14　Ⅲ型游标卡尺

1—刀口外测量爪　2、4—制动螺钉　3—尺框　5—微动装置　6—螺母　7—小螺杆　8—圆弧内测量爪

2. 游标卡尺的读数方法

（1）刻线原理　分度值为0.02mm的卡尺，尺身1格为1mm，当两测量爪并拢时，尺身上的49mm正好对准游标上的50格，如图3-15所示，则游标每1格的长度为49mm/50＝

0.98mm，尺身与游标每 1 格相差的长度为
1mm-0.98mm＝0.02mm。

图 3-15 游标卡尺的刻线原理

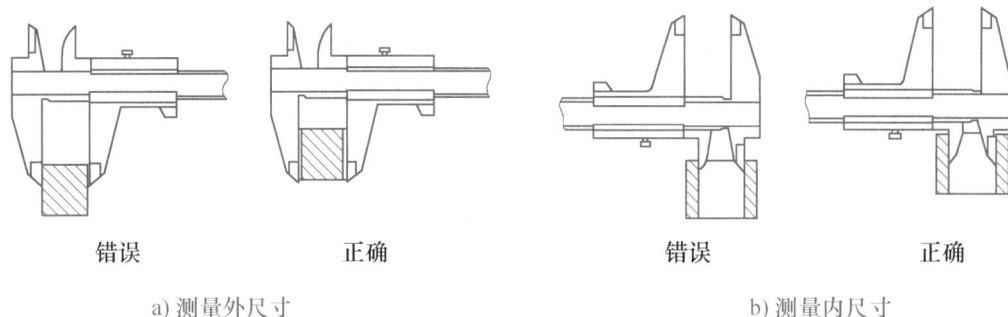

（2）使用方法

1）测量前应将卡尺擦干净，测量爪贴合
后，游标零线和主尺零线应对齐，两测量面接触贴合后，应无透光现象（或有极微弱的
均匀透光）。

2）测量时，只要条件允许，都不要只使用测量爪的部分测量面进行测量，否则不仅
会加速测量爪的磨损，还会产生较大的测量误差，如图 3-16 所示。

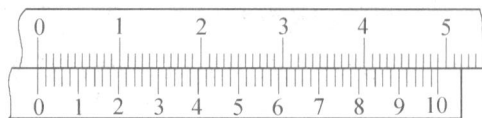

错误   正确   错误   正确

a) 测量外尺寸   b) 测量内尺寸

图 3-16 测量爪的测量位置

3）测量外尺寸（特别是外径尺寸）时，应将两测量爪张开到略大于被测尺寸，将固
定测量爪的测量面贴靠着零件，然后轻轻推动游标，使活动测量爪的测量面也紧靠零件，
同时轻轻摆动游标卡尺以找到最小尺寸点，然后读数，如图 3-17a 所示。测量内尺寸（特
别是内径尺寸）时，应将两测量爪调整到略小于被测尺寸，待推入被测部分后将固定测
量爪的测量面贴靠着零件，再轻轻拉动游标，使活动测量爪也接触到测量面，拉动游标
的拇指加少许的拉力，轻轻摆动游标卡尺以找到最大尺寸点，然后读数，如图 3-17b
所示。

a) 测量外尺寸

b) 测量内尺寸

图 3-17 游标卡尺的测量方法

4）测量时，要防止游标卡尺歪斜，否则读数会产生误差，如图 3-18 所示。

5）测量调整准确后，应尽可能地在游标卡尺处于测量状态下读出测量值，然后拉动（测量外尺寸时）或推动（测量内尺寸时）游标，使测量爪离开被测面后再小心地将游标卡尺退出。若测量爪没离开测量面就强行退出，则会损伤测量爪或被测零件的测量面。

不准将游标卡尺固定住尺寸卡入零件（相当于用作卡规）进行测量，如图 3-19 所示。

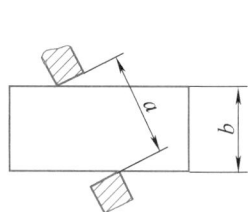

图 3-18　游标卡尺测量面与零件的错误接触

a) 正确测量方法　　b) 错误测量方法

图 3-19　不能固定住游标卡尺尺寸卡入零件测量

对于较大的零件或按上述方法较难读出测量数值时，应用制动螺钉将游标固定后，再轻轻地退出卡尺，读出数值。读数时，应水平拿着游标卡尺，在光线充足的地方读数，视线须垂直于刻线表面，以避免由于斜视角造成的读数误差。

6）测量深度尺寸时，先移动游标卡尺的游标，使其深度尺伸出的长度略小于要测量的深度值。然后将深度尺插入凹槽内，并使游标卡尺深度尺一端的尺身端面抵靠在凹槽的外沿上，保持深度尺与凹槽端面垂直，稳定住尺身后轻拉游标，使深度尺接触到凹槽的底部，然后读数，如图 3-20 所示。应注意尺身要与凹槽端面垂直，如图 3-21a 所示，否则将造成读数错误，如图 3-21b、c 所示。同时，要注意深度尺下端有缺口的一面应靠在被测零件的侧面，如图 3-21d 所示，否则有可能因零件的底部根角处不是直角（是圆弧或其他不规则形状），使深度尺的测量面达不到真正的底部而造成测量值小于实际值的问题，如图 3-21e 所示。

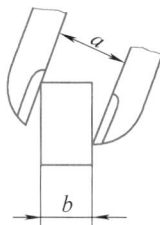

图 3-20　测量深度

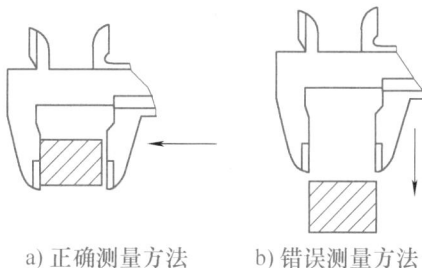

a) 游标卡尺垂直　b) 游标卡尺倾斜1　c) 游标卡尺倾斜2　d) 深度尺方向正确　e) 深度尺方向错误

图 3-21　使用游标卡尺测量深度

（3）读数方法

1）读出游标零线左侧尺身上的毫米整数值，如图 3-22 所示为 28mm。

2）在游标上找出与尺身刻线对齐的那一条刻线，读出尺寸的毫米小数值，如图 3-22

所示为 0.86mm。

3）将尺身上读出的整数和游标上读出的小数相加，即得到测量值，如图 3-22 所示为 28mm+0.86mm=28.86mm。

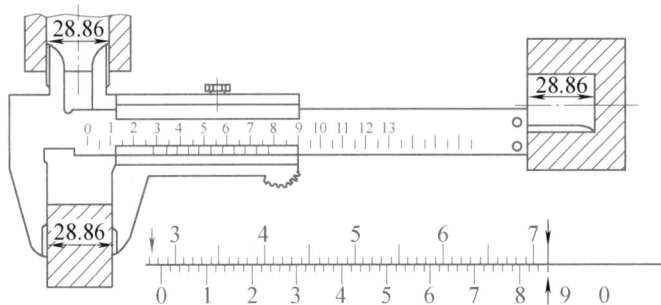

图 3-22 游标卡尺的读数方法

目前，在实际使用中除了游标卡尺外，还有使用更为方便的带表卡尺和电子数显卡尺。图 3-23 所示的带表卡尺可以通过指示表读出所测量的尺寸；图 3-24 所示的电子数显卡尺是利用电子数字显示原理，对两测量爪相对移动的距离进行读数的一种长度测量工具。

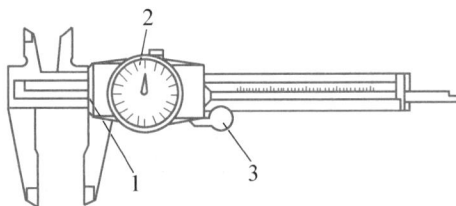

图 3-23 带表卡尺

1—读数部位 2—指示表 3—微动装置

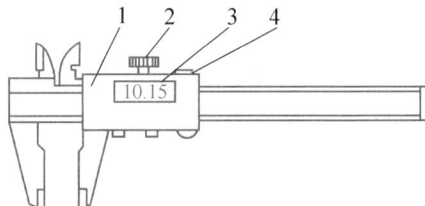

图 3-24 电子数显卡尺

1—尺框 2—制动螺钉 3—显示器 4—输出端口

（二）外径千分尺

1. 千分尺的结构及刻线原理

（1）千分尺的结构 千分尺是一种以螺杆为运动零件进行长度测量的量具。常用的千分尺为外径千分尺，简称千分尺，如图 3-25 所示，它主要用于测量零件的外径和外形尺寸。由于测微螺杆的长度在制造上受到限制，其位移量一般均为 25mm。千分尺的规格按测量范围有 0~25mm、25~50mm、50~75mm、75~100mm、100~125mm 等，使用时可根据被测零件的尺寸选用。

（2）千分尺的刻线原理 千分尺螺杆的螺距为 0.5mm，当微分筒转一周时，螺杆轴向移动 0.5mm。固定套筒（主尺）上每格的刻度为 0.5mm，微分筒圆锥上均匀分布 50 格，因此当微分筒转一格时，螺杆就移动 0.5mm/50=0.01mm。

2. 千分尺的读数方法

使用千分尺测量尺寸时，要先看固定套管露出的数值（毫米或半毫米）是多少，然后看微分筒的刻线和固定套管的横刻线所对齐的数值，最后将两个数值相加就是千分尺的测量值，如图 3-26 所示。

在使用千分尺进行测量时，有时微分筒的刻线与固定套管的横刻线不一定能对齐，

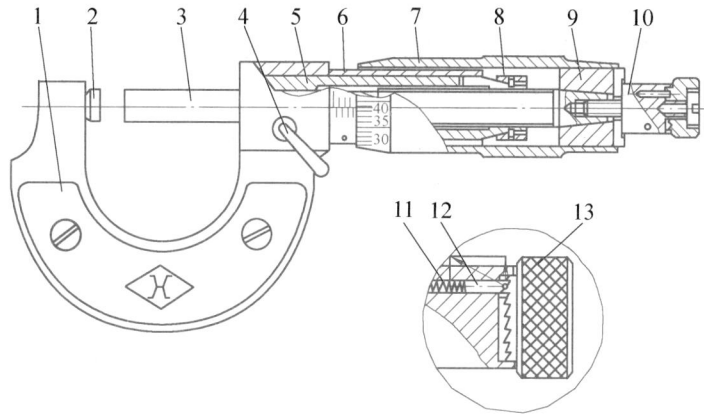

图 3-25 外径千分尺

1—尺架 2—测砧 3—测微螺杆 4—锁紧手柄 5—螺纹轴套 6—固定套管 7—微分筒（活动套管）

8—螺母 9—接头 10—测力装置 11—弹簧 12—棘爪 13—棘轮

a) L=(7+0.08)mm=7.08mm

b) L=(29.5+0.35)mm=29.85mm

图 3-26 千分尺的读数方法

这时就需要对读数进行估计，如图 3-27 所示。

3. 千分尺的使用

（1）千分尺的零位检查 使用千分尺测量尺寸前，应检查其零位的准确性。如果千分尺的规格是 0～25mm，可以将两测量面轻轻接触进行检查，如图 3-28a 所示，否则必须使用专用测量棒进行检查，如图 3-28b 所示。

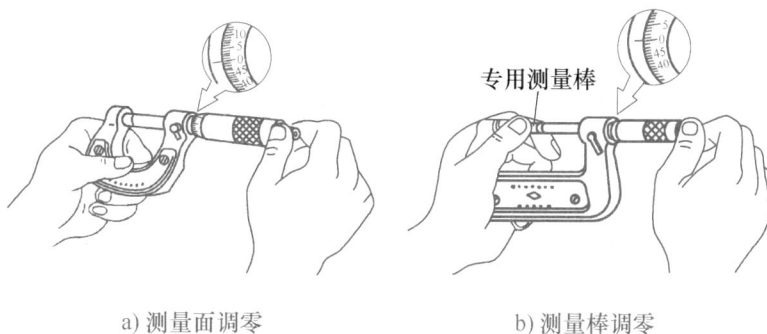

a) L=(0+0.5+0.405)mm=0.905mm b) L=(0+0.5+0.005)mm=0.505mm

图 3-27 千分尺读数的估计

专用测量棒

a) 测量面调零

b) 测量棒调零

图 3-28 千分尺的零位检查

（2）千分尺的测量方法

1）测量时，千分尺的测量面和零件的被测表面均应擦拭干净，以保证测量准确。

2）可用单手或双手握持千分尺对零件进行测量，如图3-29所示。测量时先转动微分筒，当测量面接近零件时，再转动测力装置，直到棘轮发出"嗒嗒"声为止。读数时尽量不要从零件上拿下千分尺，以减少测量面的磨损。如必须取下来读数，则应先用锁紧手柄锁紧测微螺杆，以免螺杆移动而造成读数不准。

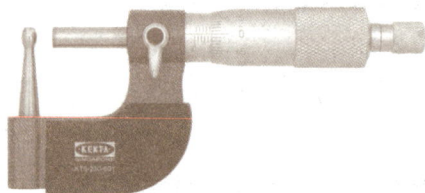

a) 单手测量　　　　　　b) 双手测量　　　　　　c) 将千分尺架固定在基座上

图 3-29　千分尺的使用方法

3）千分尺使用完毕后应用干净的布擦拭干净，并对测量面涂油防锈。

4）千分尺不可与工具、刀具和零件混放，用完后须放入盒内保存。

4. 其他千分尺

除了上述常用的千分尺（一般称为数字式外径千分尺）外，还有图3-30所示的数显外径千分尺、图3-31所示的壁厚千分尺、图3-11c所示的深度千分尺和图4-35及图4-37所示的内径千分尺等。

图 3-30　数显外径千分尺

图 3-31　壁厚千分尺

🔄 任务实施

一、手动进给车削外圆、端面和倒角

1. 任务图样

训练零件图样如图3-32所示，可按表中所列尺寸进行多次练习。

2. 操作步骤

（1）准备工作

1）安装45°车刀和90°右偏刀。

2）装夹零件，用自定心卡盘夹住零件外圆20mm长左右，找正并夹紧。

3）调整主轴转速，$n = 500\text{r/min}$。

4）将小滑板左端调整到与中滑板左侧对齐，避免伸出过长而影响刚度。

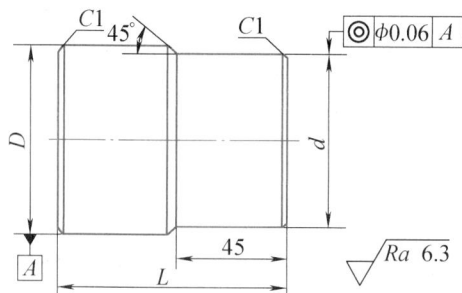

材料：45钢棒料，$\phi45\times75$。

序号	D	d	L
1	$\phi43\pm0.15$	$\phi41\pm0.15$	74
2	$\phi41\pm0.15$	$\phi39\pm0.15$	73
3	$\phi39\pm0.10$	$\phi37\pm0.10$	72
4	$\phi37\pm0.10$	$\phi35\pm0.10$	71

图 3-32　手动进给车削外圆、端面和倒角

（2）车削端面

1）起动车床，通过主轴带动零件回转。

2）移动床鞍或小滑板，控制背吃刀量。

3）按图 3-33 所示方法锁紧床鞍，以避免车削时产生振动和轴向窜动。

4）摇动中滑板手柄作横向进给，粗车端面，车削可由零件外缘向中心进行，如图 3-34a 所示；也可由中心向外缘车削，如图 3-34b 所示。若使用 90°右偏刀，则应采取由中心向外缘车削的方式。

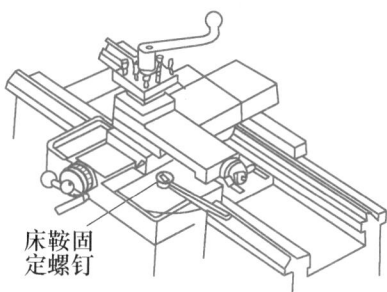

图 3-33　固定床鞍

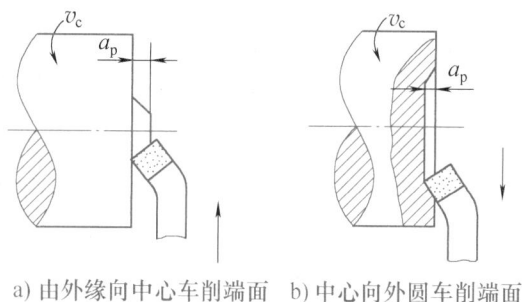

a) 由外缘向中心车削端面　b) 中心向外圆车削端面

图 3-34　车削端面

5）精车端面。

（3）车削外圆

1）对刀。起动车床，使零件回转。左手摇动床鞍手轮，右手摇动中滑板手柄，使车刀刀尖趋近并轻轻接触零件待加工表面，如图 3-35a 所示，以此作为确定背吃刀量的零点位置。然后反向摇动床鞍手轮（此时中滑板手柄不动），使车刀向右离开零件 3~5mm，如图 3-35b 所示。

2）进给。摇动中滑板手柄，使车刀横向进给，进给的量即为背吃刀量，其大小通过中滑板上的刻度盘进行控制和调整，如图 3-35c 所示。

3）试切削。试切削的目的是控制背吃刀量，保证零件的加工尺寸。车刀在进给后，纵向进给切削零件 1~3mm，如图 3-35d 所示；纵向快速退出车刀，停车测量，如图 3-35e 所示。根据测量结果调整背吃刀量，直至试切削测量结果为 $\phi43^{+0.60}_{+0.20}$mm 为止，如图 3-35f 所示。

4）粗车外圆。手动进给，车削外圆至 $\phi43^{+0.60}_{+0.20}$mm。

5）精车外圆。调整背吃刀量，精车外圆至 $(\phi43\pm0.15)$mm，表面粗糙度值为 $Ra6.3\mu m$。注意手动进给要均匀一致。

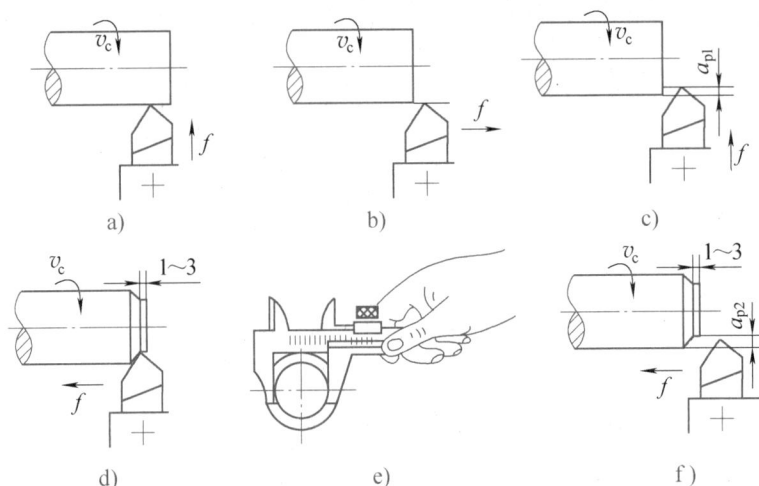

图 3-35 试切削步骤

6）倒角 $C1$。

（4）调头车削端面、外圆

1）调头装夹零件并找正。

2）粗、精车端面，保证总长 $L = 74\text{mm}$。

3）粗车外圆至 $\phi 41^{+0.60}_{+0.20}\text{mm}$，长 45mm。

4）精车外圆至 $d = (\phi 41 \pm 0.15)\text{mm}$，表面粗糙度值为 $Ra6.3\mu\text{m}$，两处倒角达到要求。

5）检查外径、长度和同轴度，符合要求后取下零件。

3. 继续练习

按零件图样（图 3-32）表格中所列各组尺寸要求，重复上述训练步骤，依次进行操作训练。

4. 任务评价（表 3-1）

表 3-1 手动进给车削外圆、端面和倒角任务评价

序号	评价项目与要求	配分	评分标准	检测结果	得分
1	$(\phi 43 \pm 0.15)\text{mm}$	7	超差无分		
2	$(\phi 41 \pm 0.15)\text{mm}$	7	超差无分		
3	74mm	4	超差无分		
4	$Ra6.3\mu\text{m}$	4	超差无分		
5	$(\phi 41 \pm 0.15)\text{mm}$	7	超差无分		
6	$(\phi 39 \pm 0.15)\text{mm}$	7	超差无分		
7	73mm	4	超差无分		
8	$Ra6.3\mu\text{m}$	4	超差无分		
9	$(\phi 39 \pm 0.10)\text{mm}$	7	超差无分		
10	$(\phi 37 \pm 0.10)\text{mm}$	7	超差无分		
11	72mm	4	超差无分		
12	$Ra6.3\mu\text{m}$	4	超差无分		

（续）

序号	评价项目与要求	配分	评分标准	检测结果	得分
13	（$\phi37\pm0.10$）mm	7	超差无分		
14	（$\phi35\pm0.10$）mm	7	超差无分		
15	71mm	4	超差无分		
16	$Ra6.3\mu m$	4	超差无分		
17	文明生产和安全生产	12	现场评分		
18	合计	100			

二、机动进给车削外圆、端面和接刀

1. 任务图样

训练零件图样如图 3-36 所示，可按表中所列尺寸进行多次练习。

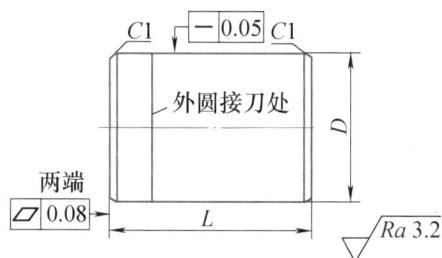

材料：45 钢棒料（接图3-32所示训练件）。

序号	D	按线找正	两端外圆处直径差	L
1	$\phi33\pm0.10$	0.04	0.04	69
2	$\phi31\pm0.08$	0.04	0.04	68
3	$\phi29\pm0.06$	0.03	0.03	67
4	$\phi27\pm0.05$	0.03	0.03	66

图 3-36 机动进给车削外圆、端面和接刀

2. 操作步骤

1）用自定心卡盘夹住零件外圆长 10mm 左右，并找正夹紧。

2）车削端面，粗、精车外圆至（$\phi33\pm0.10$）mm。车削外圆时，应尽可能车削至卡爪处，以便于调头找正。

3）倒角 C1。

4）调头夹住外圆长 10mm 左右，找正，找正误差应小于 0.04mm（或 0.03mm）。为保证精度，外圆上的两点找正距离应尽可能大些。

5）车削端面，保证总长 69mm。

> **经验之谈**
>
> 机动进给时，要求对车床各操作手柄位置非常熟悉，保证接刀质量的关键在于找正零件。

6）粗、精车外圆至接刀处，使外圆尺寸符合要求，且保证两端外圆的直径差不大于 0.04mm（或 0.03mm）。

7）倒角 C1。

8）检查合格后取下零件。可用图 3-37 所示的刀口形直尺（或钢直尺）和图 3-38 所示的塞尺检测平面度误差和素线的直线度误差。

3. 继续练习

按零件图样（图 3-36）表格中所列各组尺寸要求，重复上述训练步骤，依次进行操作训练。

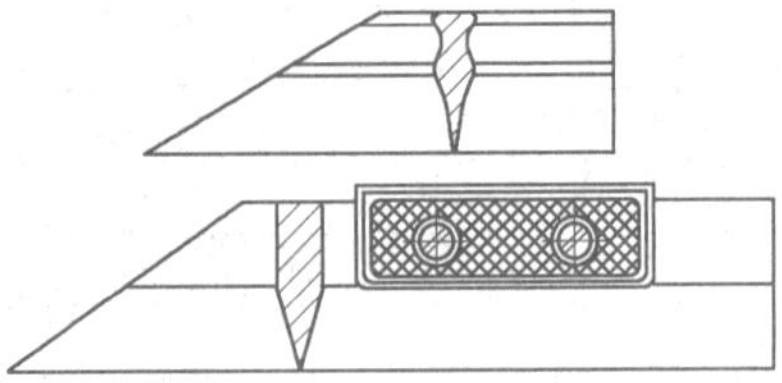

图 3-37 刀口形直尺

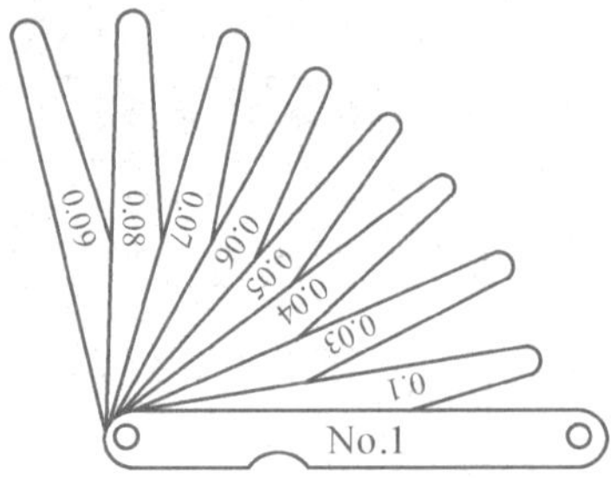

图 3-38 塞尺

4. 任务评价（表 3-2）

表 3-2 机动进给车削外圆、端面和接刀任务评价

序号	评价项目与要求	配分	评分标准	检测结果	得分
1	($\phi33\pm0.10$)mm	7	超差无分		
2	两端外圆处直径差:0.04mm	7	超差无分		
3	69mm	4	超差无分		
4	$Ra3.2\mu m$	4	超差无分		
5	($\phi31\pm0.08$)mm	7	超差无分		
6	两端外圆处直径差:0.04mm	7	超差无分		
7	68mm	4	超差无分		
8	$Ra3.2\mu m$	4	超差无分		
9	($\phi29\pm0.06$)mm	7	超差无分		
10	两端外圆处直径差:0.03mm	7	超差无分		
11	67mm	4	超差无分		
12	$Ra3.2\mu m$	4	超差无分		
13	($\phi27\pm0.05$)mm	7	超差无分		
14	两端外圆处直径差:0.03mm	7	超差无分		
15	66mm	4	超差无分		
16	$Ra3.2\mu m$	4	超差无分		
17	文明生产和安全生产	12	现场评分		
18	合计	100			

经验之谈

　　机动进给车削至接近零件中心（横向）或接近所需长度（纵向）时，应停止机动进给，并改用手动进给车削至零件中心或长度尺寸，然后退刀、停车。

三、车削台阶

1. 任务图样

训练零件图样如图 3-39 所示。

2. 操作步骤

1）用自定心卡盘夹住零件外圆长 20mm 左右，找正并夹紧。

2）粗车端面。

3）粗车外圆至 $\phi26.5$mm，长 36mm。

4）精车端面、外圆 $\phi26_{-0.1}^{0}$mm，长 36mm，倒角 $C1$，表面粗糙度值为 $Ra3.2\mu$m。

5）调头，垫铜皮夹住 $\phi26_{-0.1}^{0}$mm 外圆，长 20mm 左右，找正卡爪处外圆和台阶平面（反向），夹紧零件。

6）粗、精车端面，保证总长 64mm。

7）粗车图示 $\phi22$mm 外圆至 $\phi22.5$mm，保证长度 30mm。

8）精车外圆至 $\phi22_{-0.1}^{0}$mm，保证总长 30mm，素线直线度误差不大于 0.05mm，表面粗糙度值为 $Ra3.2\mu$m。

9）倒角 $C1$。

10）检查质量后取下零件。

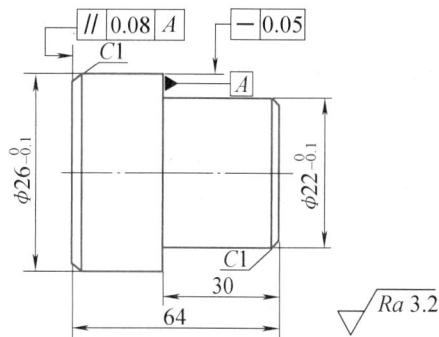

材料：45 钢（接图 3-36 所示训练件）。

图 3-39 车削台阶

经验之谈

为保证车削台阶的质量，台阶平面与圆柱面相交处要清角（清根）。

3. 任务评价（表 3-3）

表 3-3 车削台阶任务评价

序号	评价项目与要求	配分	评分标准	检测结果	得分
1	$\phi26_{-0.1}^{0}$mm	20	超差无分		
2	$Ra3.2\mu$m	12	超差无分		
3	$\phi22_{-0.1}^{0}$mm	20	超差无分		
4	$Ra3.2\mu$m	12	超差无分		
5	64mm	12	超差无分		
6	30mm	12	超差无分		
7	文明生产和安全生产	12	现场评分		
8	合计	100			

四、车削质量分析

车削外圆、端面及台阶时，可能出现的质量问题的种类、产生原因及预防措施见表 3-4。

表 3-4 车削外圆、端面及台阶时可能出现的质量问题的种类、产生原因及预防措施

质量问题的种类	产生原因	预防措施
	车削外圆	
毛坯车不到尺寸	1. 毛坯余量不够 2. 毛坯弯曲，没有找正 3. 零件装夹时没有找正	1. 车削前检查余量 2. 车削前检查毛坯尺寸 3. 装夹时仔细找正

（续）

质量问题的种类	产生原因	预防措施
	车削外圆	
达不到尺寸精度要求	1. 未进行试切 2. 没掌握材料的收缩规律 3. 量具误差大或测量不准	1. 坚持试切，按尺寸切削 2. 了解各种材料的收缩规律 3. 仔细测量或更换量具
表面粗糙度达不到要求	1. 各种原因引起的振动，如零件、刀具伸出太长，刚性不足；主轴轴承间隙过大；转动件不平衡；刀具的主偏角过小 2. 后角过小，刀具后刀面和已加工面产生摩擦 3. 切削用量选择不当	1. 事前对各种振动因素予以注意，尽量减少其影响 2. 选择适当的后角 3. 选择适当的切削用量
产生锥度	1. 卡盘装夹时，零件悬伸太长，受力后悬伸端让刀 2. 刀具或拖板松动 3. 床身导轨和主轴轴线不平行 4. 一夹一顶或两顶尖装夹时，后顶尖轴线和主轴轴线不重合 5. 用小拖板车削时，转盘下基准线未对准零线 6. 背吃刀量过大，刀具磨损 7. 精车时加工余量不足	1. 尽可能缩短零件的悬伸量 2. 夹紧刀具，调整拖板松紧程度 3. 大修机床 4. 调整尾座位置，使其轴线和主轴轴线重合 5. 调整转盘基准线 6. 重磨刀 7. 留足够精车余量
产生椭圆	1. 余量不均，未分粗、精车 2. 主轴轴承磨损，间隙过大 3. 中心孔接触不良，回转顶尖顶得太松，回转顶尖摆动	1. 分粗、精车 2. 更换主轴轴承或调整间隙 3. 研磨中心孔，把顶尖顶紧，检查回转顶尖，更换其轴承
	车削端面	
端面凹入或凸出	1. 用右偏刀从外圆向中心进给时床鞍未固定，刀尖扎入端面，产生凹面 2. 小滑板镶条太松或回转刀架未压紧，车刀受力后离开端面，产生凸面	1. 车削前将床鞍固定 2. 调整小滑板镶条，使其不要太松，压紧回转刀架
毛坯面未车去	加工余量不够或零件未找正	车削前检查毛坯余量是否足够
表面粗糙度达不到要求	1. 车刀不锋利 2. 拖板进给时摇动不均匀或太快 3. 机动进给走刀时切削用量选择不当	1. 刃磨车刀 2. 保证拖板以适当的速度均匀进给 3. 机动进给时选择合适的切削用量
	车削台阶	
台阶不垂直于轴线	1. 低台阶是由于车刀装夹后主切削刃与轴线不垂直 2. 高台阶不垂直轴线的原因与端面产生凹凸的原因相同	1. 磨刀时应使主切削刃与刀柄垂直 2. 与解决端面"凹入、凸出"方法相同

（续）

质量问题的种类	产生原因	预防措施
车削台阶		
台阶长度不正确	1. 看错图样或量错尺寸,刻度盘计算错误或操作失误 2. 未及时停止机动进给,进给长度超过要求	1. 操作时集中精力 2. 及时或提前停止机动进给,用手动进给到尺寸
表面粗糙度达不到要求	1. 车刀不锋利 2. 拖板进给时摇动不均匀或太快 3. 机动进给时切削用量选择不当	1. 刃磨车刀 2. 保证拖板以适当的速度均匀进给 3. 机动进给时选择合适的切削用量

任务二　车削简单轴类零件

任务描述

中心孔是加工轴类零件时的定位基准，对零件的加工质量有很大的影响。本任务介绍中心孔的形式和作用，中心钻的使用，用两顶尖装夹和一夹一顶装夹的方式进行车削的方法。

知识链接

一、中心孔

1. 中心孔的形式

GB/T 145—2001《中心孔》规定中心孔有 A 型、B 型、C 型和 R 型四种形式。中心孔的形状如图 3-40 所示，其尺寸参见附录 C。

2. 中心孔的作用与尺寸规格

（1）A 型（不带护锥）中心孔　由圆柱孔部分和圆锥孔部分组成。圆锥孔的圆锥角为 60°，与顶尖的锥面配合，起定心作用并承受零件的重量和切削力，因此锥面的表面质量要求较高；圆柱孔可储存润滑油，并可防止顶尖尖端触及零件，保证顶尖的锥面与中心孔锥面配合贴切。

A 型中心孔一般适用于不需要多次装夹或不保留中心孔的零件。

（2）B 型（带护锥）中心孔　在 A 型中心孔的端部多一个圆锥角为 120°的圆锥孔，其作用是保护 60°圆锥孔的表面，避免其在使用中被拉毛、碰伤。

B 型中心孔一般用于需要多次装夹的零件。

（3）C 型（带螺纹孔）中心孔　其外端形状类似于 B 型中心孔，里端有一个比圆柱孔还要小的螺纹孔。

a) A型

c) C型

b) B型

d) R型

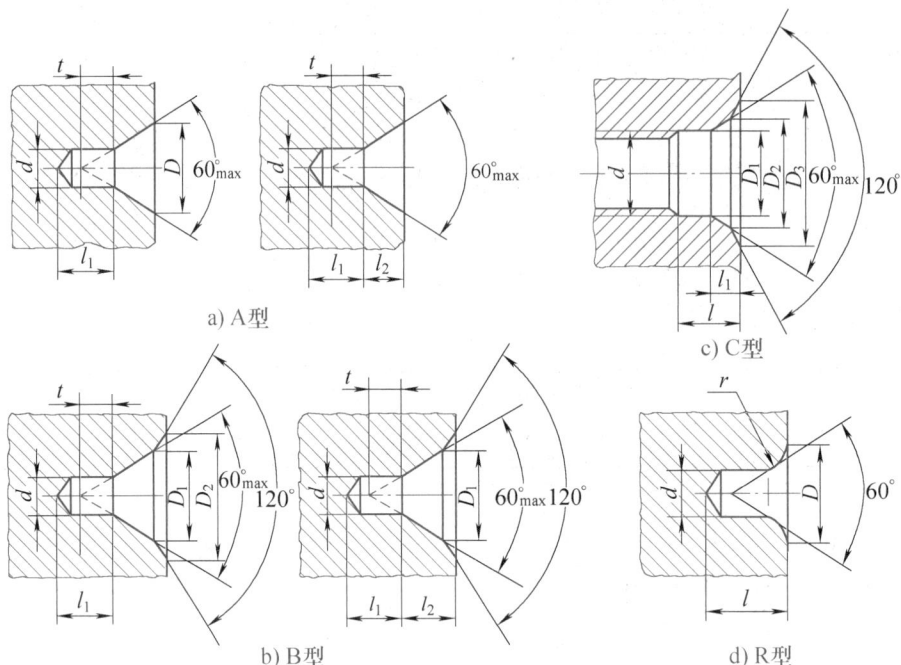

图 3-40 中心孔的形状

C 型中心孔适用于需要将其他零件轴向固定在轴上，或需将零件吊挂放置的场合。

（4）R 型（带弧形）中心孔 将 A 型中心孔的圆锥素线由直线改为圆弧线即成为 R 型中心孔。这时，其与顶尖圆锥面的配合由面接触变成线接触，使摩擦力减小，定位精度提高。

R 型中心孔适用于轻型和高精度的轴类零件。

各种类型的中心孔中，应用最多的是 A 型和 B 型中心孔。

中心孔以圆柱孔直径 d 为公称尺寸，它是选取中心钻的依据。$d<6.3\text{mm}$ 的 A 型、B 型中心孔通常用由高速工具钢制成的中心钻直接钻出。常用中心钻的外形如图 3-41 所示。

a) A型中心钻

b) B型中心钻

图 3-41 常用中心钻

二、中心钻的装夹

1）用钻夹头钥匙逆时针旋转钻夹头外套，使钻夹头的三爪张开，如图 3-42 所示。

2）将中心钻插入钻夹头的三爪之间，然后用钻夹头钥匙顺时针方向转动钻夹头外套，通过三爪夹紧中心钻，如图 3-43 所示。

3）将钻夹头装入尾座锥孔中。擦净钻夹头柄部和尾座锥孔，用左手握住钻夹头外套部位，沿尾座套筒轴线方向将钻夹头锥柄部用力插入尾座套筒锥孔中。若钻夹头柄部与车床尾座锥孔大小不吻合，可增加一合适的过渡锥套（图 3-44）后再插入。

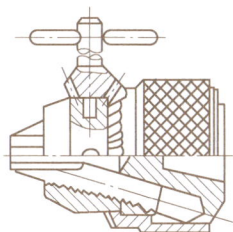

图 3-42 钻夹头钥匙　　　图 3-43 装夹中心钻　　　图 3-44 过渡锥套

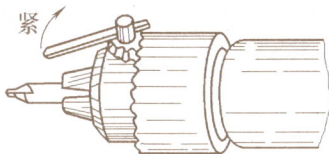

三、装夹零件、找正尾座中心

1）用自定心卡盘夹住零件外圆，零件伸出卡爪的长度在 30mm 左右，找正并夹紧。

2）起动车床，使主轴带动零件回转。移动尾座，使中心钻接近零件端面，观察中心钻头部是否与零件回转中心一致，找正并紧固尾座。

🔄 任务实施

一、钻中心孔

1. 任务图样

训练零件图样如图 3-45 所示。

2. 操作步骤

1）车削端面，倒角 C1。

2）钻中心孔，$d = \phi 3.15mm$。

3）以车削出的端面为基准，用划针在零件上刻痕，取总长为 150mm。

4）调头夹持零件，找正并夹紧。

5）车削端面至总长，$L = 150mm$，倒角 C1。

6）钻中心孔，$d = \phi 3.15mm$。

材料：45 钢棒料 $\phi 35 \times 152$。

a) A型中心孔　　　b) B型中心孔

图 3-45 钻中心孔

由于中心钻直径小，钻中心孔时应取较高的转速，进给量应小而均匀，切勿用力过大。当中心钻进入零件后，应及时加切削液进行冷却和润滑。钻完中心孔后，中心钻应在孔中稍停留后再退出。

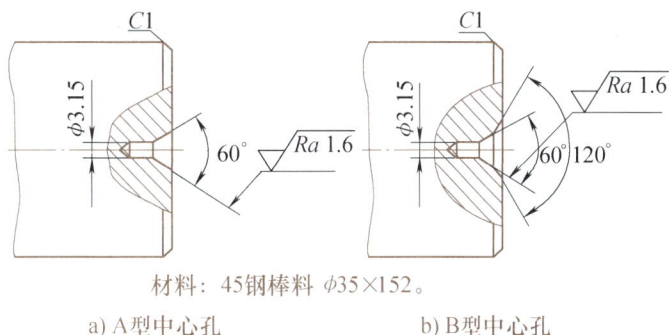

经验之谈

为保护中心钻和保证中心孔的质量，使用中心钻时，零件端面必须车平，不允许出现小凸头，尾座必须找正。

---

3. 钻中心孔时容易出现的问题和注意事项

1）由于中心钻切削部分直径很小，承受不了过大的切削抗力，故很容易折断。造成中心钻折断的主要原因如下：

①　中心钻未对准零件回转中心。

②　零件端面未车平或中心处留有小凸头，使中心钻偏斜，不能准确地定心。

③　切削用量选择得不合适，转速太低、进给量过大。

④　中心钻已磨钝，仍强行钻入零件。

⑤　没有充分浇注切削液或没有及时清除切屑，造成切屑堵塞。

2）中心孔钻偏或钻得不圆的主要原因如下：

①　零件弯曲未矫正，使中心孔与外圆产生偏差。

②　夹紧力不足，钻中心孔时零件移位，造成中心孔不圆。

③　零件伸出太长，回转时在离心力的作用下，易造成中心孔不圆。

3）中心孔钻得太深，使零件装夹时顶尖不能与中心孔的锥孔贴合，从而影响加工质量。

4）中心钻修磨后圆柱部分长度过短，造成装夹时顶尖尖端与中心孔底部接触，中心孔的锥孔不能正常起定位作用。

二、两顶尖装夹车削光轴

1. 任务图样

训练零件图样如图3-46所示，可按表中所列尺寸进行多次练习。

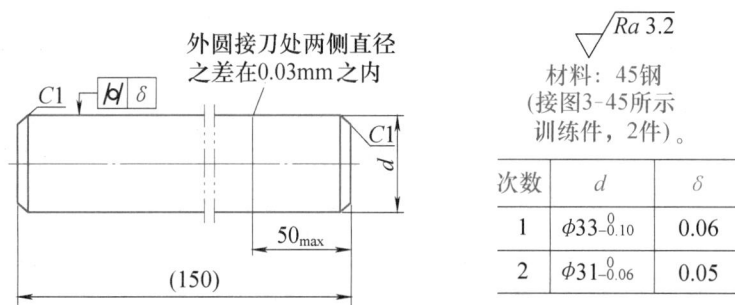

图3-46　两顶尖装夹车削光轴

2. 操作步骤

（1）装夹零件

1）将前顶尖装入主轴锥孔中，如果采用自定心卡盘装夹前顶尖，则按逆时针方向扳转小滑板30°，将前顶尖车削准确。

2）将后顶尖装入尾座套筒锥孔中，使后顶尖与前顶尖对准。

3）根据零件长度，调整尾座距离并紧固。

4）用鸡心夹头或平行对分夹头在两顶尖间装夹零件，并锁紧尾座套筒。

（2）粗车外圆　粗车外圆至ϕ33.5mm，长135mm，测量两端直径，通过调整尾座的横向偏移量来校正零件的锥度。调整方法是：若车削出的零件右端直径大、左端直径小，则尾座应向操作者的方向移动；若车削出的零件右端直径小、左端直径大，则尾座移动方向相反，如图3-47所示。

为节省找正零件的时间，往往先将零件中间车凹，如图 3-48 所示（车凹部分外径不能小于图样要求）；然后车削两端外圆，再测量找正即可。

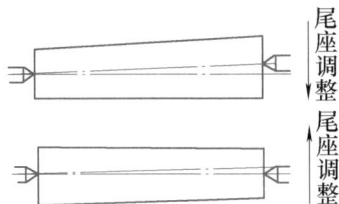

图 3-47　尾座的调整

图 3-48　车削两端找正零件

（3）精车外圆　精车外圆至 $\phi33_{-0.10}^{0}$mm，长 135mm，倒角 C1。

（4）调头车削

1）调头装夹零件。粗、精车外圆至 $\phi33_{-0.10}^{0}$mm，注意外圆接刀痕迹。倒角 C1。

2）检查质量合格后取下零件。

经验之谈

粗车时，应避免刀尖碰到零件外层氧化皮而被损坏。

3. 继续练习

按零件图样表格中所列尺寸要求，重复上述训练步骤，依次进行操作训练。

4. 任务评价（表 3-5）

表 3-5　两顶尖装夹车削光轴任务评价

序号	评价项目与要求	配分	评分标准	检测结果	得分
1	$\phi33_{-0.10}^{0}$mm	12	超差无分		
2	$Ra3.2\mu m$	6	超差无分		
3	中心孔（2 处）	6×2	超差无分		
4	$\delta=0.06$mm	10	超差无分		
5	C1（2 处）	5×2	超差无分		
6	$\phi31_{-0.06}^{0}$mm	12	超差无分		
7	$Ra3.2\mu m$	6	超差无分		
8	$\delta=0.05$mm	10	超差无分		
9	C1（2 处）	5×2	超差无分		
10	文明生产和安全生产	12	现场评分		
11	合计	100			

三、两顶尖装夹车削台阶轴

1. 任务图样

训练零件图样如图 3-49 所示。

2. 操作步骤

1）在两顶尖间装夹零件。

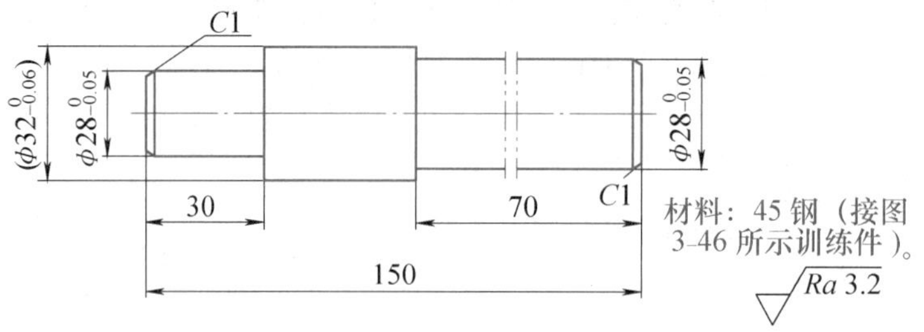

图 3-49 两顶尖装夹车削台阶轴

2）粗车光轴 $\phi32$mm 外圆处至 $\phi32.5$mm，用刻线法在零件上的台阶位置处刻痕。

3）粗车外圆至 $\phi28.5$mm，长 69.5mm（按刻痕留 0.5mm 精车余量）。

4）调头装夹，粗车外圆至 $\phi28.5$mm，长 29.5mm。

5）精车外圆至 $\phi28_{-0.05}^{0}$mm，长 30mm；倒角 $C1$。

6）调头装夹，精车外圆至 $\phi28_{-0.05}^{0}$mm，长 70mm；倒角 $C1$。

7）精车外圆 $\phi32_{-0.06}^{0}$mm；去毛刺。

8）检查质量合格后取下零件。

3. 任务评价（表 3-6）

表 3-6 两顶尖装夹车削台阶轴任务评价

序号	评价项目与要求	配分	评分标准	检测结果	得分
1	$\phi28_{-0.05}^{0}$mm（2 处）	20×2	超差无分		
2	$\phi32_{-0.06}^{0}$mm	20	超差无分		
3	$Ra3.2\mu$m（5 处）	4×5	超差无分		
4	倒角 $C1$（2 处）	4×2	超差无分		
5	文明生产和安全生产	12	现场评分		
6	合计	100			

4. 容易出现的问题和注意事项

1）在顶尖上装夹零件时，应保持中心孔的洁净并防止碰伤中心孔。

2）鸡心夹头或平行对分夹头必须牢靠地夹住零件，以防切削时移动、打滑、损坏车刀。

3）顶尖支顶松紧应合适。固定顶尖支顶太紧会使零件发热、变形，甚至烧坏顶尖和中心孔；顶尖支顶太松，则零件会产生径向跳动和轴向窜动，切削时易振动，致使外圆的圆度误差大和台阶的同轴度受影响。在切削过程中，应随时注意零件在两顶尖间的松紧程度，并及时加以调整。

4）在条件许可的情况下，尾座套筒伸出的长度应尽可能短些，以增加切削时的刚度。

5）切削开始前，应用手摇手轮使床鞍左右移动全行程，观察有无碰撞现象。

6）车削台阶轴时，台阶处要保持清角，不要出现小台阶和凹坑。

7）注意安全，防止鸡心夹头或平行对分夹头勾衣伤人。

四、一夹一顶装夹车削光轴

1. 任务图样

训练零件图样如图 3-50 所示。

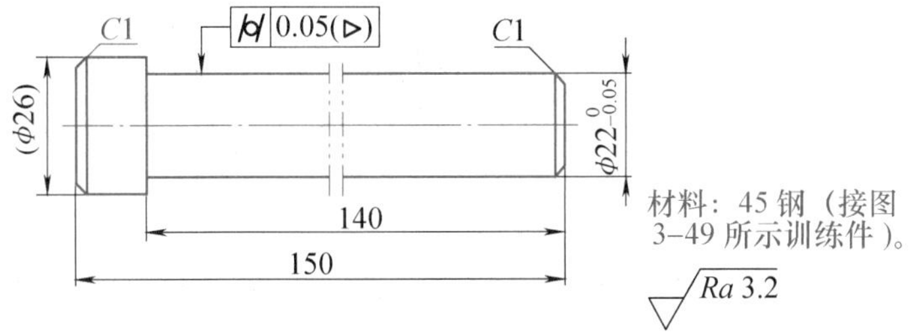

图 3-50 一夹一顶装夹车削光轴

2. 操作步骤

1）用自定心卡盘夹住零件一端外圆 5mm 左右，另一端用后顶尖支顶。为防止切削中零件轴向窜动，通常在卡盘内装一个轴向限位支承（图 2-58）。在许可的情况下，也可在零件被夹持部位先车削出一个 5mm 左右的台阶作为轴向限位支承（图 2-59）。

2）粗车外圆 $\phi22.5$mm，长 140mm（将产生的锥度找正）。

3）精车外圆 $\phi22_{-0.05}^{0}$mm，长 140mm 至尺寸要求。

4）倒角 $C1$。

5）检查质量合格后取下零件。

3. 任务评价（表 3-7）

表 3-7 一夹一顶装夹车削光轴任务评价

序号	评价项目与要求	配分	评分标准	检测结果	得分
1	$\phi26$mm	20	超差无分		
2	$\phi22_{-0.05}^{0}$mm	36	超差无分		
3	$Ra3.2\mu m$（2 处）	10×2	超差无分		
4	$C1$（2 处）	6×2	超差无分		
5	文明生产和安全生产	12	现场评分		
6	合计	100			

五、一夹一顶装夹车削台阶轴

1. 任务图样

训练零件图样如图 3-51 所示。

2. 操作步骤

1）用自定心卡盘夹住零件一端外圆 5mm 左右，另一端中心孔用后顶尖支顶。

2）粗车外圆 $\phi12.5$mm、长 29.7mm 和 $\phi16.5$mm、长 100mm。

3）精车外圆 $\phi12_{-0.05}^{0}$mm、长 30mm，$\phi16_{-0.05}^{0}$mm、长 $100_{0}^{+0.5}$mm，以及 $\phi20_{-0.05}^{0}$mm 至接近自定心卡盘卡爪处。

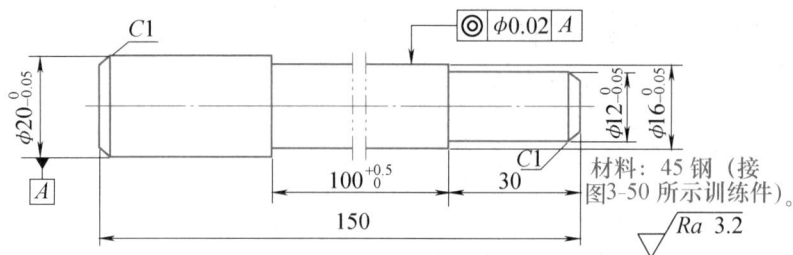

图 3-51　一夹一顶装夹车削台阶轴

4）倒角 C1。

5）调头装夹，卡爪处垫铜皮，夹住 $\phi16_{-0.05}^{0}$ mm 外圆，另一端用后顶尖支顶。

6）精车外圆 $\phi20_{-0.05}^{0}$ mm，要求接刀平滑。

7）倒角 C1。

8）检查质量合格后取下零件。

3. 任务评价（表 3-8）

表 3-8　一夹一顶装夹车削台阶轴任务评价

序号	评价项目与要求	配分	评分标准	检测结果	得分
1	$\phi20_{-0.05}^{0}$ mm	14	超差无分		
2	$\phi16_{-0.05}^{0}$ mm	14	超差无分		
3	$\phi12_{-0.05}^{0}$ mm	14	超差无分		
4	$Ra3.2\mu$m（5 处）	3×5	超差无分		
5	$100_{0}^{+0.5}$ mm	10	超差无分		
6	30mm	5	超差无分		
7	倒角 C1（2 处）	2×2	超差无分		
8	◎ $\phi0.02$ A	12	超差无分		
9	文明生产和安全生产	12	现场评分		
10	合计	100			

任务三　车槽和切断

任务描述

　　用车削的方法加工零件上的槽称为车槽。把坯料或零件切成两段（或数段）的加工方法称为切断。本任务介绍在车床上车槽和切断的方法。

知识链接

一、车槽

1. 车槽的概念

用车削的方法加工零件上的槽称为车槽。

2. 沟槽的种类

零件外圆和平面上的沟槽称为外沟槽，零件内孔中的沟槽称为内沟槽。

常见的外沟槽有外圆沟槽、45°外斜沟槽和平面沟槽等，如图 3-52 所示。

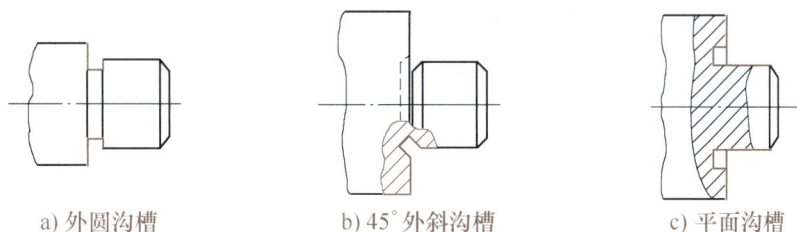

a) 外圆沟槽　　　　b) 45°外斜沟槽　　　　c) 平面沟槽

图 3-52　常见的外沟槽

（1）外圆沟槽　外圆沟槽的形状有矩形、圆弧形和梯形等，如图 3-53 所示。

a) 矩形沟槽　　b) 圆弧形沟槽　　c) 梯形沟槽　　d) 轴类零件

图 3-53　外圆沟槽的形状

1—矩形沟槽　2—圆弧形沟槽　3—梯形沟槽

（2）45°外斜沟槽　45°外斜沟槽有直沟槽、圆弧沟槽和外圆端面沟槽三种，如图 3-54 所示。

（3）平面沟槽　常见的平面沟槽有矩形槽、圆弧形槽、燕尾形槽和 T 形槽等，如图 3-55 所示。矩形和圆弧形平面沟槽通常用于减轻零件重量、减小零件接触面积或用作油槽。T 形和燕尾形平面沟槽则常用于穿螺钉、螺栓连接零件（如车床滑板上的 T 形环槽、磨床砂轮连接盘上的燕尾形环槽等）。

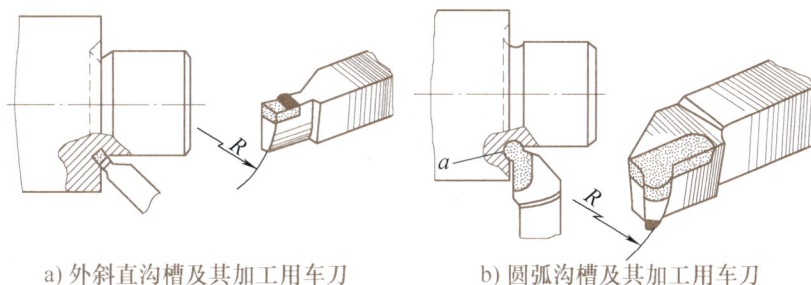

a) 外斜直沟槽及其加工用车刀　　　　b) 圆弧沟槽及其加工用车刀

图 3-54　45°外斜沟槽及其加工用车刀

c) 外圆端面沟槽及其加工用车刀

图 3-54　45°外斜沟槽及其加工用车刀（续）

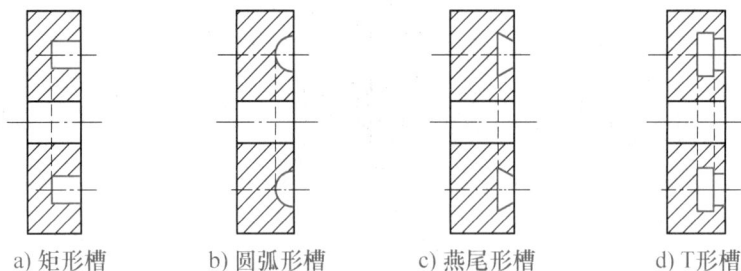

a) 矩形槽　　b) 圆弧形槽　　c) 燕尾形槽　　d) T形槽

图 3-55　常见的平面沟槽

二、车削常见沟槽

1. 车削外圆沟槽

（1）车槽刀的装夹　车槽刀必须垂直于零件的轴线，否则车削出的槽壁可能不平直而影响车槽的质量。

装夹车槽刀时，可用直角尺检查车槽刀（或切断刀）的副偏角，如图 3-56 所示。

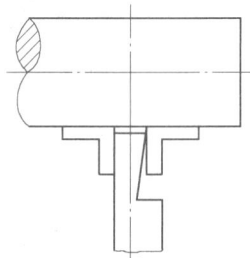

（2）外圆沟槽的车削方法　车削精度不高且宽度较窄的矩形沟槽时，可用刀宽等于槽宽的车槽刀，采用直进法一次进给车出，如图 3-57 所示。

图 3-56　用直角尺检查车槽刀的装夹位置

车削精度要求较高的矩形沟槽时，一般采用二次进给法车成。第一次进给车削沟槽时，槽壁两侧留有精车余量；第二次进给时，用等宽车槽刀修整。也可用原车槽刀根据槽深和槽宽进行精车，如图 3-58 所示。

车削较宽的矩形沟槽时，可采用多次直进法，如图 3-59 所示，并在槽壁两侧留有精车余量，然后根据槽深和槽宽精车至尺寸要求。

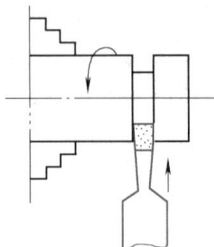

图 3-57　用直进法车削矩形沟槽　　图 3-58　矩形沟槽的精车　　图 3-59　宽度大的矩形沟槽的车削

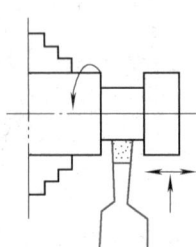

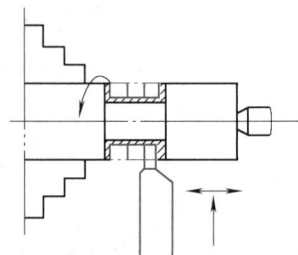

车削较小的圆弧形沟槽时，一般以成形刀一次车出。较大的圆弧形沟槽可用双手联动车削，用样板检查修整。

车削较小的梯形沟槽时，一般以成形刀一次车削完成。较大的梯形沟槽通常先车削直槽，然后用梯形车刀采用直进法或左右切削法完成，如图 3-60 所示。

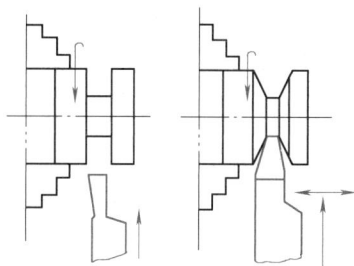

图 3-60　梯形沟槽的车削

2. 车削 45°外斜沟槽

（1）外斜直沟槽　车削外斜直沟槽时，可用 45°外斜直沟槽专用车刀。车削时，将小滑板转过 45°，用小滑板进给车削成形，如图 3-54a 所示。

（2）圆弧沟槽　车削圆弧沟槽时，根据沟槽圆弧的大小将车刀的刀体磨出相应的圆弧切削刃，其中切削端面的一段圆弧切削刃必须磨有相应的圆弧 R 后刀面。其车削方法与车削直沟槽相同，如图 3-54b 所示。

（3）外圆端面沟槽　车削外圆端面沟槽时，车刀形状较为特殊，如图 3-54c 所示。车刀的前端磨成外圆车槽刀的形式，侧面则磨成平面车槽刀的形式，刀尖 a 处副后刀面上应磨成相应的圆弧 R。车削时，采用纵、横向交替进给的方法，由横向控制槽底直径，纵向控制端面沟槽的深度。

由于车削外圆端面沟槽的车刀的切削部分强度很差，故车削时应采用较小的切削用量。

3. 车削平面沟槽

（1）平面沟槽车刀　在平面上车槽时，车槽刀左侧的一个刀尖相当于在车削内孔，右侧的刀尖相当于在车削外圆，如图 3-61 所示。

为了防止副后刀面与槽壁相碰，平面沟槽车刀的左侧副后刀面必须按平面槽的圆弧大小刃磨成圆弧形，并带有一定的后角，如图 3-62 所示。

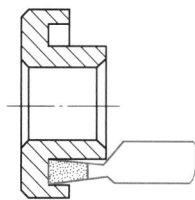

图 3-61　车削平面沟槽

图 3-62　平面沟槽车刀

在装夹平面沟槽车刀时，其主切削刃应与零件中心等高，且平面沟槽车刀的中心线必须与零件轴线平行。

（2）车槽刀位置的控制方法

1）测量零件的实际外径 D。

2）根据平面沟槽外圈直径 d 计算车槽刀左侧刀尖与零件外圆之间的距离 L，公式如下

$$L=\frac{1}{2}(D-d)$$

3）按 L 调整车槽刀的位置，如图 3-63 所示。

（3）车削方法　对于精度要求不高，宽度较窄、深度较浅的平面矩形沟槽，通常采用等宽的车槽刀用直进法一次进给车出；当沟槽精度要求较高时，则采用先粗车（槽壁两侧留有精车余量）、后精车的方法进行加工。

车削宽度较大的平面矩形沟槽时，可采用多次直进法切削，然后精车至尺寸要求，如图 3-64 所示；车削宽度很大的平面矩形沟槽时，常采用小圆头或尖头的车刀横向进给切削，然后用车槽刀或正、反偏刀精车至尺寸要求，如图 3-65 所示。

图 3-63　车槽刀位置的调整

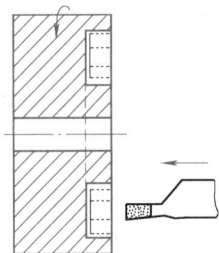

图 3-64　用多次直进法车削较宽的平面沟槽

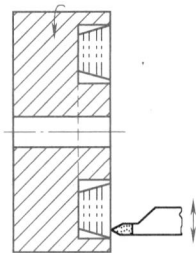

图 3-65　用横向进给车削宽度很大的平面沟槽

4. 沟槽的检测

（1）外圆矩形沟槽　对于精度要求低的矩形沟槽，可用钢直尺和外卡钳对其宽度、直径进行检测，如图 3-66 所示；对于精度要求较高的矩形沟槽，通常用千分尺（图 3-67）、样板（图 3-68）或游标卡尺（图 3-69）进行检测。

a）外卡钳　　　　　　b）检测沟槽宽度和直径

图 3-66　矩形沟槽直径和宽度的检测

1—卡脚　2—铆钉或螺钉　3—弹簧　4—螺栓　5—调整螺母

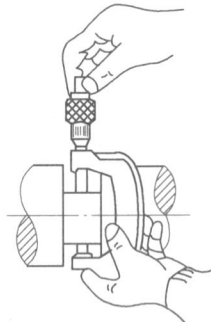

图 3-67　用千分尺检测矩形沟槽

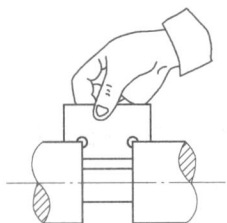

图 3-68　用样板检测矩形沟槽

图 3-69　用游标卡尺检测矩形沟槽

（2）平面矩形沟槽　平面矩形沟槽的精度要求低时，其宽度一般使用卡钳测量，沟槽内圈直径用外卡钳测量，沟槽外圈直径用内卡钳测量，槽深则用钢直尺测量。

精度要求较高的平面矩形沟槽，其宽度可采用样板、卡板和游标卡尺等进行检测，如图 3-70 所示，槽深可用深度游标卡尺检测。

（3）圆弧形沟槽和梯形沟槽　圆弧形沟槽和梯形沟槽的形状可用样板进行检查。

三、切断

1. 切断的概念

把坯料或零件切成两段（或数段）的加工方法称为切断，如图 3-71 所示。车削加工中，切断往往是将长的棒料按尺寸要求下料，或是将已加工完的零件从材料上切下来。

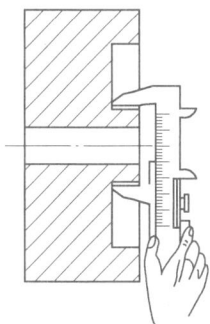

图 3-70　平面沟槽的检测

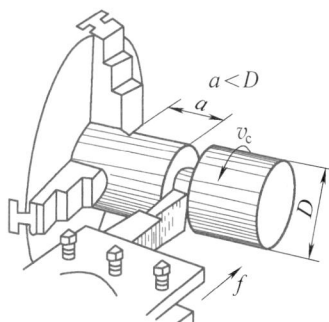

图 3-71　切断

2. 切断方法

在车床上切断时，一般采用正向切断法，即车床的主轴（零件）正转，切断刀横向进给进行车削。

切断的关键是切断刀几何参数的选择及其刃磨，以及切削用量的合理选择。

（1）直进法　直进法是指垂直于零件轴线方向进给切断零件，如图 3-72 所示。直进法切断的效率高，但对车床、切断刀的刃磨和装夹都有较高的要求，否则容易造成切断刀折断。

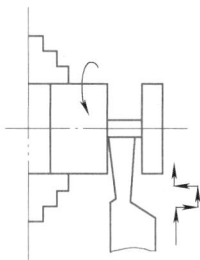

（2）左右借刀法　左右借刀法是指切断刀在零件轴线方向反复地往返移动，随之两侧径向进给，直至零件被切断，如图 3-73 所示。左右借刀法常在切削系统（刀具、零件、车床）刚度不足的情况下使用，用来对零件进行切断。

（3）反切法　反切法是指车床主轴和零件反转，车刀反向装夹进行切削，如图 3-74 所示。反切法适用于直径较大零件的切断。用反切法切断零件时，切削力 F_z 的方向应与

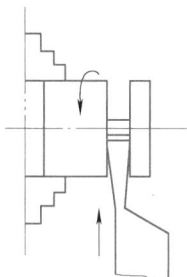

图 3-72　直进法切断　　图 3-73　左右借刀法切断　　图 3-74　反切法切断

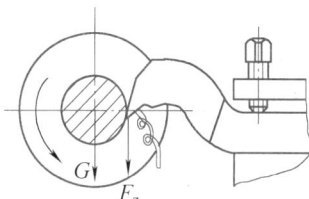

重力 G 的方向一致，这样不容易引起振动。此外，切断时切屑从下面排出，不容易堵塞在零件槽内。

> **经验之谈**
>
> 反向切断时，刀架受力方向向上，所选用车床的刀架应有足够的刚度。

四、切断刀

1. 切断刀的种类

（1）按材料分类　按切削部分的材料不同，切断刀分为高速工具钢切断刀和硬质合金切断刀，如图 3-75 所示。

高速工具钢切断刀的切削部分与刀柄为同一材料锻造而成，是目前使用较为普遍的切断刀。

硬质合金切断刀是由用作切削部分的硬质合金焊接在刀柄上而成，适用于高速切削。

a) 高速工具钢切断刀　　　b) 硬质合金切断刀

图 3-75　切断刀

（2）其他切断刀

1）反切刀。在切断直径较大的零件时，由于刀体较长、刚度低，采用正向切断容易引起振动。这时可使用反切刀采用反向切断法进行切断，如图 3-74 所示。

2）弹性切断刀。将用高速工具钢做成的片状刀体装夹在弹性刀柄上，组成弹性切断刀，如图 3-76 所示。

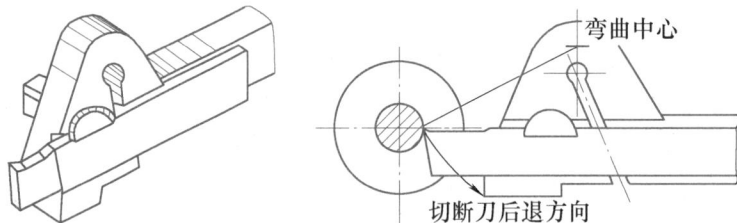

图 3-76　弹性切断刀

弹性切断刀不仅可节省高速工具钢材料，而且在切削过程中当进给量过大时，弹性刀柄会受力变形，由于刀柄的弯曲中心在刀柄的上部，刀体会自动让刀，从而可避免因扎刀造成切断刀折断。

2. 切断刀的几何参数

切断刀以横向进给为主，前端的切削刃为主切削刃，两侧的切削刃是副切削刃。一般切断刀的主切削刃较窄，刀体较长，强度较低，因此在选择和确定切断刀的几何参数时，要特别注意提高切断刀的强度。

（1）高速工具钢切断刀　高速工具钢切断刀的几何参数如图 3-77 所示。

1）前角 γ_o。切断中碳钢材料时，$\gamma_o = 20° \sim 30°$；切断铸铁材料时，$\gamma_o = 0° \sim 10°$。

2）后角 α_o。一般 $\alpha_o = 6° \sim 8°$，切断塑性材料时取大值，切断脆性材料时取小值。

图 3-77　高速工具钢切断刀的几何参数

3）副后角 α_o'。切断刀有两个对称的副后角，其作用是减少副后刀面与零件已加工表面间的摩擦。一般 $\alpha_o' = 1° \sim 2°$。

4）主偏角 κ_r。切断刀以横向进给为主，因此 $\kappa_r = 90°$。

5）副偏角 κ_r'。切断刀的两个副偏角必须对称，以免因两侧所受的切削抗力不均而影响平面度和断面对轴线的垂直度。副偏角不宜过大，以免削弱刀体强度，一般 $\kappa_r' = 1° \sim 1°30'$。

6）主切削刃宽度 a。主切削刃宽度太宽，会因切削力太大而引起振动，且浪费材料；主切削刃宽度太窄，则会削弱切断刀的强度。主切削刃宽度一般可按下列经验公式计算确定

$$a \approx (0.5 \sim 0.6)\sqrt{d} \tag{3-1}$$

式中　a——主切削刃宽度（mm）；

　　　d——零件待切断表面的直径（mm）。

7）刀体长度 L。刀体长度应满足零件切断要求，但不宜太长，以免引起振动和使刀体折断。图 3-78 所示的刀体长度可按下式计算确定

$$L = h + (2 \sim 3) \text{mm} \tag{3-2}$$

式中　L——刀体长度（mm）；

　　　h——切入深度（mm），实心零件 $h = d/2$，空心零件 $h =$ 被切零件壁厚。

（2）硬质合金切断刀　硬质合金切断刀的几何参数如图 3-79 所示。

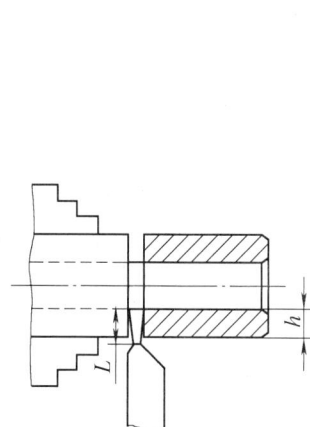

图 3-78　切断刀的刀体长度

图 3-79　硬质合金切断刀的几何参数

用硬质合金切断刀高速切断零件时，由于切屑宽度和零件槽宽相等而容易堵塞在槽内，为了使排屑顺畅，可将主切削刃两边倒角或磨成"人"字形。

3. 切断刀的刃磨

（1）副后刀面的刃磨

1）刃磨左侧副后刀面　如图3-80所示，两手握刀，车刀前刀面向上，同时磨出左侧副后角和副偏角。

2）刃磨右侧副后刀面　如图3-81所示，两手握刀，车刀前刀面向上，同时磨出右侧副后角和副偏角。

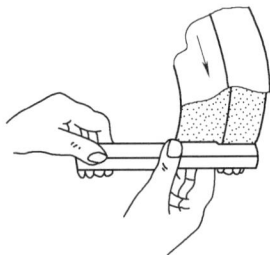

图3-80　刃磨左侧副后刀面

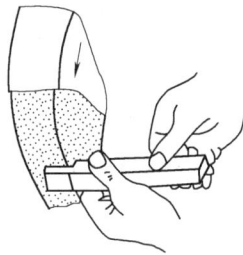

图3-81　刃磨右侧副后刀面

经验之谈

为保证切断质量，刃磨时，应保证切断刀的两副后角和两副偏角分别对称。

（2）主后刀面的刃磨　如图3-82所示，两手握车刀，前刀面向上，同时磨出主后刀面。刃磨时应保证主切削刃平直。

（3）前刀面的刃磨　如图3-83所示，两手握车刀，前刀面对着砂轮磨削表面，刃磨前刀面和前角、卷屑槽。具体尺寸按零件材料性能而定。

图3-82　刃磨主后刀面

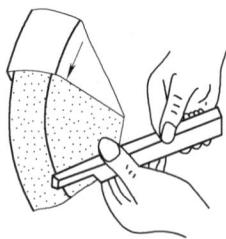

图3-83　刃磨前刀面

为了保护刀尖，可在两刀尖上各磨出一个小圆弧过渡刃。

4. 切断刀的装夹

切断刀装夹得是否正确，对切断能否顺利进行，切断零件的平面是否平直有直接影响。装夹切断刀时，必须注意以下问题：

1）切断实心零件时，切断刀的主切削刃必须严格对准零件的回转中心，如图3-84所示。主切削刃中心线必须与零件轴线垂直。

2）刀柄不宜伸出过长，以增强切断刀的刚性和防止振动。

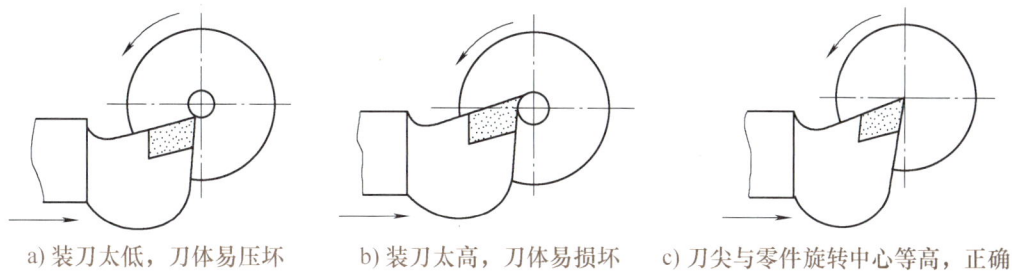

a) 装刀太低，刀体易压坏 b) 装刀太高，刀体易损坏 c) 刀尖与零件旋转中心等高，正确

图 3-84 切断刀刀尖必须与零件中心等高

任务实施

直形车槽刀和切断刀的几何形状相似，刃磨方法基本相同，只是刀体部分的宽度和长度有所区别。有时车槽刀和切断刀可以通用。

车槽与切断是车工的基本操作技能之一，能否掌握好这两项技能，关键在于车槽刀和切断刀的刃磨。

一、切断刀和车槽刀的刃磨

切断刀和车槽刀的图样如图 3-85 所示。

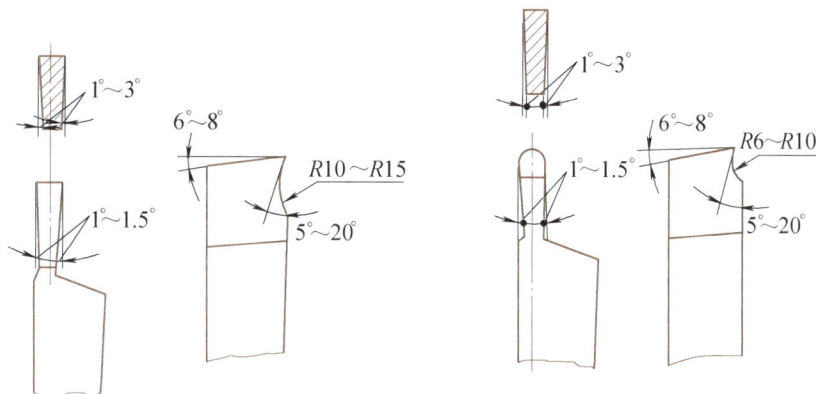

图 3-85 切断刀和车槽刀

1. 操作步骤

1）粗磨前刀面、主后刀面及两侧副后刀面，使切断（车槽）刀基本成形。

2）精磨前刀面、前角和卷屑槽。

3）精磨副后刀面和主后刀面。

4）修磨刀尖。

带圆头的车槽刀的刃磨方法与直形车槽刀相似，只是在刃磨主切削刃圆弧时有所区别。圆头的刃磨方法是以左手握住车刀前端为支点，用右手转动车刀尾部，如图 3-86 所示。

2. 刃磨时容易出现的问题和注意事项

1）切断刀的卷屑槽不宜磨得太深，一般为 0.75～1.5mm，如图 3-87 所示。卷屑槽刃磨得太深，则刀体强度低，容易折断，如

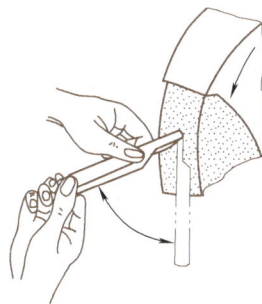

图 3-86 圆头车槽刀圆头的刃磨

图 3-88 所示。

2）不能将前刀面磨低或磨成台阶形，如图 3-89 所示。否则会导致切削不顺畅，排屑困难，切削负荷大增，刀头容易折断。

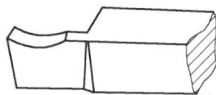

图 3-87　切断刀的卷屑槽　　　　图 3-88　卷屑槽太深　　　　图 3-89　前刀面被磨低

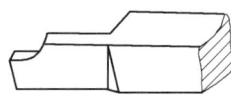

3）刃磨切断刀和车槽刀的两侧副后角时，应以车刀底面为基准，用钢直尺或直角尺进行检查，如图 3-90 所示。

4）如果副后角出现负值，则切断时刀具会与零件侧面发生摩擦，如图 3-91 所示；若副后角太大，则刀头强度差，切削时容易折断，如图 3-92 所示。

5）刃磨切断刀和车槽刀的副偏角时，要避免出现以下问题：

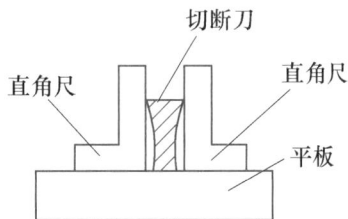

图 3-90　用直角尺检查两侧副后角　　　图 3-91　副后角为负值　　　图 3-92　副后角太大

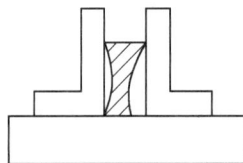

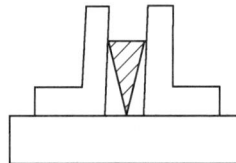

① 副偏角太大，刀头强度低，容易折断，如图 3-93a 所示。

② 副偏角为负值（图 3-93b）或副切削刃不平直（图 3-93c），不能用直进法切削。

③ 车刀左侧磨去太多，不能切削有高台阶的零件，如图 3-93d 所示。

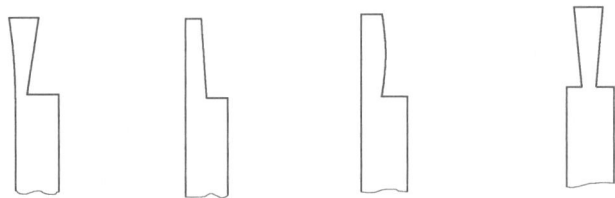

a) 副偏角太大　b) 副偏角为负值　c) 副切削刃不平直　d) 车刀左侧刃磨太多

图 3-93　刃磨副偏角时容易出现的问题

二、车削矩形沟槽、圆弧形沟槽

1. 零件图样

零件图样如图 3-94 所示。

2. 训练步骤

1）检查坯料，毛坯伸出自定心卡盘的长度约为 40mm，找正后夹紧。

2）车削端面，粗车外圆 φ38mm×30mm。

3）调头夹持零件 φ38mm 外圆，找正后夹紧。车削端面，保证总长 160mm，钻中心孔 B2.5/8.00。

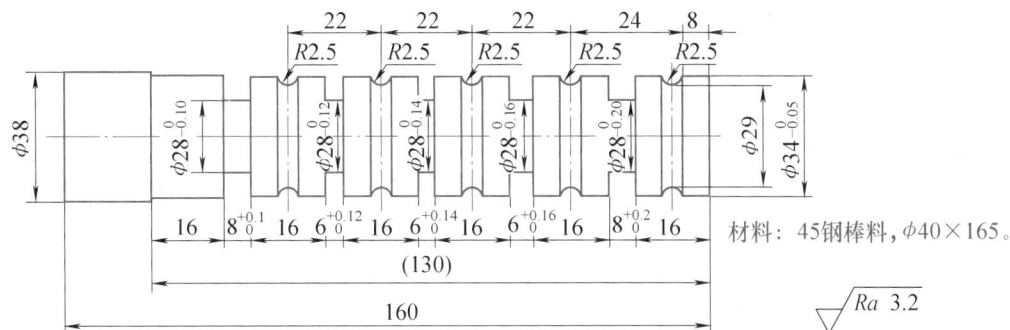

图 3-94　车削矩形沟槽、圆弧形沟槽

4）松开零件，装夹 10mm 左右，用后顶尖顶住零件后夹紧，粗车整段外圆（夹紧处 ϕ38mm 除外）至 ϕ34.5mm，长度为 130mm。

5）精车整段外圆（夹紧处 ϕ38mm 除外）至 $\phi 34_{-0.05}^{0}$mm，长度为 130mm，倒角。

6）车削 5 处圆弧形沟槽 R2.5mm 至尺寸要求。

7）车削 5 处矩形沟槽至要求。

8）检查各处尺寸符合图样要求后，卸下零件。

3. 任务评价（表 3-9）

表 3-9　车削矩形沟槽、圆弧形沟槽任务评价

序号	评价项目与要求	配分	评分标准	检测结果	得分
1	ϕ38mm	2	超差无分		
2	$\phi 34_{-0.05}^{0}$mm	8	超差无分		
3	ϕ28mm（5 处）	3×5	超差无分		
4	ϕ29mm（5 处）	2×5	超差无分		
5	R2.5mm（5 处）	2×5	超差无分		
6	16mm（6 处）	2×6	超差无分		
7	8mm（3 处）	2×3	超差无分		
8	6mm（3 处）	2×3	超差无分		
9	22mm（3 处）	2×3	超差无分		
10	24mm	2	超差无分		
11	130mm	2	超差无分		
12	Ra3.2μm	4	超差无分		
13	B2.5/8.00	2	超差无分		
14	去毛刺	5	超差无分		
15	文明生产和安全生产	10	现场评分		
16	合计	100			

4. 容易出现的问题

1）车槽刀主切削刃与零件轴线不平行，车削出的沟槽槽底一侧直径大，另一侧直径小。

2）槽底与槽壁相交处出现圆角；槽底中间直径小，靠近槽壁两侧直径大。

3）槽壁与轴线不垂直，内槽窄、外口大，呈喇叭形。其主要原因如下：

① 切削刃磨钝，产生让刀现象。

② 车槽刀角度刃磨不正确。

③ 车槽刀的装夹不垂直于零件轴线。

4）接刀不当，造成槽底与槽壁产生小台阶。

三、车削平面矩形沟槽

平面矩形沟槽零件图样如图 3-95 所示，练习步骤自拟。

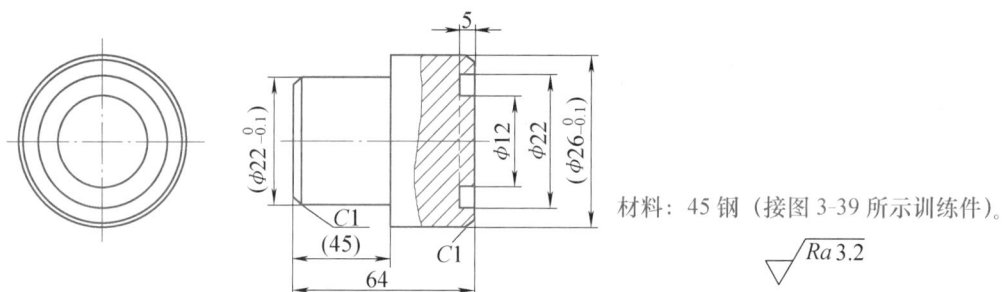

材料：45钢（接图3-39所示训练件）。

$\sqrt{Ra\,3.2}$

图 3-95　车削平面矩形沟槽

四、切断训练

1. 切断练习（图 3-96）

1）切断，保证轴向尺寸 25mm。

2）调头装夹，保证轴向尺寸 15mm。

2. 切割薄片（图 3-97）

1）车削外圆至 ϕ28mm。

2）切割薄片，厚（3±0.2）mm，共 10 件。

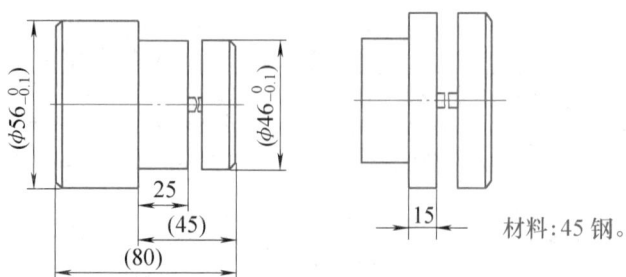

材料：45 钢。

图 3-96　切断

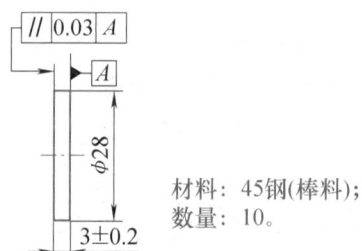

材料：45钢(棒料)；
数量：10。

图 3-97　切割薄片

五、切断和车槽质量分析

在车床上切断和车槽时，可能出现的质量问题的种类、产生原因及预防措施见表 3-10。

表 3-10 在车床上切断和车槽时可能出现的质量问题的种类、产生原因及预防措施

质量问题的种类	产生原因	预防措施
切断		
切下的零件长度不对	测量有误	正确测量
切下的零件表面凹凸不平	1. 切断刀的强度不够,主切削刃不平直,切入工件后由于侧向切削力的作用使刀具偏斜,致使切下的零件凹凸不平 2. 刀尖圆弧刃磨或磨损不一致,使主切削刃受力不均而产生凹凸面 3. 切断刀安装不正确 4. 刀具角度刃磨得不正确,两副偏角过大且不对称,从而降低刀体强度,产生"让刀"现象	1. 增强切断刀的强度,刃磨时必须使主切削刃平直 2. 刃磨时保证两刀尖圆弧对称 3. 正确安装切断刀 4. 正确刃磨切断刀,保证两副偏角对称
表面粗糙度达不到要求	1. 两副偏角太小,产生摩擦 2. 切削速度选择不当,没有加注切削液 3. 切削时产生振动 4. 切屑拉毛已加工面	1. 正确确定两副偏角的数值 2. 选择适当的切削速度,并浇注切削液 3. 采取防振措施 4. 控制切屑形状和方向
车槽		
沟槽的宽度不正确	1. 刀体宽度磨得太宽或太窄 2. 测量有误	1. 根据沟槽宽度刃磨刀头宽度 2. 仔细、正确测量
沟槽的位置不正确	测量和定位有误	正确定位并仔细测量
沟槽的深度不正确	1. 没有及时进行测量 2. 尺寸计算错误	1. 车槽过程中及时测量 2. 仔细计算尺寸,对留有磨削余量的零件,车槽时必须把磨削余量考虑进去

任务四 车削简单轴类零件综合技能训练

一、任务图样

零件图样如图 3-98 所示。

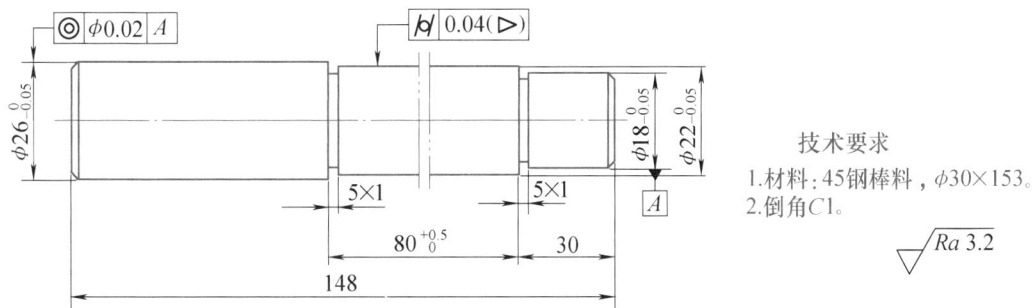

技术要求
1. 材料:45 钢棒料,$\phi 30 \times 153$。
2. 倒角 C1。
$\sqrt{Ra\ 3.2}$

图 3-98 台阶轴

二、工艺分析

该台阶轴零件形状较简单,结构尺寸变化不大,为一般用途的轴。

零件有 3 个台阶面、2 个直槽,前后两台阶的同轴度公差要求为 $\phi 0.02$mm,中段台

阶轴颈的圆柱度公差要求为 0.04mm，且只允许左大右小，零件精度要求较高。

　　根据以上分析，加工时应分粗、精加工阶段。粗加工时采用一夹一顶的装夹方法，精加工时采取两顶尖支承的装夹方法，车槽安排在精车后进行。为保证零件对圆柱度的要求，粗加工阶段应校正好车床的锥度。

三、技能训练步骤

　　1）检查坯料，毛坯伸出自定心卡盘的长度约为 40mm，找正后夹紧。

　　2）车削端面，钻中心孔 B2.5/8.00；粗车外圆 ϕ26.5mm×25mm。

　　3）调头夹持零件 ϕ26.5mm 外圆，找正后夹紧。车削端面，保证总长 148mm，钻中心孔 B2.5/8.00。

　　4）用后顶尖顶住零件，粗车整段外圆（夹紧处 ϕ26.5mm 除外）至 ϕ26.5mm。

　　5）粗车右端两处外圆。

　　① 车削 $\phi22_{-0.05}^{0}$mm 外圆至 ϕ22.6mm，长 110mm，检查并校正锥度。

　　② 车削 $\phi18_{-0.05}^{0}$mm 外圆至 ϕ18.6mm，长 29.8mm。

　　6）修研两端中心孔。

　　7）零件调头，用两顶尖支承装夹。精车左端外圆至 $\phi26_{-0.05}^{0}$mm，表面粗糙度值为 Ra3.2μm。倒角 $C1$。

　　8）零件调头，用两顶尖支承装夹，精车右端两处外圆。

　　① 车削外圆至 $\phi18_{-0.05}^{0}$mm，长 30mm，表面粗糙度值为 Ra3.2μm。倒角 $C1$。

　　② 复检锥度后，车削外圆 $\phi22_{-0.05}^{0}$mm，长 $80_{0}^{+0.5}$mm，表面粗糙度值为 Ra3.2μm。

　　9）车削两处矩形沟槽 5mm×1mm 至尺寸要求。

　　10）检查两端外圆的同轴度、中段台阶外圆的圆柱度及各处尺寸符合图样要求后，卸下零件。

四、任务评价（表 3-11）

表 3-11　车削简单轴类零件任务评价

序号	评价项目与要求	配分	评分标准	检测结果	得分
1	$\phi26_{-0.05}^{0}$mm	12	超差无分		
2	$\phi22_{-0.05}^{0}$mm	12	超差无分		
3	$\phi18_{-0.05}^{0}$mm	12	超差无分		
4	中心孔 B2.5/8.00(2 处)	3×2	超差无分		
5	Ra3.2μm(5 处)	3×5	超差无分		
6	148mm、$80_{0}^{+0.5}$mm、30mm、5mm×1mm(2 处)	1×5	超差无分		
7	◎ ϕ0.02 A	10	超差无分		
8	⌭ 0.04(▷)	10	超差无分		
9	$C1$(2 处)	3×2	超差无分		
10	文明生产和安全生产	12	现场评分		
11	合计	100			

五、车削轴类零件质量分析

车削轴类零件时，可能出现的质量问题的种类、产生原因及预防措施见表 3-12。

表 3-12　车削轴类零件时可能出现的质量问题的种类、产生原因及预防措施

质量问题的种类	产生原因	预防措施
圆度超差	1. 车床主轴间隙太大 2. 毛坯余量不均匀，切削过程中背吃刀量发生变化 3. 用两顶尖装夹零件时，中心孔接触不良或后顶尖顶得不紧，或前、后顶尖产生径向圆跳动	1. 车削前检查主轴间隙，并进行适当调整。如轴承磨损严重，则需要更换轴承 2. 分粗、精车 3. 用两顶尖装夹零件时，必须松紧适当。若回转顶尖产生径向圆跳动，则须及时修理或更换
圆柱度超差	1. 用一夹一顶或两顶尖装夹零件时，后顶尖轴线与主轴轴线不同轴 2. 用卡盘装夹零件纵向进给车削时产生锥度，是由于车床床身导轨与主轴轴线不平行 3. 用小滑板车外圆时圆柱度超差，是由于小滑板的位置不正，即小滑板刻线与中滑板的刻线没有对准零线 4. 零件装夹时悬伸较长，车削时因切削力影响使前端让刀，造成圆柱度超差 5. 车刀中途逐渐磨损	1. 车削前找正后顶尖，使之与主轴轴线同轴 2. 调整车床主轴与床身导轨的平行度 3. 必须先检查小滑板的刻线是否与中滑板刻线的零线对准 4. 尽量减少零件的伸出长度，或另一端用顶尖支承，增加装夹刚性 5. 选择合适的刀具材料，或适当降低切削速度
尺寸精度达不到要求	1. 看错图样或刻度盘使用不当 2. 没有进行试切削 3. 由于切削热的影响，使零件尺寸发生变化 4. 测量不正确或量具有误差 5. 尺寸计算错误，槽深度不正确 6. 未及时关闭机动进给，使车刀进给长度超过台阶长度	1. 认真看清图样尺寸要求，正确使用刻度盘，看清刻度值 2. 根据加工余量算出背吃刀量，进行试切削，然后修正背吃刀量 3. 不能在零件温度较高时进行测量，如需要测量，则应掌握零件的收缩情况，或浇注切削液来降低零件温度 4. 正确使用量具，使用量具前必须检查和校正零位 5. 仔细计算零件各部分的尺寸，对于留有磨削余量的零件，车槽时应考虑磨削余量 6. 注意及时关闭机动进给或提前关闭机动进给，用手动进到长度尺寸
表面粗糙度达不到要求	1. 车床刚度不足，如滑板镶条太松，传动零件（如带轮）不平衡或主轴太松引起振动 2. 车刀刚度不足或伸出太长而引起振动 3. 零件装夹刚度不足引起振动 4. 车刀几何参数不合理，如选用了过小的前角、后角和主偏角 5. 切削用量选用不当	1. 消除或防止由车床刚度不足引起的振动（如调整车床各部件的间隙） 2. 增加车刀刚度和正确装夹车刀 3. 增加零件的装夹刚度 4. 合理选择车刀角度（如适当增大前角，选择合理的后角和主偏角） 5. 进给量不宜太大，精车余量和切削速度应选择恰当

课后测评

1. 常用外圆车刀有哪几种？

2. 粗车与精车的加工要求有何不同？

3. 试述分度值为 0.02mm 的游标卡尺的刻线原理。

4. 读出图 3-99 所示游标卡尺的数值（有标记的刻线对齐）。

5. 试述千分尺的刻线原理。

6. 读出图 3-100 所示千分尺的数值。

7. 车削台阶时，如何控制台阶的长度？

8. 钻中心孔时，如何防止中心钻折断？

9. 车削加工时，常用的装夹方式有哪几种？

10. 什么是车槽？常见的外沟槽有哪些？

11. 什么是切断？切断操作的关键是什么？

12. 在车床上进行切断操作有哪几种方法？

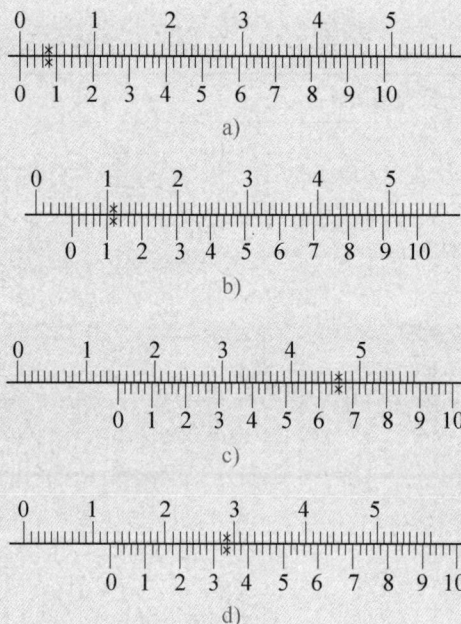

图 3-99　题 4 图

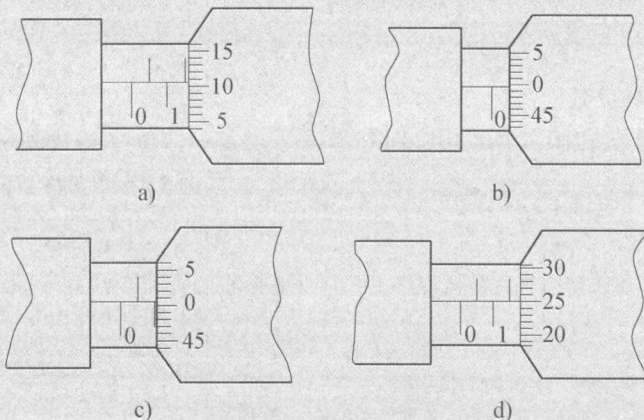

图 3-100　题 6 图

车削内圆柱面

学习目标

知识目标

1. 掌握车削内圆柱面零件的加工工艺。
2. 掌握麻花钻的组成和主要角度。
3. 了解扩孔钻的种类及特点。
4. 掌握车孔刀的种类和结构。
5. 掌握铰刀的组成和种类。
6. 掌握内槽车刀的种类和装夹。

技能目标

1. 能正确刃磨车刀。
2. 能在车床上钻孔、扩孔，并进行精度检验和质量分析。
3. 能车削各类孔，并进行精度检验和质量分析。
4. 能在车床上铰孔，并进行精度检验和质量分析。
5. 能车削内沟槽，并进行精度检验和质量分析。
6. 能车削套类零件，并进行精度检验和质量分析。
7. 具备知识技能拓展能力及适应发展的能力。

素养目标

1. 培养敬业、专注、创新的工匠精神。
2. 培养节能意识、安全意识。能正确遵守个人和车间安全作业要求，注重个人安全防护。
3. 具备将车削内圆柱面的知识技能应用于具体工作领域的能力，具有一定的分析问题和解决问题的能力。

任务一 钻孔和扩孔

任务描述

用钻头在实体上加工孔的操作称为钻孔。用扩孔工具扩大零件孔径的方法称为扩孔。

本任务主要介绍钻孔用和扩孔用的麻花钻、扩孔钻，以及在车床上钻孔和扩孔的操作方法。

知识链接

一、钻孔

1. 钻孔的概念

用钻头在实体上加工出孔的操作称为钻孔。在机械制造业中，从制造一个零件到最后组装成机器，几乎都离不开钻孔。任何一台机器，没有孔是无法装配在一起的。

2. 钻孔的特点

钻孔时，由于钻头的刚性和精度都较差，加之是深入零件内部加工，散热和排屑都比较困难，故加工精度不高，尺寸公差等级为 IT11～IT12，表面粗糙度值为 $Ra12.5～25\mu m$。

钻孔只能加工精度要求不高的孔或作为孔的粗加工。

二、麻花钻

麻花钻是使用最为普遍的一种钻孔刀具。

1. 麻花钻的组成

麻花钻由刀柄、颈部及刀体组成。图 4-1a 所示为锥柄麻花钻，图 4-1b 所示为直柄麻花钻。

刀体（图 4-2）是麻花钻的主要组成部分，包括切削部分和导向部分，起切削和导向作用。导向部分也是切削部分的后备部分。麻花钻的两个切削刃相对于轴线对称。

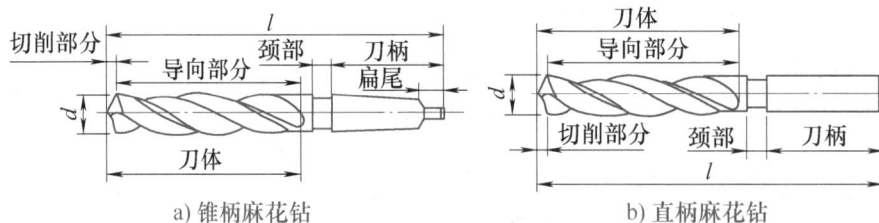

a) 锥柄麻花钻　　b) 直柄麻花钻

图 4-1　麻花钻

2. 麻花钻的主要角度

（1）顶角 $2\kappa_r$　顶角是两切削刃在与其平行的轴平面上投影的夹角，如图 4-2 所示。顶角的大小影响麻花钻尖端强度、前角和轴向抗力。顶角大，则麻花钻的尖端强度大，并可加大前角，但钻削时的轴向抗力大。标准麻花钻的顶角 $2\kappa_r=118°\pm2°$。

（2）前角 γ_o　前角是在正交平面 P_o 内测量的前刀面与基面 P_r 的夹角，如图 4-3 所示。前角的大小影响切屑的形状和主切削刃的强度，决定切削的难易程度。前角越大，切削越省力，但切削刃强度降低。麻花钻主切削刃各点处的前角大小不同，麻花钻外缘处的前角最大，约为 30°；越近中心前角越小，靠近横刃处的前角约为 -30°。

（3）后角 α_o　后角是在正交平面 P_o 内测量的后刀面与切削平面 P_s 的夹角，如图 4-3 所示。

（4）侧后角 α_f　侧后角是在假定工作平面 P_f 内测量的后刀面与切削平面 P_s 的夹角，如图 4-3 所示。钻削中实际起作用的是侧后角 α_f。

侧后角的大小影响后刀面的摩擦和主切削刃的强度。侧后角越大，麻花钻后刀面与零件已加工表面间的摩擦越小，但切削刃强度则降低。麻花钻主切削刃上各点处的后角大小也不同，麻花钻外缘处的侧后角最小，为 8°~14°；越近中心，侧后角越大，靠近钻心处为 20°~25°。

（5）横刃斜角 ψ　横刃斜角是横刃与主切削刃在钻头端面上的投影之间的夹角，如图 4-2 所示。横刃斜角的大小与后刀面的刃磨有关，可用来判断钻心处的后角是否刃磨正确。当钻心处的后角较大时，横刃斜角就较小，横刃长度相应增长，麻花钻的定心作用因此变差，轴向抗力增大。横刃斜角一般取 $\psi=50°~55°$。

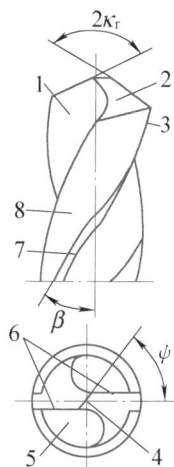

图 4-2　麻花钻的刀体

1—前刀面　2—后刀面　3—副切削刃
4—横刃　5—螺旋槽　6—主切削刃
7—第一副后刀面（刃带）　8—第二副后刀面

图 4-3　麻花钻的主要角度

P_r—基面　P_s—切削平面　P_f—假定工作平面　P_o—正交平面

3. 麻花钻的刃磨要求

麻花钻的刃磨质量直接关系到钻孔的尺寸精度、表面粗糙度和钻削效率。

图 4-4 所示为刃磨正确的麻花钻的钻削情况，图 4-5 所示为刃磨不正确的麻花钻的钻削情况。

麻花钻一般只刃磨两个主后刀面，并同时磨出顶角、后角及横刃斜角。其刃磨技术要求高，是车工必须掌握的基本功。麻花钻的刃磨要求如下：

1）根据加工材料刃磨出正确的顶角 $2\kappa_r$，钻削一般中等硬度的钢和铸铁时，$2\kappa_r=116°~118°$。

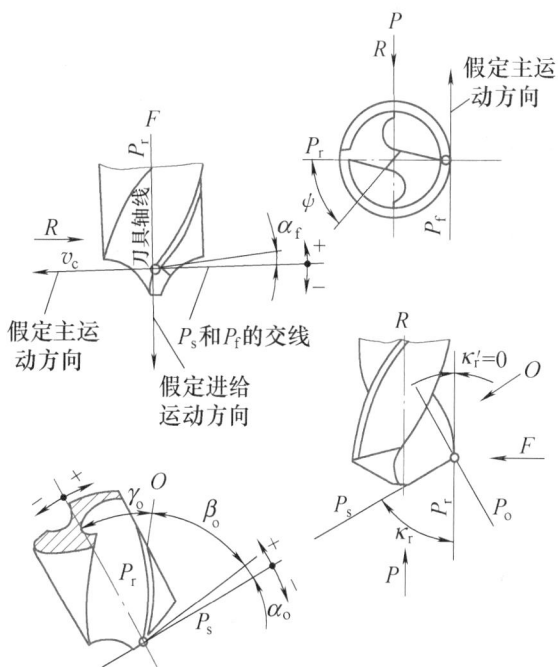

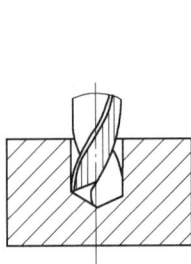

图 4-4　用刃磨正确的麻花钻钻孔

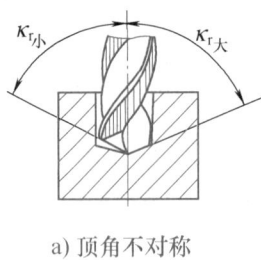

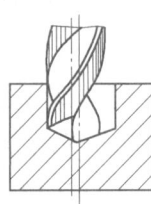

a) 顶角不对称　　b) 主切削刃长度不等　　c) 顶角和主切削刃长度不对称

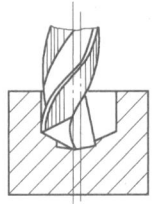

图 4-5　用刃磨不正确的麻花钻钻孔

2）两条主切削刃必须对称，即其长度应相等，与轴线的夹角也应相等。主切削刃应成直线。

3）后角应适当，以获得正确的横刃斜角 ψ，一般 $\psi = 50° \sim 55°$。

4）主切削刃、刃尖和横刃应锋利，不允许有钝口、崩刃。

4. 麻花钻的角度检查

（1）目测法　麻花钻刃磨好后，通常采用目测法进行检查。其方法是将麻花钻垂直竖立在与眼睛等高的位置，在明亮的背景下用肉眼观察两刃的长短、高低及后角等，如图 4-6 所示。由于视差的原因，往往会感到左刃高、右刃低，此时应将麻花钻转过 180° 再观察，看是否仍是左刃高、右刃低。经反复观察对比，直至觉得两刃基本对称时方可使用。使用时如发现仍有偏差，则须再次修磨。

（2）用角度尺检查　将角度尺的一边贴靠在麻花钻的棱边上，另一边搁在麻花钻的刃口上，测量其刃长和角度，如图 4-7 所示；然后将麻花钻转过 180°，用同样的方法检查另一主切削刃。

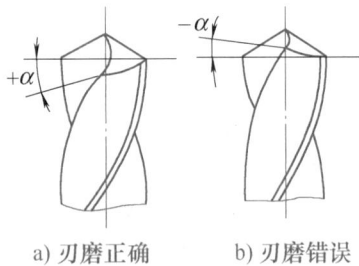

a) 刃磨正确　　b) 刃磨错误

图 4-6　目测法检查

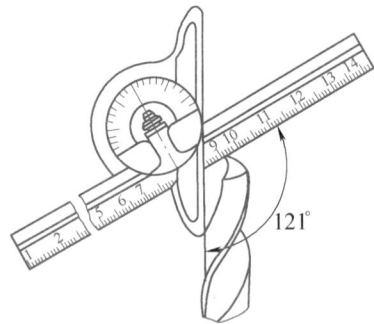

图 4-7　用角度尺检查

三、在车床上钻孔

1. 麻花钻的选用

（1）麻花钻直径的选择　对于精度要求不高的内孔，可用麻花钻直接钻出；对于精度要求较高的内孔，钻孔后还需经过车孔或扩孔、铰孔等加工才能完成。因此，在选用麻花钻直径时，应根据后继工序的要求留出加工余量。

（2）麻花钻长度的选择　选用麻花钻的长度时，一般应使导向部分（即麻花钻螺旋槽部分）略长于孔深。麻花钻过长，则刚度低；麻花钻过短，则排屑困难，且不宜钻通孔。

2. 麻花钻的装夹

1）直柄麻花钻用钻夹头装夹，如图 4-8 所示，再将钻夹头的锥柄插入尾座的锥孔中。

2）锥柄麻花钻可直接或用过渡锥套插入尾座锥孔中，如图 4-9 所示；有时也使用专用工具进行装夹，如图 4-10 所示。

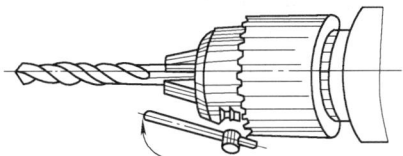

图 4-8 直柄麻花钻的装夹

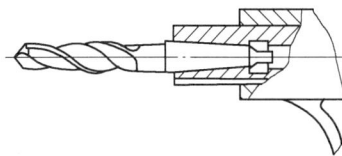

图 4-9 锥柄麻花钻的装夹

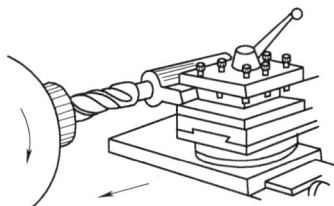

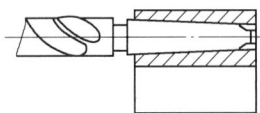

a) 安装方法   b) 装夹麻花钻的专用工具

图 4-10 用专用工具装夹锥柄麻花钻

3. 钻孔方法

在车床上钻孔的方法如图 4-11 所示，其操作步骤如下：

1）钻孔前，先将零件平面车平，中心处不允许留有凸台，以利于麻花钻的正确定心。

2）找正尾座，使麻花钻中心对准零件回转中心，否则可能会将孔径钻大、钻偏甚至折断麻花钻。

3）用细长麻花钻钻孔时，为防止麻花钻晃动，可在刀架上夹一挡铁，支顶麻花钻头部，帮助麻花钻定心，如图 4-12 所示。具体方法是先将麻花钻尖端少量钻入零件平面，然后缓慢摇动中滑板，移动挡铁逐渐接近麻花钻前端，使麻花钻中心稳定地落在零件回转中心的位置上后继续钻削，当麻花钻已正确定心时，即可退出挡铁。

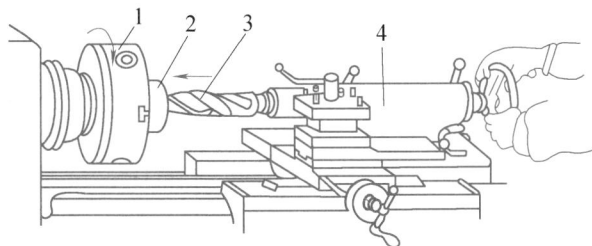

图 4-11 在车床上钻孔

1—自定心卡盘 2—零件 3—麻花钻 4—尾座

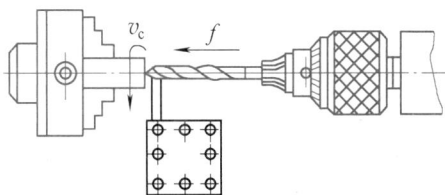

图 4-12 用挡铁支顶钻头

经验之谈

使用挡铁支顶麻花钻不能将其支顶过零件回转中心，否则容易折断麻花钻。

4）用小直径麻花钻钻孔时，钻前先在零件端面上钻出中心孔，再进行钻孔操作，这样既便于定心，且钻出的孔同轴度好。

5）在实体材料上钻孔，且孔径不大时，可以用麻花钻一次钻出；若孔径较大（超过30mm），则应分两次钻出，即先用小直径麻花钻钻出底孔，再用大直径麻花钻钻出所要求的尺寸。通常第一次所用麻花钻的直径为所要求孔径的50%~70%。

6）对于钻孔后需要铰孔的零件，由于所留铰削余量较少，因此钻孔时当麻花钻钻进零件1~2mm后，应将麻花钻退出，停车检查孔径，防止因孔径扩大没有铰削余量而造成零件报废。

7）钻不通孔与钻通孔的方法基本相同，只是钻孔时需要控制孔的深度。常用的控制方法是：钻削开始时，摇动尾座手轮，当麻花钻切削部分（钻尖）切入零件端面时，用钢直尺测量尾座套筒的伸出长度；钻孔时，用套筒伸出的长度加上孔深来控制尾座套筒的伸出量，如图4-13所示。

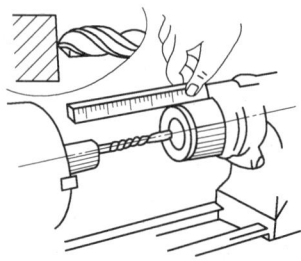

图4-13 钻不通孔时的
深度控制

四、扩孔

用扩孔工具扩大零件孔径的方法称为扩孔。车床上常用的扩孔工具有麻花钻和扩孔钻等。对于一般精度要求的零件，扩孔时可使用麻花钻；精度要求较高的孔，其半精加工需使用扩孔钻扩孔。

1. 扩孔钻的种类

按切削部分的材料不同，扩孔钻有高速工具钢和硬质合金扩孔钻两种，如图4-14所示。按柄部结构不同，扩孔钻有直柄和锥柄之分。

2. 扩孔钻的特点

1）扩孔钻通常有3~4个切削刃，其导向性好，切削平稳。

2）扩孔钻没有横刃，因而可避免横刃对切削的不利影响。

3）扩孔时背吃刀量较小，$a_p = (D-d)/2$，如图4-15所示，切屑少，因此扩孔钻的容屑槽较小。

图4-14 扩孔钻

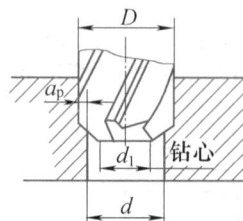

图4-15 扩孔时的背吃刀量

4）扩孔钻的钻心粗大，刚度高，扩孔时可选用较大的切削用量，生产率高。

5）用扩孔钻扩孔，加工质量较好，扩孔的加工经济尺寸公差可达IT10~IT11，表面粗糙度值为$Ra3.2~6.3\mu m$。

用扩孔钻扩孔，常用作铰孔前的半精加工，钻孔后进行扩孔，可以校正孔的轴线偏差，使其获得较正确的几何形状。

任务实施

一、麻花钻的刃磨

1. 任务图样

刃磨麻花钻图样如图 4-16 所示。

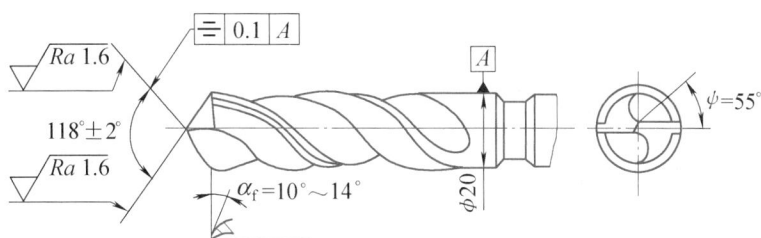

图 4-16　刃磨麻花钻

2. 操作步骤

（1）麻花钻的刃磨方法

1）刃磨前，应检查砂轮表面是否平整，如砂轮表面不平或有跳动现象，须对砂轮进行修正。

2）用右手握住麻花钻前端作为支点，左手紧握麻花钻柄部，将麻花钻的主切削刃放平，并置于砂轮中心平面以上，使麻花钻轴线与砂轮圆周素线成顶角的 1/2 左右，即 $\kappa_r \approx 59°$，同时钻尾向下倾斜，如图 4-17 所示。

3）刃磨时，以麻花钻前端支点为圆心，左手捏刀柄缓慢上下摆动并略作转动，同时磨出主切削刃和后刀面，如图 4-18 所示。注意摆动与转动的幅度和范围不能过大，以免磨出负后角或将另一条主切削刃磨坏。

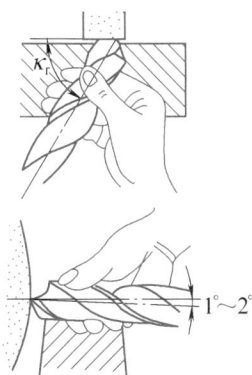

图 4-17　麻花钻的刃磨位置

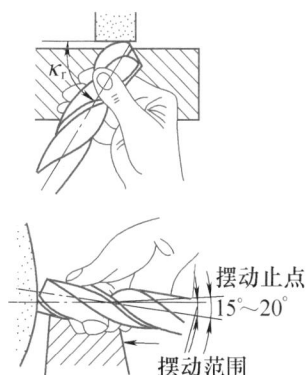

图 4-18　刃磨方法

4）将麻花钻转过 180°，用相同的方法刃磨另一条主切削刃和后刀面。两切削刃经常交替刃磨，边刃磨边检查，直至达到要求为止。

5）按需要修磨横刃，也就是将横刃磨短，将钻心处前角磨大。通常 5mm 以上的横刃需修磨，修磨后的横刃长度为原长的 1/5~1/3。

（2）麻花钻刃磨技能训练 根据麻花钻的刃磨要求，按前述刃磨方法进行刃磨练习。为减少浪费，可先用废旧麻花钻进行刃磨练习。

（3）刃磨麻花钻时的注意事项

1）用力要均匀，不能过大，应经常目测刃磨情况，随时修正。

2）麻花钻切削刃的位置应略高于砂轮中心平面，以免磨出负后角，致使麻花钻无法切削。

3）不要由刃背磨向刃口，以免造成刃口退火。

4）刃磨时应注意麻花钻的温度不能过高，要经常在水中进行冷却，以防退火而降低硬度和切削性能。

二、钻孔练习

1. 任务图样

训练零件图样如图 4-19 所示，可利用废旧零件反复进行练习。

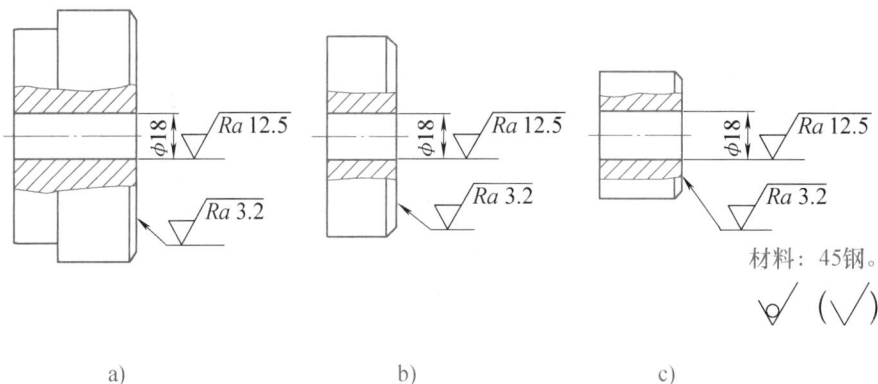

图 4-19 钻孔

2. 钻孔时的注意事项

1）起钻时，进给量要小，待麻花钻切削部分全部进入零件后才可正常钻削。

2）钻通孔将要钻穿零件时，进给量要小，以防麻花钻折断。

3）钻小孔或较深的孔时，必须经常退出麻花钻清除切屑，防止因切屑堵塞而造成麻花钻被"咬死"或折断。

4）钻削钢料时，必须充分浇注切削液冷却麻花钻，以防麻花钻发热退火。

三、扩孔练习

使用 $d=\phi20mm$（或 $\phi19.7mm$）的扩孔钻对钻孔后的零件进行扩孔练习。

四、钻孔质量分析

在车床上钻孔时，可能出现的质量问题的种类、产生原因及预防措施见表 4-1。

表 4-1　在车床上钻孔时可能出现的质量问题的种类、产生原因及预防措施

质量问题的种类	产生原因	预防措施
孔扩大	1. 钻头的顶角刃磨不正确 2. 钻头的轴线和零件的轴线不重合	1. 重磨钻头 2. 调整尾座水平位置，使其轴线和零件轴线重合
孔歪斜	1. 零件端面不平 2. 钻头刚性差，进给量过大	1. 车平端面 2. 减小进给量
孔错位	1. 顶角不对称且顶点不在钻头轴线上 2. 尾座偏离中心	1. 重磨钻头 2. 重调尾座

任务二　车孔

任务描述

　　用车削的方法扩大零件上的孔或加工空心零件内表面的操作称为车孔。本任务介绍车孔刀的刃磨方法、车孔方法及孔的测量方法。

知识链接

一、车孔

1. 车孔的概念

　　用车削的方法扩大零件上的孔或加工空心零件内表面的操作称为车孔。车孔是车削加工的主要内容之一，可用作孔的半精加工和精加工。车孔的尺寸公差等级一般可达 IT7~IT8，表面粗糙度值为 $Ra1.6~3.2\mu m$，精细车削时可达 $Ra0.8\mu m$。

2. 车削通孔

（1）通孔车刀的装夹

　　1）车孔刀的刀尖应与零件中心等高或稍高。若刀尖低于零件中心，则切削时在切削抗力的作用下，容易将刀柄压低而产生扎刀现象，并可造成孔径扩大。

　　2）刀柄伸出刀架不宜过长，一般比被加工孔长 5~10mm。

　　3）车孔刀刀柄与零件轴线应基本平行，否则在车削到一定深度时，刀柄后半部容易碰到零件的孔口。

> **经验之谈**
> 　　车孔刀装夹的正确与否直接影响车削情况及孔的精度。车孔刀装夹好后，在车孔前应先在孔内试走一遍，检查有无碰撞现象，以确保安全。

（2）车削通孔的方法

　　1）直通孔的车削方法基本上与车削外圆相同，只是进给与退刀的方向相反。

　　2）在粗车或精车时，要进行试切削，其横向进给量为径向余量的1/2。当车刀纵向

进给切削 2mm 长时，纵向快速退出车刀（横向应保持不动），然后停车测量，如果尺寸未达到要求，则需微调横向进给量，再试切削、测量，直至符合孔径尺寸要求为止。

3）车孔时的切削用量应比车削外圆时小一些，尤其是车削小孔或深孔时，其切削用量应更小。

3. 车削台阶孔和不通孔（平底孔）

（1）车孔刀的装夹　　与车削通孔时一样，车孔刀的装夹应使刀尖与零件中心等高或稍高，刀柄伸出刀架长度应尽可能短些。除此以外，车孔刀的主切削刃应与孔底平面成 3°~5° 的夹角，如图 4-20 所示。在车削台阶内平面时，横向应有足够的退刀余地。车削平底孔时，必须满足 $a<R$（图 4-26）的条件，否则无法车完平面，且刀尖应与零件中心严格对准。

（2）车削台阶孔的方法

1）车削直径较小的台阶孔时，由于观察困难，尺寸精度不易控制，所以常采用先粗、精车小孔，再粗、精车大孔的顺序进行加工。

2）车削大的台阶孔时，在便于测量小孔尺寸且视线不受影响的情况下，一般先粗车大孔和小孔，再精车大孔和小孔。

3）车削大、小孔径相差较大的台阶孔时，最好先使用主偏角略小于 90°（一般 κ_r = 85°~88°）的车刀进行粗车，然后用不通孔车刀（即内偏刀）精车至要求。如果直接用内偏刀车削，则背吃刀量不可太大，否则刀尖容易损坏。其原因是刀尖处于切削刃的最前端，切削时刀尖先切入零件，因此其承受的切削抗力最大，加上刀尖本身的强度较差，所以容易碎裂；其次，由于刀柄细长，在轴向抗力的作用下，背吃刀量大时容易产生振动和扎刀。

（3）车孔深度的控制

1）粗车时常采用的方法。

① 在刀柄上刻线痕做记号，如图 4-21a 所示。

② 装夹车孔刀时，安放限位铜片控制孔深，如图 4-21b 所示。

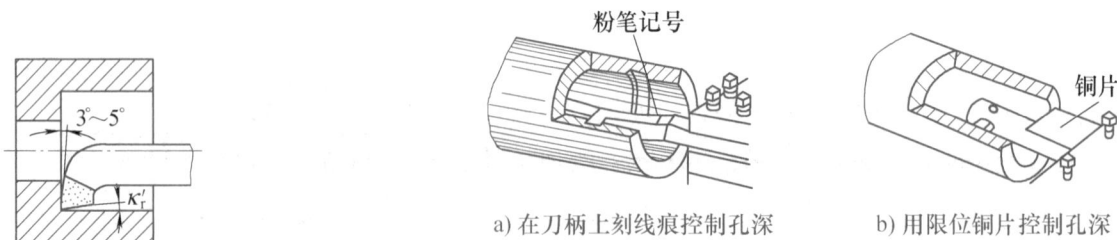

图 4-20　车孔刀的装夹

a) 在刀柄上刻线痕控制孔深　　b) 用限位铜片控制孔深

图 4-21　车孔深度的控制方法

③ 利用床鞍刻度盘的刻线控制孔深。

2）精车时常采用的方法。

① 利用小滑板刻度盘的刻线控制孔深。

② 用游标深度卡尺测量控制孔深。

（4）车削不通孔（平底孔）的方法

1）车削端面，钻中心孔。

2）钻底孔。选择比孔径小 1.5~2mm 的钻头先钻出底孔，其钻孔深度从麻花钻顶尖量起，并在麻花钻上刻线痕做记号。然后用相同直径的平头钻将底孔扩成平底，底平面处留余量 0.5~1mm，如图 4-22 所示。

3）粗车孔和底平面，留精车余量 0.2~0.3mm。

4）精车孔和底平面至要求。

经验之谈

车削平底孔时，车孔刀应对准零件中心，用中滑板刻度盘控制背吃刀量，用床鞍手轮刻度盘控制孔深。

机动进给车削平底孔时，要防止车孔刀与孔底面相碰，在车孔刀刀尖接近孔底面时，必须改机动进给为手动进给。

（5）平头钻的刃磨 平头钻的刃磨应使两刃口平直，横刃要短，后角不宜过大，外缘处前角要修磨得小些，如图 4-23 所示。否则容易引起扎刀现象，还会使孔底产生波浪形缺陷形，甚至使钻头折断。

加工不通孔的平头钻最好采用凸形钻心，如图 4-24 所示，以获得良好的定心效果。

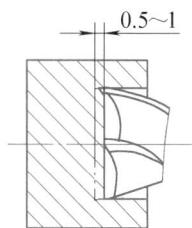

图 4-22 用平头钻扩平底　　图 4-23 刃磨平头钻　　图 4-24 带凸形钻心的平头钻

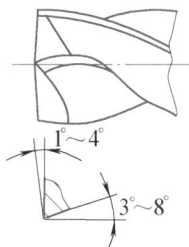

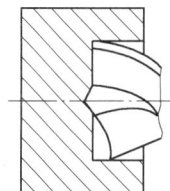

二、车孔刀

1. 车孔刀的种类

（1）通孔车刀 通孔车刀切削部分的几何形状基本上与外圆车刀相同，如图 4-25 所示。

为减小径向切削抗力，防止车孔时产生振动，主偏角应取得大些，一般 $\kappa_r = 60° \sim 75°$；副偏角 κ_r' 一般取 $15° \sim 30°$。为减少车孔刀后刀面与孔壁间的摩擦，又不使后角磨得太大，一般磨成两个后角，如图 4-25 所示的旋转剖视图所示，其中 α_{o1} 取 $6° \sim 12°$，α_{o2} 取 $30°$ 左右。

（2）不通孔车刀 不通孔车刀用于车削不通孔和台阶孔，其切削部分的几何形状与偏刀相似，如图 4-26 所示。

不通孔车刀的主偏角大于 $90°$，一般 $\kappa_r = 92° \sim 95°$；后角要求与通孔车刀相同。不通孔车刀刀尖到刀柄外侧的距离 a 应小于孔的半径 R，否则将无法车削平孔的底平面。

2. 车孔刀的结构

车孔刀可以制成整体式，如图 4-27 所示；也可将高速工具钢或硬质合金做成较小的刀体，安装在由碳素钢或合金结构钢制成的刀柄前端的方孔中，并在顶端或上面用螺钉进行固定，如图 4-28 所示，以达到节省刀具材料和增加刀柄强度的目的。

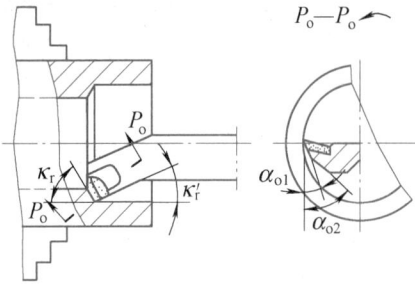

图 4-25　通孔车刀车孔

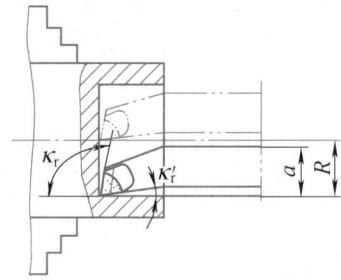

图 4-26　不通孔车刀车孔

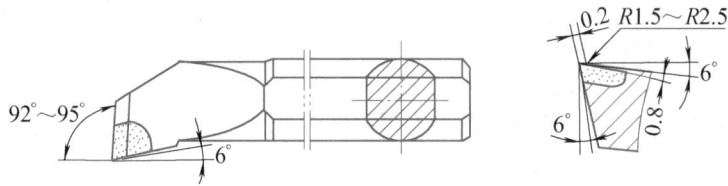

图 4-27　整体式车孔刀

a) 通孔车刀

b) 不通孔车刀

图 4-28　机械夹固式车孔刀

3. 车孔的关键技术

车孔的关键技术是增加车孔刀的刚度和解决排屑问题。

（1）增加车孔刀的刚度　增加车孔刀刚度的主要措施如下：

1）尽可能增大刀柄的横截面积。使车孔刀的刀尖位于刀柄的中心线上，这样刀柄的横截面积可达到最大值，如图 4-29a 所示。而一般车孔刀的刀尖位于刀柄的上面，刀柄的横截面积较小，仅为刀孔横截面积的 1/4 左右，如图 4-29b 所示。

2）尽可能减小刀柄的伸出长度。刀柄伸出长度越长，车孔刀的刚度越低，越容易引起振动；刀柄伸出长度只要略大于孔深即可。图 4-30 所示为一种刀柄长度可调节的车孔刀。

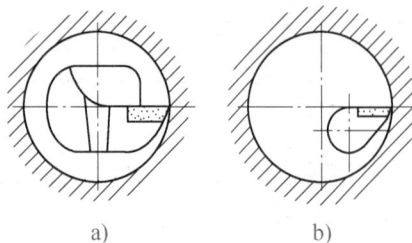

a)　　　　　b)

图 4-29　车孔刀刀柄的截面积

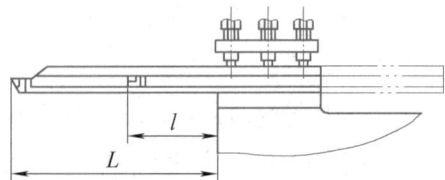

图 4-30　刀柄长度可调节的车孔刀

（2）排屑　车孔时，解决排屑问题的主要措施是控制切屑的流出方向。精车孔时，要求切屑流向待加工表面（前排屑），为此，应采用正刃倾角的车孔刀，如图 4-31 所示。车削不通孔时应采用负的刃倾角，使切屑从孔口排出，如图 4-32 所示。

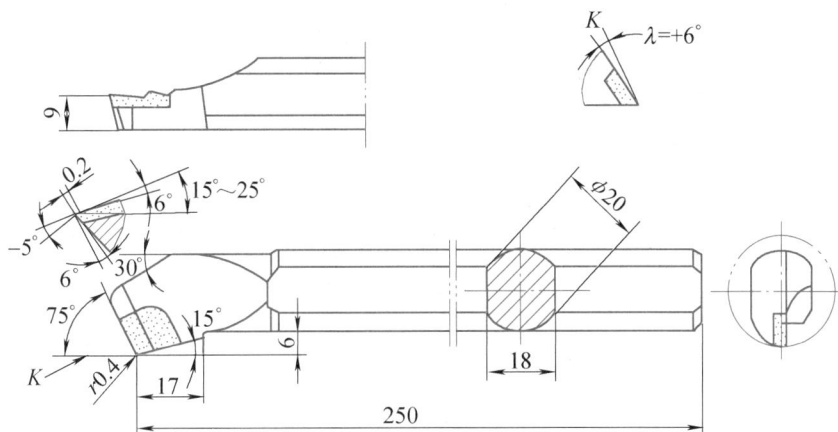

图 4-31　前排屑通孔车刀

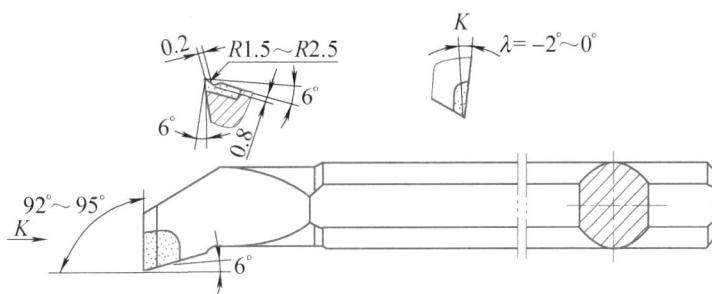

图 4-32　后排屑不通孔车刀

三、孔的测量

1. 孔径尺寸的测量

测量孔径尺寸时，应根据零件孔径尺寸的大小、精度及零件数量，选用相应的量具。当孔的精度要求较低时，可采用钢直尺、游标卡尺进行测量；当孔的精度要求较高时，可采用下列方法进行测量。

（1）用塞规检测　塞规是精密的极限量规，只能用来判别孔径是否合格，不能测量孔的实际尺寸。塞规由通端、止端和手柄组成，如图 4-33 所示。该方式测量方便、效率高，但不同大小和精度的孔要求使用专用的塞规，主要用在成批生产中。塞规的通端尺寸等于孔的下极限尺

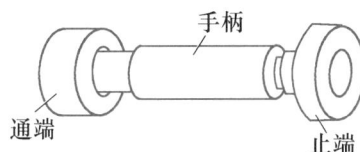

图 4-33　塞规

寸，止端尺寸等于孔的上极限尺寸。测量时，若通端能塞入孔内，止端不能塞入孔内，则说明孔径尺寸合格，如图 4-34 所示。

塞规通端的长度比止端的长度长，这样一方面便于修磨通端以延长塞规的使用寿命，另一方面便于区分通端和止端。

测量不通孔用的塞规，应在其通端和止端的圆柱面上沿轴向开排气槽。

图 4-34　塞规的测量方法

经验之谈

　　用塞规检测孔径时，应保持塞规表面和孔壁清洁。检测时，塞规轴线应与孔的轴线一致，不可歪斜。不允许将塞规强行塞入孔内，不准敲击塞规。不要在零件还未冷却到室温时用塞规进行检测。

　　（2）用内径千分尺测量　内径千分尺由测微头和各种规格尺寸的接长杆组成，如图4-35所示，主要用于测量孔径、槽宽等内尺寸。由于内径千分尺比较长，故被测的内尺寸不能太小，必须在50mm以上。

　　内径千分尺的测量范围为 50～125mm、125～200mm、200～325mm、325～500mm、500～800mm、…、4000～5000mm，其分度值为0.01mm。

　　内径千分尺的读数方法与外径千分尺相同，但由于其无测力装置，因此测量误差较大。

　　用内径千分尺测量孔径时，必须使其轴线位于径向，且垂直于孔的轴线，如图4-36所示。

　　（3）用内测千分尺测量　内测千分尺是内径千分尺的一种特殊形式，其刻线方向与外径千分尺相反。

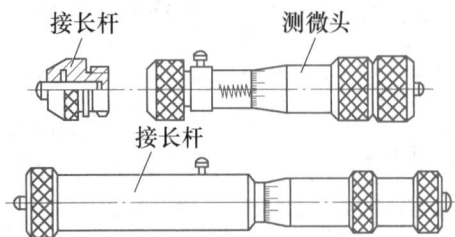

图 4-35　内径千分尺

图 4-36　内径千分尺的使用

　　常用内测千分尺的测量范围为 5～30mm 和 25～50mm，其分度值为0.01mm。内测千分尺（图4-37）的使用方法与使用Ⅲ型游标卡尺的内、外测量爪测量内径尺寸的方法相同。

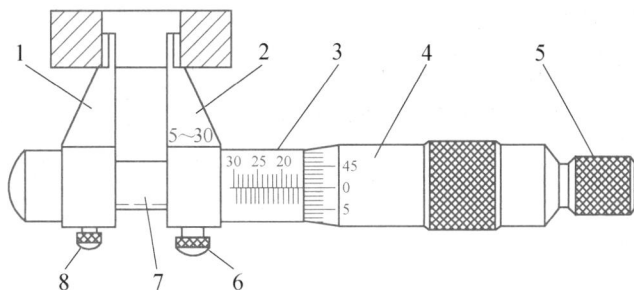

图 4-37　内测千分尺

1—活动测量爪　2—固定测量爪　3—固定套管　4—微分筒　5—测力装置
6—锁紧装置（螺钉）　7—导向管　8—螺钉

（4）用内径百分表测量　内径百分表是一种用对比法测量内尺寸的指示式量具，可测量孔径或槽宽的尺寸误差、孔或槽的形状误差等，其结构如图 4-38 所示。百分表装夹在测架 1 上，活动测头 6 通过摆动块 7、杆 3，将测量值 1∶1 地传递给百分表。可换测头 5 可根据被测孔径的大小更换。定心器 4 用于使活动测头自动位于被测孔的直径位置。

内径百分表是利用对比法测量孔径的，测量前应根据被测孔径用千分尺将内径百分表对准零位。测量时，为得到准确的尺寸，活动测头应在径向摆动并找出最大值，在轴向摆动找出最小值（两值应重合一致）。这个值即为孔径公称尺寸的偏差值。并由此计算出孔径的实际尺寸，如图 4-39 所示。

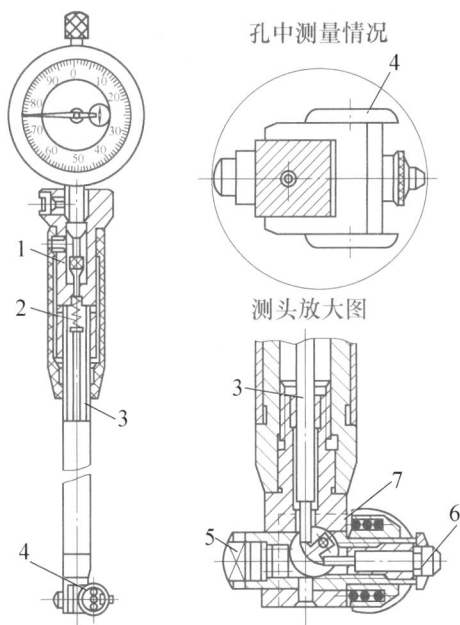

图 4-38　内径百分表

1—测架　2—弹簧　3—杆　4—定心器
5—可换测头　6—活动测头　7—摆动块

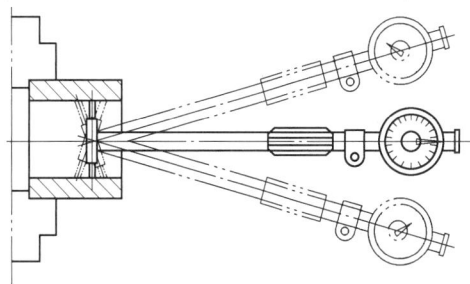

图 4-39　内径百分表的测量方法

内径百分表主要用于测量精度要求较高且较深的孔。

2. 孔形状误差的测量

在车床上车削圆柱孔时，其形状误差一般只检测圆度误差和圆柱度误差。

（1）圆度误差　孔的圆度误差可用内径百分表（或内径千分表）检测。测量前，应先用环规或千分尺将内径百分表调到零位，测量时，将测头放入孔内，在垂直于孔轴线的某一截面内的各个方向上进行测量，读数最大值与最小值之差的 1/2 即为该截面的圆度误差。

（2）圆柱度误差　孔的圆柱度误差可用内径百分表在孔全长的前、中、后各位置测量若干个截面，比较各个截面的测量结果，取所有读数中最大值与最小值之差的 1/2 作为孔全长的圆柱度误差。

任务实施

一、刃磨车孔刀

1. 任务图样

整体式车孔刀的图样如图 4-40 所示。

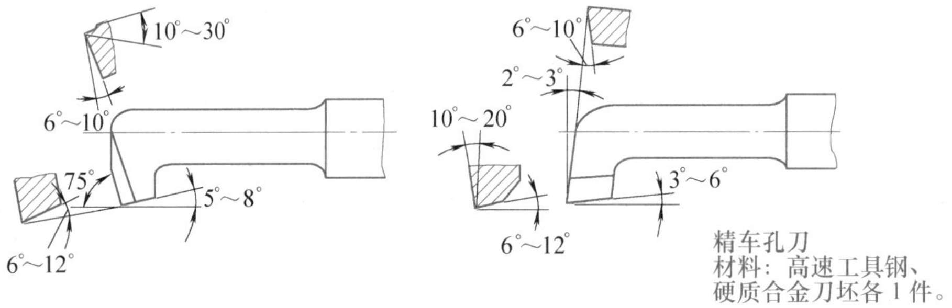

图 4-40　整体式车孔刀

2. 操作步骤

1）粗磨前刀面。

2）粗磨主后刀面。

3）粗磨副后刀面。

4）磨卷屑槽，并控制前角和刃倾角。

5）精磨主后刀面和副后刀面。

6）修磨刀尖圆弧。

二、车削通孔

1. 任务图样

训练零件图样如图 4-41 所示，可按表中所列尺寸进行多次练习。

2. 操作步骤

1）夹持外圆，找正并夹紧。

2）车削端面（车平即可）。

3）钻孔 $\phi18mm$（已完成，如经扩孔练习，则为 $\phi20mm$）。

4）粗、精车孔径尺寸至要求（粗车时，留精车余量 0.3mm）。

5）孔口倒角 C1。

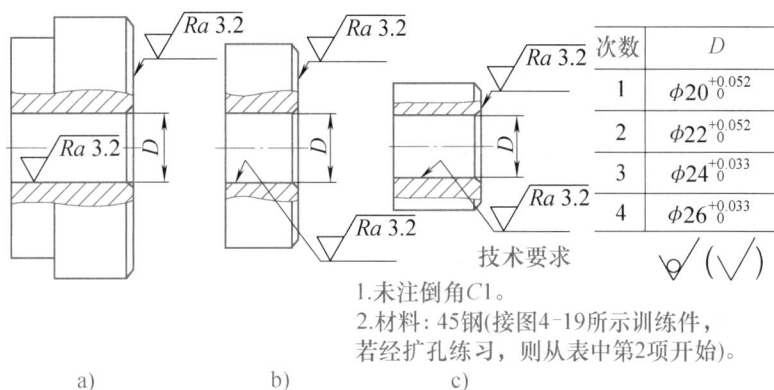

次数	D
1	$\phi 20^{+0.052}_{0}$
2	$\phi 22^{+0.052}_{0}$
3	$\phi 24^{+0.033}_{0}$
4	$\phi 26^{+0.033}_{0}$

技术要求

1.未注倒角C1。

2.材料：45钢(接图4-19所示训练件，若经扩孔练习，则从表中第2项开始)。

图 4-41 车削通孔

6）检查后取下零件。

7）按零件图样表格中所列尺寸要求，重复上述训练步骤依次进行操作训练。

3. 任务评价（表 4-2）

表 4-2 车削通孔任务评价

序号	评价项目与要求	配分	评分标准	检测结果	得分
1	$\phi 20^{+0.052}_{0}$ mm	12	超差无分		
2	$Ra3.2\mu m$	6	超差无分		
3	$C1$	4	超差无分		
4	$\phi 22^{+0.052}_{0}$ mm	12	超差无分		
5	$Ra3.2\mu m$	6	超差无分		
6	$C1$	4	超差无分		
7	$\phi 24^{+0.033}_{0}$ mm	12	超差无分		
8	$Ra3.2\mu m$	6	超差无分		
9	$C1$	4	超差无分		
10	$\phi 26^{+0.033}_{0}$ mm	12	超差无分		
11	$Ra3.2\mu m$	6	超差无分		
12	$C1$	4	超差无分		
13	文明生产和安全生产	12	现场评分		
14	合计	100			

三、车削台阶孔

1. 零件图样

训练零件图样如图 4-42 所示，可按表中所列尺寸进行多次练习。

2. 操作步骤

1）夹持外圆，找正并夹紧。

2）车削端面。

3）粗车两孔成形，孔径留精车余量 0.3~0.5mm，孔深车削至要求。

次数	D	d	l
1	$\phi36^{+0.039}_{0}$	$\phi28^{+0.033}_{0}$	6
2	$\phi38^{+0.039}_{0}$	$\phi30^{+0.033}_{0}$	7
3	$\phi40^{+0.039}_{0}$	$\phi32^{+0.039}_{0}$	8

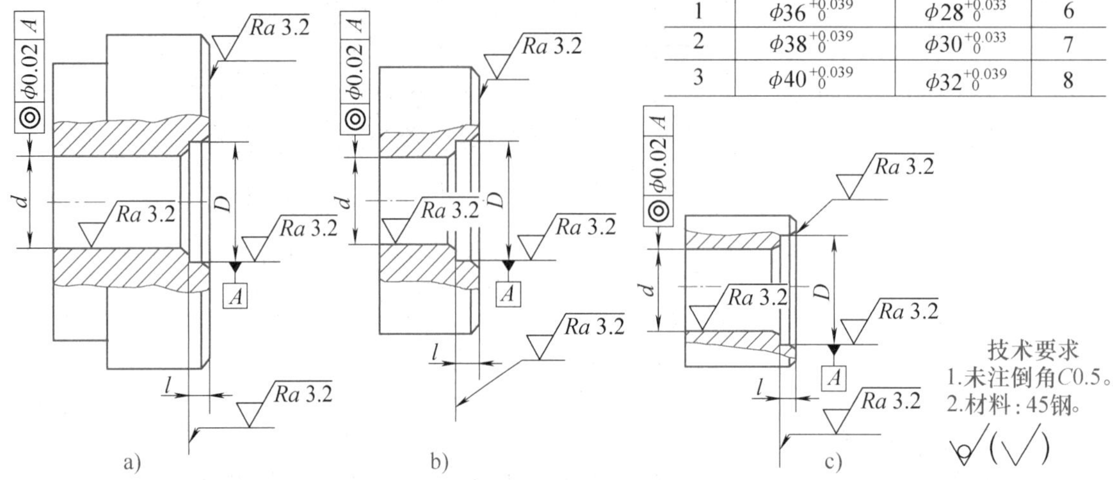

图 4-42 车削台阶孔

4）精车小孔、大孔及孔深至尺寸要求。

5）倒角 $C0.5\text{mm}$。

3. 任务评价（表 4-3）

表 4-3 车削台阶孔任务评价

序号	评价项目与要求	配分	评分标准	检测结果	得分
1	$\phi36^{+0.039}_{0}\text{mm}$	6	超差无分		
2	$\phi28^{+0.033}_{0}\text{mm}$	6	超差无分		
3	6mm	3	超差无分		
4	$Ra3.2\mu\text{m}$	4	超差无分		
5	$C0.5$	4	超差无分		
6	◎ $\phi0.02$ A	6	超差无分		
7	$\phi38^{+0.039}_{0}\text{mm}$	6	超差无分		
8	$\phi30^{+0.033}_{0}\text{mm}$	6	超差无分		
9	7mm	3	超差无分		
10	$Ra3.2\mu\text{m}$	4	超差无分		
11	$C0.5$	4	超差无分		
12	◎ $\phi0.02$ A	6	超差无分		
13	$\phi40^{+0.039}_{0}\text{mm}$	6	超差无分		
14	$\phi32^{+0.039}_{0}\text{mm}$	6	超差无分		
15	8mm	3	超差无分		
16	$Ra3.2\mu\text{m}$	4	超差无分		
17	$C0.5$	4	超差无分		
18	◎ $\phi0.02$ A	6	超差无分		
19	文明生产和安全生产	13	现场评分		
20	合计	100			

四、车削不通孔（平底孔）

1. 零件图样

训练零件图样如图 4-43 所示，可按表中所列尺寸进行多次练习。

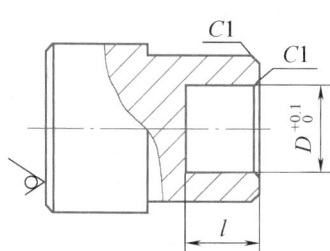

次数	D	l
1	$\phi22$	24
2	$\phi24$	26
3	$\phi26$	28
4	$\phi28$	30

材料：45钢，$\phi45\times80$。

$\sqrt{Ra\ 3.2}\ \left(\sqrt{\ }\right)$

图 4-43 车削不通孔

2. 操作步骤

1）夹持外圆，找正并夹紧。

2）车削端面，钻孔 $\phi18mm$，深 23mm（包括钻尖在内）。

3）用平头钻扩孔至 $\phi20mm$，深 23.5mm（无合适平头钻时，可粗车平底孔至要求）。

4）精车端面、内孔及底平面至尺寸要求。

5）孔口倒角 $C1$。

6）检查合格后卸下零件。

3. 任务评价（表 4-4）

表 4-4 车削不通孔任务评价

序号	评价项目与要求	配分	评分标准	检测结果	得分
1	$\phi22^{+0.1}_{0}$ mm	10	超差无分		
2	24mm	6	超差无分		
3	$Ra3.2\mu m$	3	超差无分		
4	$C1$	3	超差无分		
5	$\phi24^{+0.1}_{0}$ mm	10	超差无分		
6	26mm	6	超差无分		
7	$Ra3.2\mu m$	3	超差无分		
8	$C1$	3	超差无分		
9	$\phi26^{+0.1}_{0}$ mm	10	超差无分		
10	28mm	6	超差无分		
11	$Ra3.2\mu m$	3	超差无分		
12	$C1$	3	超差无分		
13	$\phi28^{+0.1}_{0}$ mm	10	超差无分		
14	30mm	6	超差无分		
15	$Ra3.2\mu m$	3	超差无分		
16	$C1$	3	超差无分		
17	文明生产和安全生产	12	现场评分		
18	合计	100			

五、车孔质量分析

车孔时可能出现的质量问题的种类、产生原因及预防措施见表4-5。

表4-5　车孔时可能出现的质量问题的种类、产生原因及预防措施

质量问题的种类	产生原因	预防措施
尺寸不对	1. 测量不正确 2. 车刀安装不正确,刀柄与孔壁相碰 3. 产生积屑瘤,增加刀体长度,使孔尺寸变大 4. 零件的热胀冷缩	1. 仔细测量。用游标卡尺测量时,要调整好卡尺的松紧,控制好测量位置。在正式加工前进行试切削 2. 选择合理的刀柄直径,最好在未加工前,先把车刀在孔内走一遍,检查是否会相碰 3. 研磨前刀面,使用切削液,增大前角,选择合理的切削速度 4. 最好使零件冷却后再精车,加注切削液
内孔有锥度	1. 刀具磨损 2. 刀柄刚度低,产生"让刀"现象 3. 刀柄与孔壁相碰 4. 主轴轴线歪斜 5. 床身不水平,使床身导轨与主轴轴线不平行 6. 床身导轨磨损。由于磨损不均匀,使走刀轨迹与零件轴线不平行	1. 提高刀具的使用寿命,采用耐磨的硬质合金刀具 2. 尽量采用大尺寸的刀柄,减小切削用量 3. 正确安装车刀 4. 检查机床精度,校正主轴轴线与床身导轨的平行度 5. 校正机床水平 6. 大修车床
内孔不圆	1. 孔壁薄,装夹时产生变形 2. 轴承间隙太大,主轴颈成椭圆 3. 零件加工余量和材料组织不均匀	1. 选择合理的装夹方法 2. 检查主轴的圆柱度 3. 增加半精车工序,把不均匀的余量车去,使精车余量尽量减小和均匀。对零件毛坯进行回火处理
内孔不光洁	1. 车刀磨损 2. 车刀刃磨不良,表面粗糙度值大 3. 车刀几何角度不合理,装刀时,刀尖低于中心 4. 切削用量选择不当 5. 刀柄细长,产生振动	1. 重新刃磨车刀 2. 保证切削刃锋利,研磨车刀前、后刀面 3. 合理选择刀具角度,精车装刀时,刀尖可略高于零件中心 4. 适当降低切削速度,减小进给量 5. 加粗刀柄和降低切削速度

任务三　铰孔

任务描述

铰孔是用铰刀从零件孔壁上切除微量金属层,以提高其尺寸精度和减小表面粗糙度值的方法。本任务介绍铰刀的组成和种类以及铰孔方法。

知识链接

一、铰孔的概念

铰孔是用铰刀从零件孔壁上切除微量金属层,以提高其尺寸精度和减小表面粗糙度

值的方法。铰孔是应用较普遍的孔的精加工方法之一，其尺寸公差等级可达 IT9~IT7，表面粗糙度值可达 $Ra1.6~0.4\mu m$。

二、铰刀

1. 铰刀的组成

铰刀由工作部分、颈部和柄部组成，如图 4-44 所示。

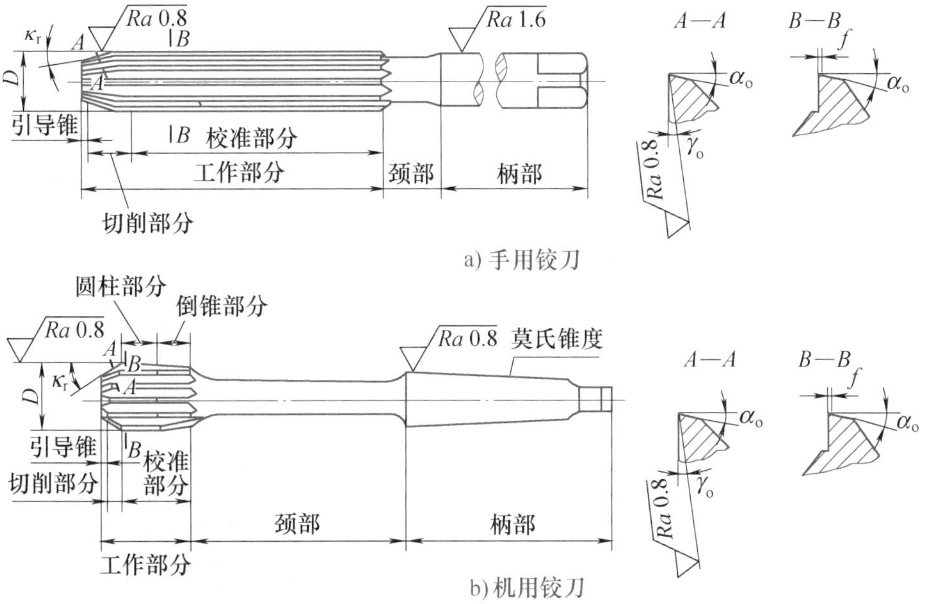

图 4-44　圆柱铰刀

（1）工作部分　铰刀的工作部分由引导锥、切削部分和校准部分组成。引导锥是铰刀工作部分最前端的 45°倒角部分，便于铰削开始时将铰刀引导入孔中，并起保护切削刃的作用。切削部分是承担主要切削工作的一段锥体（切削锥角为 $2\kappa_r$）。校准部分分圆柱和倒锥两部分，圆柱部分起导向、校准和修光作用，也是铰刀的备磨部分；倒锥部分起减少摩擦和防止铰刀将孔径扩大的作用。

（2）颈部　颈部在制造和刃磨铰刀时起空刀作用。

（3）柄部　柄部是铰刀的夹持部分，铰削时用来传递转矩，有直柄和锥柄（莫氏锥度）两种。

2. 铰刀的种类

圆柱铰刀按刀具材料分成高速工具钢铰刀和硬质合金铰刀；按其使用时的动力来源不同，分成手用铰刀和机用铰刀两类。

手用铰刀的切削部分比机用铰刀的切削部分长，其 $2\kappa_r$ 很小（一般 $\kappa_r = 30'~1°30'$），定心作用好，铰削时轴向抗力小，工作时比较省力。手用铰刀的校准部分只有一段倒锥。为了获得较高的铰孔质量，手用铰刀各刀齿的齿距在圆周上不是均匀分布的。

机用铰刀的切削部分较短，其 κ_r 的选择见表 4-6。其校准部分也较短，分圆柱、倒锥两段。机用铰刀工作时，其柄部与车床尾座连接在一起，铰削连续稳定。为制造方便，机用铰刀各刀齿的齿距在圆周上等距分布。

表 4-6 机用铰刀 κ_r 的选择

工作条件		κ_r
铰通孔	钢料	12°~15°
	铸铁及其他脆性材料	3°~5°
铰不通孔(为使铰出孔的圆柱部分尽量长)		45°

三、铰孔的方法

1. 铰刀的选择与装夹

(1)铰刀的选择 铰孔的精度主要取决于铰刀的尺寸。铰刀的公称尺寸与孔的公称尺寸相同,其公差一般为孔公差的1/3,其公差带位置在孔公差带的中间1/3位置处。例如,当被铰孔的尺寸为 $\phi20^{+0.021}_{0}$ mm 时,铰刀的尺寸应选择 $\phi20^{+0.014}_{+0.007}$ mm。

选用的铰刀应刃口锋利,无毛刺和崩刃。

(2)铰刀的装夹 在车床上铰孔时,一般将机用铰刀的锥柄插入尾座套筒的锥孔中,并调整尾座套筒轴线与主轴轴线重合(同轴度误差应小于0.02mm)。一般精度的车床要保证这一要求比较困难,这时常采用图4-45所示的铰刀浮动套筒来装夹铰刀,铰刀通过浮动套筒再装入尾座套筒中,利用套筒与主体、套筒与轴销之间的间隙,使铰刀产生浮动。铰削时,铰刀通过微量偏移自动调整其轴线

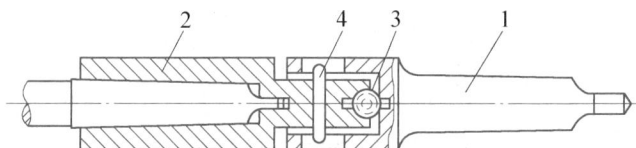

图 4-45 铰刀浮动套筒
1—夹头体 2—锥套 3—钢珠 4—销轴

与孔轴线重合,从而消除由车床尾座套筒与主轴的同轴度误差对铰孔质量的影响。

2. 铰孔的步骤

(1)铰孔前的孔加工 铰孔是用铰刀对已粗加工或半精加工的孔进行精加工,铰孔之前,一般先经过钻孔、扩孔或车孔。铰孔前的孔加工方案一般有:

1)孔的尺寸公差等级为IT9。

$D\leqslant10$mm:钻中心孔→钻孔→铰孔。

$D>10$mm:钻中心孔→钻孔→扩孔或车孔→铰孔。

2)孔的尺寸公差等级为IT8~IT7。

$D\leqslant10$mm:钻中心孔→钻孔→粗铰(或车孔)→精铰。

$D>10$mm:钻中心孔→钻孔→扩孔或车孔→粗铰→精铰。

(2)铰孔余量 铰孔余量的大小直接影响铰孔的质量。余量太小时,前道工序留下的加工痕迹不能被铰削去除;余量太大时,则会使切屑挤塞在铰刀的齿槽中,切削液不能进入切削区而影响铰孔质量。

选择铰孔余量时,应考虑铰孔精度、表面粗糙度、孔径大小、零件材料的软硬和铰刀类型等因素。铰孔余量的范围见表4-7。

(3)切削速度和进给量的选择 铰削时的切削速度越低,孔的表面粗糙度值越小。铰削钢件时,其切削速度 $v_c\leqslant5$m/min;铰削铸铁件时可高些,一般 $v_c\leqslant8$m/min。

表 4-7 铰孔余量 （单位：mm）

孔的直径	≤6	>6~10	>10~18	>18~30	>30~50	>50~80	>80~120
粗铰	0.10	0.10~0.15	0.10~0.15	0.15~0.20	0.20~0.30	0.35~0.45	0.50~0.60
精铰	0.04	0.04	0.05	0.07	0.07	0.10	0.15

注：如果仅用一次铰削，则铰孔余量为表中粗铰、精铰余量之和。

铰削时的进给量可取得大一些，铰削钢件时，进给量 $f = 0.2 \sim 1.0$ mm/r；铰削铸铁件时，$f = 0.4 \sim 1.5$ mm/r。粗铰时用大值，精铰时用小值。铰削不通孔时，进给量 $f = 0.2 \sim 0.5$ mm/r。

（4）切削液的选择　铰孔时必须加注切削液。不同的切削液对铰孔质量的影响见表 4-8。

表 4-8 切削液对铰孔质量的影响

切削液的性质	孔径变化情况	表面粗糙度值
水溶性切削液（乳化液）	实际孔径最小	小
油类切削液（全损耗系统用油、柴油、煤油）	比使用乳化液铰出的孔稍大，而用煤油比用全损耗系统用油铰出的孔大	中
干铰	最大	大

常用切削液的选用原则如下：

1）铰削钢件及韧性材料：乳化液、极压乳化液。

2）铰削铸铁件、脆性材料：煤油、煤油与矿物油的混合油。

3）铰削青铜或铝合金：$2^{\#}$锭子油或煤油。

（5）铰削通孔的方法

1）摇动尾座手轮，使铰刀的引导锥轻轻进入孔口，深度为 $1 \sim 2$ mm。

2）起动车床，加注充足的切削液，双手均匀地转动尾座手轮，进给量约为 0.5mm/r。进给到铰刀工作部分的 3/4 超出孔末端时，即反向转动尾座手轮，将铰刀从孔内退出。注意：铰刀退出时，零件不能反转或停止回转。

（6）铰削不通孔的方法

1）起动车床，加注切削液，转动尾座手轮进行铰孔。当铰刀端部与孔底接触后，会对铰刀产生轴向切削抗力，手动进给时，当感觉到轴向切削抗力明显增加，表明铰刀端部已至孔底，此时应立即将铰刀退出。

2）铰削较深的不通孔时，切屑排出较困难，通常应中途退刀数次，用切削液和刷子清除切屑后再继续铰孔。

任务实施

一、铰孔

1. 任务图样

训练零件图样如图 4-46 和图 4-47 所示，可按表中所列尺寸进行多次练习。

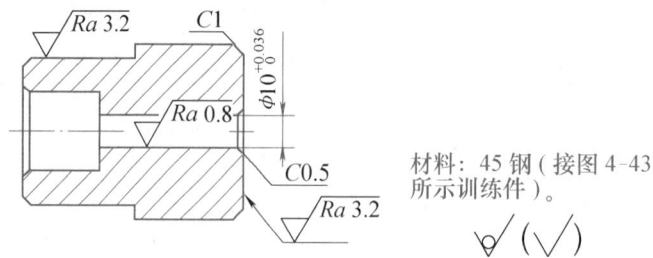

图 4-46 钻、扩孔后铰孔

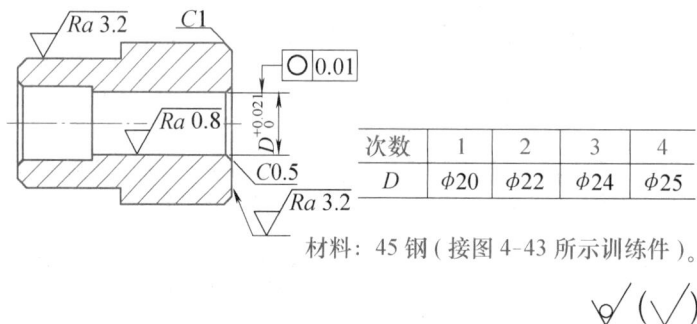

次数	1	2	3	4
D	$\phi20$	$\phi22$	$\phi24$	$\phi25$

材料：45 钢（接图 4-43 所示训练件）。

图 4-47 车孔后铰孔

2. 操作步骤

（1）钻、扩孔后铰孔

1）夹持外圆，车削端面。

2）用中心钻钻孔，定位。

3）用 $\phi9.5$mm 的麻花钻钻通孔。

4）用 $\phi9.8$mm 的麻花钻扩孔。

5）用 $\phi10_{+0.012}^{+0.024}$mm 的机用铰刀铰孔至尺寸。

6）检查尺寸合格后卸下零件。

（2）车孔后铰孔

1）夹持外圆，找正并夹紧。

2）扩孔、车孔，留铰孔余量 0.08～0.12mm。

3）用机用铰刀铰至尺寸，各次使用的铰刀尺寸为 $\phi20_{+0.007}^{+0.014}$mm、$\phi22_{+0.007}^{+0.014}$mm、$\phi24_{+0.007}^{+0.014}$mm、$\phi25_{+0.007}^{+0.014}$mm。

3. 任务评价（表 4-9）

表 4-9 铰孔任务评价

序号	评价项目与要求	配分	评分标准	检测结果	得分
1	$\phi10_{0}^{+0.036}$mm	8	超差无分		
2	$Ra0.8\mu$m	6	超差无分		
3	$C0.5$	4	超差无分		
4	$\phi20_{0}^{+0.021}$mm	8	超差无分		
5	$Ra0.8\mu$m	6	超差无分		

（续）

序号	评价项目与要求	配分	评分标准	检测结果	得分
6	$C0.5$	4	超差无分		
7	$\phi 22^{+0.021}_{0}$ mm	8	超差无分		
8	$Ra0.8\mu m$	6	超差无分		
9	$C0.5$	4	超差无分		
10	$\phi 24^{+0.021}_{0}$ mm	8	超差无分		
11	$Ra0.8\mu m$	6	超差无分		
12	$C0.5$	4	超差无分		
13	$\phi 25^{+0.021}_{0}$ mm	8	超差无分		
14	$Ra0.8\mu m$	6	超差无分		
15	$C0.5$	4	超差无分		
16	文明生产和安全生产	10	现场评分		
17	合计	100			

二、铰孔时的注意事项

1）选用铰刀时，应检查其切削刃是否锋利、有无损坏，柄部是否光滑。

2）装夹铰刀时，应注意锥柄与锥套的清洁。

3）铰孔时，铰刀的轴线必须与车床主轴轴线重合。

4）铰刀由孔内退出时，车床主轴应保持原有转向不变，不允许停车或反转，以防损坏铰刀刃口和加工表面。

5）在正式铰孔前应先试铰，以免造成废品。

三、铰孔质量分析

在车床上铰孔时，可能出现的质量问题主要是孔径扩大和铰出孔的表面粗糙度值大，其产生原因及预防措施见表 4-10。

表 4-10　铰孔时可能出现的质量问题的种类、产生原因及预防措施

质量问题的种类	产生原因	预防措施
孔径扩大	1. 铰刀直径太大 2. 铰刀切削刃径向振摆过大 3. 尾座偏位,铰刀轴线与孔轴线不重合 4. 切削速度太高,产生积屑瘤和使铰刀温度升高 5. 铰削余量太大	1. 仔细测量铰刀尺寸,根据孔径尺寸要求研磨铰刀 2. 重新修磨铰刀切削刃 3. 找正尾座,使其对中,最好采用浮动套筒装夹铰刀 4. 降低切削速度,充分加注切削液 5. 正确选择铰削余量
表面粗糙度值大	1. 铰刀切削刃不锋利或切削刃上有崩口、毛刺 2. 铰削余量太大或太小 3. 切削速度太高,产生积屑瘤 4. 切削液选择不当	1. 重新刃磨铰刀,表面粗糙度值要小,刃磨好的铰刀应保管好,不允许碰毛 2. 选择适当的铰削余量 3. 降低切削速度,用油石把积屑瘤从切削刃上磨掉 4. 合理选择切削液

<table>
<tr><td>任务四</td><td># 车削内沟槽</td></tr>
</table>

📷 任务描述

内沟槽是各种零件中比较常见的结构，根据其作用不同，内沟槽有不同的断面形状。本任务介绍内沟槽的车削方法及测量方法。

📖 知识链接

一、内沟槽的种类和作用

1. 内沟槽的种类

机器零件由于工作情况和结构工艺性的需要，其上有各种断面形状的内沟槽，常见的内沟槽如图 4-48 所示。

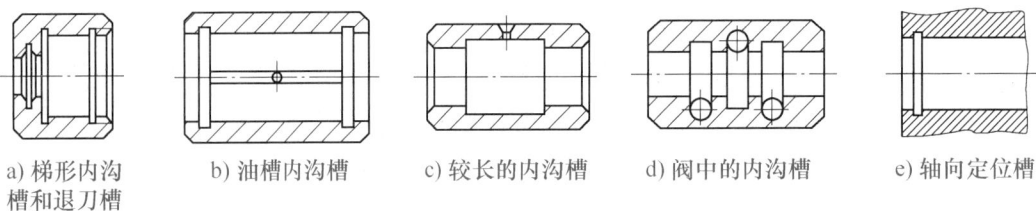

| a) 梯形内沟 槽和退刀槽 | b) 油槽内沟槽 | c) 较长的内沟槽 | d) 阀中的内沟槽 | e) 轴向定位槽 |

图 4-48 内沟槽的种类

2. 内沟槽的作用

（1）退刀槽 退刀槽的作用是在车削内螺纹、车孔、磨孔时作退刀用，如图 4-48a 所示。为了方便，油槽两端也加工有退刀槽，如图 4-48b 所示。

（2）密封槽 密封槽的作用是在内梯形槽内嵌入油毛毡，防止轴上润滑剂溢出并防尘，如图 4-48a 所示。

（3）储油槽 储油槽用作通过和储存润滑油，如图 4-48c 所示。这种较长的内沟槽方便轴套内孔的加工和获得良好的定位。

（4）油、气通道槽 在液压或气动滑阀中加工的内沟槽称为油、气通道槽，用于通油或通气，如图 4-48d 所示。

（5）轴向定位槽 轴向定位槽是指在内孔中适当位置的内沟槽中嵌入弹性挡圈，实现相关零件的轴向定位，如图 4-48e 所示。

二、内沟槽车刀

内沟槽车刀与切断刀的几何形状相似，但装夹方向相反，且在内孔中车槽。

加工小孔中的内沟槽车刀做成整体式，而在大直径内孔中车削内沟槽的车刀常为机械夹固式的，如图 4-49 所示。

由于内沟槽通常与孔轴线垂直,因此要求内沟槽车刀刀体与刀柄的轴线垂直。

装夹内沟槽车刀时,应使主切削刃与内孔中心等高或略高,两侧副偏角必须对称。

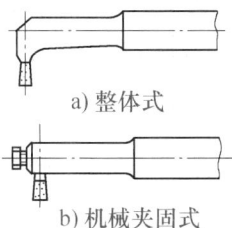

a) 整体式

b) 机械夹固式

图 4-49 内沟槽车刀

三、内沟槽的车削

1. 车削内沟槽的方法

宽度较小和要求不高的内沟槽可用主切削刃宽度等于槽宽的内沟槽车刀采用直进法一次车出,如图 4-50 所示。

要求较高或较宽的内沟槽,可采用直进法分几次车出。粗车时,槽壁和槽底应留精车余量,然后根据槽宽、槽深的要求进行精车,如图 4-51 所示。

深度较浅、宽度很大的内沟槽,可用车孔刀先车削出凹槽,如图 4-52 所示,再用内沟槽车刀车削沟槽两端的垂直面。

2. 内沟槽深度和位置的控制

(1) 内沟槽深度尺寸的控制方法

1) 摇动床鞍与中滑板,将内沟槽车刀伸入孔口,并使主切削刃与孔壁刚好接触,此时中滑板手柄刻度盘的刻度为零位(即起始位置)。

2) 根据内沟槽深度计算出中滑板刻度的进给格数,并在进给终止的相应刻度位置处,用记号笔做标记或记下该刻度值。

3) 使内沟槽车刀的主切削刃退离孔壁 0.3~0.5mm,在中滑板刻度盘上做退刀位置标记。

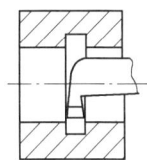

图 4-50 用直进法车削内沟槽

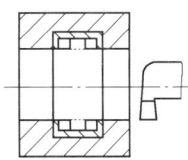

图 4-51 用多次直进法车削要求较高较宽的内沟槽

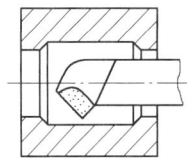

图 4-52 用纵向进给法车削深度较浅、宽度很大的内沟槽

(2) 内沟槽轴向位置尺寸的控制方法

1) 移动床鞍和中滑板,使内沟槽车刀的副切削刃(刀尖)与零件端面轻轻接触,如图 4-53 所示。此时,床鞍大手轮刻度盘的刻度为零位(即纵向起始位置)。

2) 如果内沟槽轴向位置离孔口不远,可利用小滑板刻度控制内沟槽的轴向位置。此时,应先将小滑板刻度调整到零位。

3) 用床鞍刻度或小滑板刻度控制内沟槽车刀进入孔内的深度,该数值为内沟槽位置尺寸 L 和内沟槽车刀主切削刃宽度 b 之和。

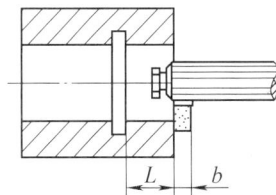

图 4-53 内沟槽轴向位置的控制

(3) 车削要点

1) 横向进给车削内沟槽时,进给量不宜过大,以 0.1~0.2mm/r 为宜。

2) 当刻度指示已到槽深尺寸时,不要马上退刀,应稍作停留。

3）横向退刀时，要确认内沟槽车刀已到达设定的退刀位置后，才能纵向向外退出车刀。否则，横向退刀不足会碰坏已车削好的沟槽。横向退刀过多则可能使刀柄与孔壁相擦而伤及内孔。

四、内沟槽的测量

1. 内沟槽深度的测量

内沟槽深度（或内沟槽直径）一般用弹簧内卡钳配合游标卡尺或千分尺进行测量，如图 4-54 所示。测量时，先将弹簧内卡钳收缩并放入内沟槽，调节卡钳螺母，使卡脚与内沟槽底径表面接触，松紧要适度；然后将内卡钳收缩取出，恢复到原来尺寸；最后用游标卡尺或外径千分尺测出内卡钳张开的距离。

对于直径较大的内沟槽，可用弯脚游标卡尺测量其深度，如图 4-55 所示。

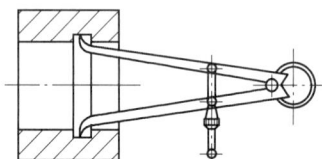

图 4-54 用弹簧内卡钳测量内沟槽直径

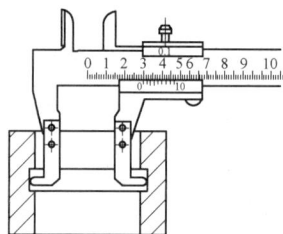

图 4-55 用弯脚游标卡尺测量内沟槽直径

2. 轴向位置尺寸的测量

内沟槽的轴向位置尺寸可用钩形游标深度卡尺测量，如图 4-56 所示。

3. 内沟槽宽度的测量

内沟槽的宽度可用样板检测，如图 4-57 所示；当孔径较大时，可用游标卡尺进行测量，如图 4-58 所示。

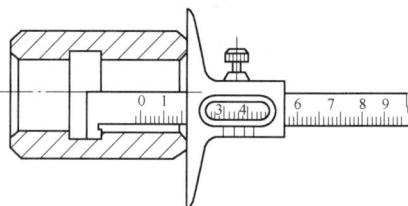

图 4-56 用钩形游标深度卡尺测量内沟槽的轴向位置尺寸

图 4-57 用样板检测内沟槽的宽度

图 4-58 用游标卡尺检测内沟槽的宽度

🔄 任务实施

1. 任务图样

内沟槽零件如图 4-59 所示，可按表中所列尺寸进行多次练习。

2. 操作步骤

1）夹持小端外圆，车削端面，车削大端外圆，倒角 C1。

2）调头夹持大端外圆，车削端面。

3）车削内孔 d 至尺寸要求。

4）车削内沟槽 $D×4$mm 至尺寸要求。

5）孔口倒角 $C0.5$。

6）检查合格后卸下零件。

7）按图附尺寸要求依次练习。

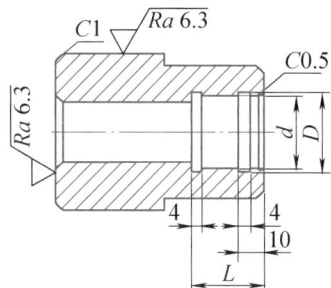

次数	d	D	L
1	$\phi26^{+0.039}_{0}$	$\phi29$	24
2	$\phi30^{+0.039}_{0}$	$\phi33$	26

材料: 45钢(接图4-47所示训练件)。

$$\sqrt{Ra\,3.2}(\sqrt{})$$

图 4-59 车削内沟槽

3. 任务评价（表 4-11）

表 4-11 车削内沟槽任务评价

序号	评价项目与要求	配分	评分标准	检测结果	得分
1	$\phi26^{+0.039}_{0}$mm	16	超差无分		
2	$\phi29$mm	6	超差无分		
3	24mm	6	超差无分		
4	4mm(2 处)	2×2	超差无分		
5	10mm	4	超差无分		
6	$Ra3.2\mu$m	4	超差无分		
7	$C0.5$	4	超差无分		
8	$\phi30^{+0.039}_{0}$mm	16	超差无分		
9	$\phi33$mm	6	超差无分		
10	26mm	6	超差无分		
11	4mm(2 处)	2×2	超差无分		
12	10mm	4	超差无分		
13	$Ra3.2\mu$m	4	超差无分		
14	$C0.5$	4	超差无分		
15	文明生产和安全生产	12	现场评分		
16	合计	100			

任务五 车削套类零件

任务描述

套类零件主要的加工表面是内孔、外圆和端面，这些表面不仅有尺寸精度、形状精度和表面粗糙度的要求，而且彼此之间还有较高的位置精度要求。本任务介绍常见套类零件的加工。

📖 知识链接

一、套类零件

套类零件是机械中精度要求较高的一类重要零件，此类零件主要加工其内孔、外圆和端面。这些表面不仅有尺寸精度、形状精度和表面粗糙度的要求，而且彼此之间还有较高的位置精度要求。车削套类零件的要点是保证这些技术要求。

二、保证套类零件技术要求的方法

1. 在一次装夹中完成加工

单件、小批量车削套类零件时，可以在一次装夹中尽可能将零件全部或大部分表面加工完成，如图 4-60 所示。这些在一次装夹中加工的表面，由于没有定位误差，如果车床精度较高，则可以获得较高的位置精度。

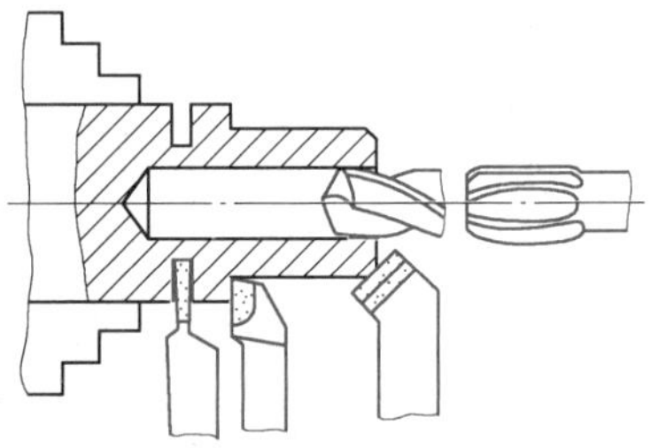

采用这种方法车削时，需要经常转换刀架，尺寸较难掌握，切削用量也需要时常改变。

在精度、自动化程度高的数控车床上，大多在一次装夹中完成零件主要表面的加工，这样不仅可以保证较高的精度要求，而且可以提高劳动生产率。

图 4-60 在一次装夹中加工零件的不同表面

2. 以外圆为基准装夹零件

在车床上以零件已车削的外圆表面为基准，可保证零件的位置精度，此时常采用软卡爪进行装夹。软卡爪用未经淬火的 45 钢制成，使用时，软卡爪在本车床上按夹持零件尺寸和所需形状车削成形，因此可确保装夹精度。

用软卡爪装夹零件，不易夹伤软质材料零件和已加工表面。

3. 以内孔为基准装夹零件

在车床上以零件已加工的内孔为定位基准，车削中小型轴套、带轮、齿轮等零件，常用心轴装夹。心轴根据内孔配制，套装好零件后支顶在车床上，精加工套类零件的外圆、端面等。常用的心轴有实体心轴和胀力心轴。

（1）实体心轴　实体心轴有不带台阶和带台阶的两种。不带台阶的实体心轴又称为小锥度心轴，如图 4-61 所示，其锥度 $C=1:5000\sim1:1000$。小锥度心轴的特点是制造容易、定心精度高，但轴向无法定位、承受的切削力小、零件装卸不太方便。

带台阶的实体心轴如图 4-62 所示，其定位用的圆柱面与零件内孔保持较小的间隙配合，零件靠螺母压紧。其特点是一次可以装夹轴向长度不大的多个零件，若使用快换垫圈，则装卸零件十分方便；但由于有间隙存在，其定心精度较低，一般只能保证 $\phi0.02\text{mm}$ 左右的同轴度要求。

（2）胀力心轴　胀力心轴是依靠材料弹性变形所产生的胀力来固定零件的，图 4-63

所示为装在机床主轴孔中的胀力心轴。胀力心轴的圆锥角以30°左右为佳，最薄部分的壁厚为3~6mm。用胀力心轴装夹零件，装卸方便、定心精度高，因此应用广泛。

为了使胀力心轴的胀力均匀，其槽通常做成三等分的形式，如图4-64所示。

长期使用的胀力心轴，一般用弹性好的65Mn弹簧钢制成。

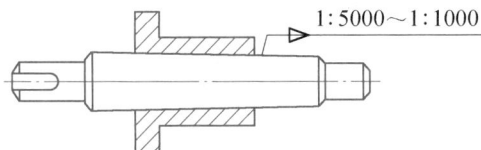

图 4-61　小锥度心轴

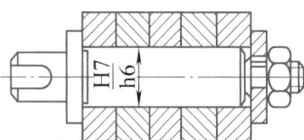

图 4-62　带台阶的实体心轴

图 4-63　胀力心轴

图 4-64　三等分槽心轴

三、套类零件位置误差的检测

1. 径向圆跳动的检测

（1）以内孔为测量基准　图4-65所示为一般套类零件，它以内孔为测量基准。测量时，将零件套在精度很高的心轴上，再将心轴安装在两顶尖之间，然后用百分表检测零件的外圆柱面，如图4-66所示。

百分表在零件回转一周的过程中所得的读数差即为该测量截面上的径向圆跳动误差。沿轴向在不同截面上进行测量，所得的各读数差中的最大值，即为零件的径向圆跳动误差。

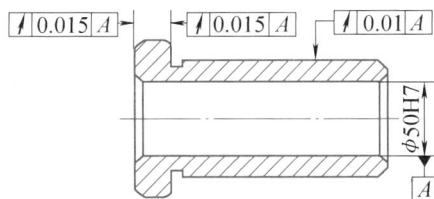

图 4-65　一般套类零件

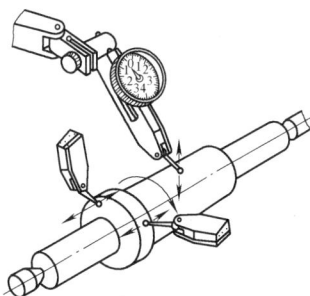

图 4-66　以内孔为基准检测零件的
径向圆跳动和轴向圆跳动

经验之谈

径向圆跳动是一种综合误差，它包含圆度误差和同轴度误差。当圆度误差很小时，可用径向圆跳动误差替代生产现场较难检测的同轴度误差。

（2）以外圆为测量基准　对于一些外形简单而内部形状比较复杂的套类零件，如图4-67所示，当其不便装在心轴上测量径向圆跳动误差时，可以将零件放在V形架上并作轴向限位，以零件外圆为基准进行检测，如图4-68所示。

测量时，使杠杆百分表的测头与零件内孔表面接触，零件回转一周，百分表的读数差即为零件的径向圆跳动误差。

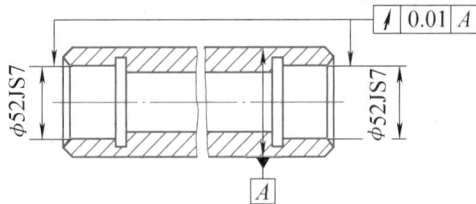

图 4-67　接长套

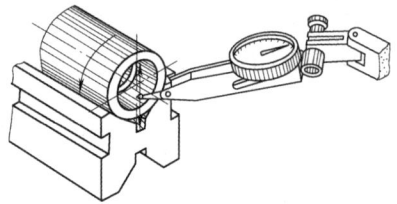

图 4-68　以外圆为基准检测零件的径向圆跳动误差

2. 轴向圆跳动的检测

套类零件轴向圆跳动误差的检测方法如图 4-66 所示。将零件套在精度很高的心轴上，并利用心轴上极小的锥度使零件作轴向定位，然后将心轴安装在两顶尖之间。将杠杆百分表的圆测头靠在所需检测的端面上。转动心轴，百分表在零件回转一周过程中所测得的读数差，即为零件的轴向圆跳动误差。

3. 端面对轴线垂直度误差的检测

将零件装夹在 V 形架的小锥度心轴上，并放在精度很高的平板上检测端面对轴线的垂直度误差。检测时，先校正心轴的垂直度，然后将百分表从端面的最里面慢慢向外拉出，如图 4-69 所示。百分表测量的读数差就是端面对内孔轴线的垂直度误差。

必须注意：轴向圆跳动误差是当零件绕基准轴线作无轴向移动的回转时，端面上任一测量直径处的轴向跳动误差，垂直度误差是整个端面对轴线的垂直误差，两者是有区别的。图 4-70a 所示零件的端面是一个平面，其外缘处的轴向圆跳动误差为 Δ，端面对轴线的垂直度误差也为 Δ，两者相等；图 4-70b 所示零件的端面不是一个平面，而是凹面，这时其轴向圆跳动误差为零，但端面对轴线的垂直度误差为 ΔL。因此，不能简单地用轴向圆跳动误差来替代端面对轴线垂直度误差的检测。

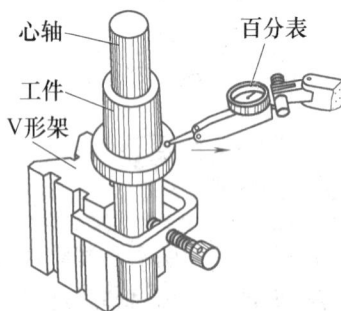

图 4-69　端面对轴线垂直误差的检测

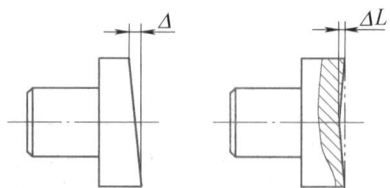

a) 端面为倾斜平面　　b) 端面为凹面

图 4-70　轴向圆跳动误差与垂直度误差的区别

🔄 任务实施

一、车削滑移齿轮

1. 任务图样

滑移齿轮如图 4-71 所示。

2. 工艺分析

1) 滑移齿轮为重要零件，其毛坯采用 45 钢锻造，以提高其力学性能。训练时，允许采用棒料。

2) 滑移齿轮需经调质处理，粗车时应留一定余量，用于纠正热处理变形。

3) 滑移齿轮的大端端面、拨叉槽两侧面对基准孔轴线的轴向圆跳动可采用以下方法予以保证：

① 单件生产时，齿轮顶圆、大端端面和内孔在一次装夹中车出；加工拨叉槽时，以齿顶圆和大端端面为基准，用软卡爪装夹，软卡爪应按 $\phi48mm \times 10mm$ 在本车床上车出。

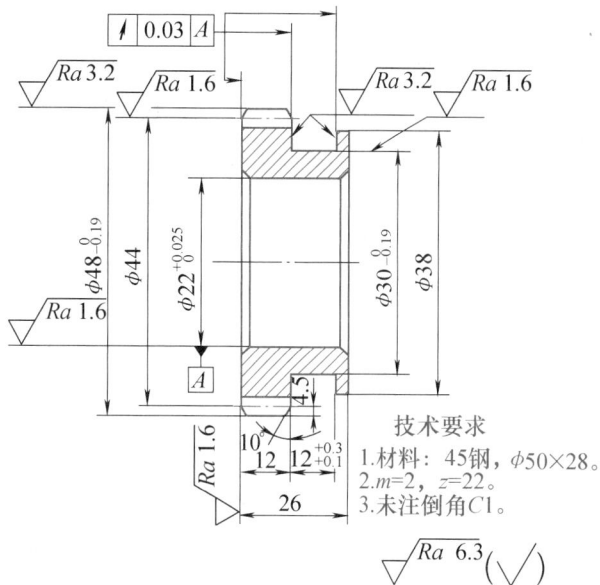

图 4-71 滑移齿轮

② 批量生产时，可用专用心轴以 $\phi22^{+0.025}_{0}mm$ 的孔定位进行车削。

3. 操作步骤

（1）调质前粗车

1) 用自定心卡盘夹持毛坯外圆，找正并夹紧。

2) 车削平面（车平即可）。

3) 粗车外圆至 $\phi49mm$，长度为 15mm。

4) 钻通孔 $\phi20mm$。

5) 车孔至 $\phi21mm$，各处锐边倒钝。

6) 调头夹持 $\phi49mm$ 外圆，找正并夹紧。

7) 车削端平面，保持总长 27mm。

8) 粗车台阶外圆至 $\phi42mm$，长 14mm，各处锐边倒钝。

（2）调质后车削

1) 用自定心卡盘夹持 $\phi42mm$ 外圆，找正并夹紧。

2) 精车大端平面，车平即可。

3) 精车齿顶圆 $\phi48^{0}_{-0.19}mm$ 至要求（全部）。

4) 精车通孔 $\phi22^{+0.025}_{0}mm$ 至要求。

5) 外圆倒角 C1，孔口倒角 C1。

6) 零件调头用软卡爪夹持，找正并夹紧（夹紧力应适当，以防内孔变形）。

7) 车削小端平面，保证总长 26mm。

8) 精车台阶外圆 $\phi38mm$，保证轮齿厚度 12mm。

9) 车削拨叉槽宽 $12^{+0.3}_{+0.1}mm$、底径 $\phi30^{0}_{-0.19}mm$ 至要求，槽宽、槽底应平直。

10) 台阶侧齿轮外圆倒角 10°，深 4.5mm（径向）。

11) 孔口倒角 C1，槽口及小端外圆去锐角。

12）检查。

4. 任务评价（表4-12）

表4-12　车削滑移齿轮任务评价

序号	评价项目与要求	配分	评分标准	检测结果	得分
1	$\phi 48_{-0.19}^{0}$ mm	15	超差无分		
2	$\phi 22_{0}^{+0.025}$ mm	15	超差无分		
3	$\phi 30_{-0.19}^{0}$ mm	15	超差无分		
4	$12_{+0.1}^{+0.3}$ mm	8	超差无分		
5	$\phi 38$mm、12mm、26mm	2×3	超差无分		
6	$Ra3.2\mu$m（3处）	2×3	超差无分		
7	$Ra1.6\mu$m（3处）	3×3	超差无分		
8	⟋ 0.03 A	15	超差无分		
9	倒角（4处）	1×4	超差无分		
10	文明生产和安全生产	7	现场评分		
11	合计	100			

二、车削轴承套

1. 任务图样

轴承套零件如图4-72所示。

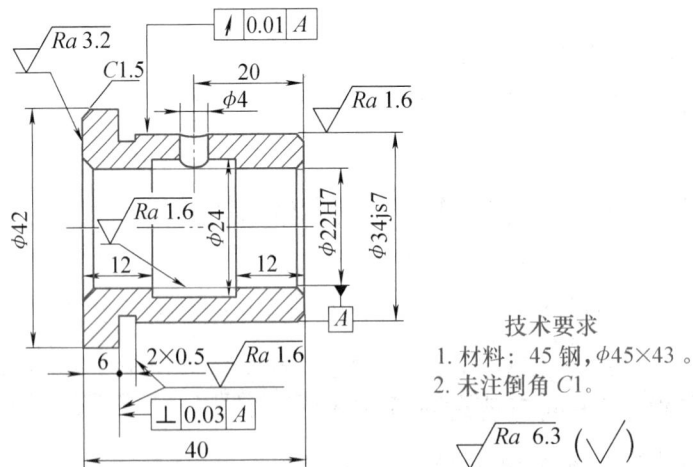

图4-72　轴承套

2. 工艺分析

1）轴承套的车削工艺方案较多，可以单件或多件的生产方式进行加工。单件加工生产率较低，且由于每件都要切去用于零件装夹的余料，故材料浪费多。批量生产时，宜采用多件加工工艺。

2）轴承套两处外圆直径相差不大，毛坯选用棒料，根据零件尺寸，采用6~8件同时加工较为合适。

3）为保证内孔 ϕ22H7 的加工质量，提高生产率，其精加工选用铰削最为合适。

4）外圆对内孔轴线的径向圆跳动公差为 0.01mm，用软卡爪装夹无法保证精度要求。此外，台阶端面对内孔轴线的垂直度公差为 0.03mm，因此精车 ϕ34js7 外圆和台阶端面时，应采用以内孔定位，套在小锥度心轴上，用两顶尖装夹的方法进行车削，以保证位置精度的要求。

5）ϕ24mm 内沟槽应在精加工 ϕ22H7 孔（铰孔）之前完成，外沟槽 2mm×0.5mm 应在精车 ϕ34js7 外圆前完成。

3. 操作步骤

1）用自定心卡盘夹持毛坯外圆，找正并夹紧。

2）车削平面，车平即可。

3）粗车外圆至 ϕ43mm，长度为 10mm。

4）钻通孔 ϕ20mm。

5）车孔至 ϕ21mm，各处锐边倒钝。

6）调头夹持 ϕ43mm 处，长 5mm，找正并夹紧。

7）车削端平面，保证总长 40mm。

8）粗车台阶外圆至 ϕ34.5mm，长 34mm。

9）车削内孔至 $\phi21.84^{+0.08}_{0}$mm。

10）车削内沟槽 ϕ24mm×16mm 至尺寸要求，孔口倒角 C1。

11）铰孔 ϕ22H7 至尺寸要求。

12）零件套心轴，装夹于两顶尖之间，车削 ϕ34js7 外圆至尺寸要求，车削台阶平面，保证尺寸 6mm，表面粗糙度值为 Ra1.6μm。孔口、外圆倒角 C1。

13）车削外沟槽 2mm×0.5mm。

14）车削外圆至 ϕ42mm，外圆倒角 C1.5。

15）检查合格后转钳工加工，钻 ϕ4mm 孔。

4. 任务评价（表 4-13）

表 4-13　车削轴承套任务评价

序号	评价项目与要求	配分	评分标准	检测结果	得分
1	ϕ34js7	15	超差无分		
2	ϕ22H7	15	超差无分		
3	$\boxed{\nearrow\ 0.01\ A}$	10	超差无分		
4	$\boxed{\perp\ 0.03\ A}$	10	超差无分		
5	Ra1.6μm（4 处）	5×4	超差无分		
6	Ra3.2μm	4	超差无分		
7	自由尺寸（9 处）	1×9	超差无分		
8	C1（3 处）	1×3	超差无分		
9	C1.5	2	超差无分		
10	文明生产和安全生产	12	现场评分		
11	合计	100			

三、车削套类零件质量分析

车削套类零件时，可能出现的质量问题的种类、产生原因及预防措施见表4-14。

表4-14　车削套类零件时可能出现的质量问题的种类、产生原因及预防措施

质量问题的种类	产生原因	预防措施
孔的尺寸偏大	1. 车孔时,没有仔细测量 2. 铰孔时,铰刀尺寸不合适,尾座偏位 3. 铰孔时,主轴转速太高,铰刀温度上升,切削液供应不充分	1. 进行试切削和仔细测量 2. 检查铰刀尺寸,校正尾座位置,采用浮动套筒 3. 降低主轴转速,充分加注切削液
孔的圆柱度误差过大	1. 车孔时,选用刀柄过细,切削刃不锋利,造成"让刀"现象,使孔外大里小,有锥度 2. 车孔时,主轴轴线与导轨在水平面或垂直平面内不平行,导轨严重磨损 3. 铰孔时,孔口扩大,主要原因是尾座偏位	1. 增加刀柄刚度,保证车刀锋利 2. 调整车床主轴轴线与导轨的平行度,大修机床,修复导轨 3. 校正尾座,采用浮动套筒
孔的表面粗糙度值大	1. 车孔时,车孔刀磨损,刀柄产生振动 2. 铰孔时,铰刀磨损或切削刃上有崩口、毛刺 3. 切削速度选择不当,产生积屑瘤	1. 修磨车孔刀,采用刚度较大的刀柄 2. 修磨铰刀,刃磨后的铰刀应保管好,不允许碰伤 3. 铰孔时,采用5m/min以下的切削速度,充分加注切削液
同轴度、垂直度误差过大	1. 采用一次装夹方法车削时,零件发生移位或机床精度低 2. 用软卡爪装夹零件时,软卡爪没有车削好 3. 用心轴装夹零件时,心轴中心孔损伤,或心轴自身的同轴度误差太大	1. 牢固装夹零件,减小切削用量,调整或修复机床精度 2. 软卡爪应在本车床上车出,其直径与零件装夹部位尺寸应基本相同 3. 保护好心轴的中心孔,如碰伤可研修中心孔,心轴如弯曲可校直或重制

课后测评

1. 什么是钻孔？钻孔加工有何特点？

2. 麻花钻的主要角度有哪些？

3. 麻花钻的刃磨要求有哪些？

4. 扩孔钻有什么特点？扩孔钻主要用于什么场合？

5. 常用车孔刀有哪些种类？

6. 车削内孔时的切削用量为什么比车削外圆时小？

7. 车削不通孔时，如何控制孔深？

8. 孔的常用测量方法有哪些？

9. 常用铰刀有哪些种类？

10. 零件上的内沟槽有何作用？

11. 如何对内沟槽进行测量？

12. 如何保证套类零件的技术要求？

车削圆锥面

学习目标

知识目标

1. 掌握车削外圆锥面的加工工艺。
2. 掌握车削内圆锥面的加工工艺。

技能目标

1. 能车削外圆锥面，并进行精度检验和质量分析。
2. 能车削内圆锥面，并进行精度检验和质量分析。
3. 具备知识技能拓展能力及适应发展的能力。

素养目标

1. 培养敬业、专注、创新的工匠精神。
2. 培养节能意识、安全意识。能正确遵守个人和车间安全作业要求，注重个人安全防护。
3. 具备将车削圆锥面的知识技能应用于具体工作领域的能力，具有一定的分析问题和解决问题的能力。

任务一 车削外圆锥面

任务描述

在车床上车削外圆锥面的方法主要有转动小滑板法、偏移尾座法、仿形法和宽刃刀车削法等。本任务介绍采用转动小滑板法和偏移尾座法车削外圆锥面的方法。

知识链接

转动小滑板
车外圆锥

一、转动小滑板法

1. 转动小滑板法及其特点

转动小滑板法就是将小滑板沿顺时针或逆时针方向按零件的圆锥半角 $\alpha/2$ 转动一个

角度，使车刀的运动轨迹与所需加工圆锥在水平轴平面内的素线平行，用双手配合均匀、不间断地转动小滑板手柄，手动进给车削圆锥面的方法，如图 5-1 所示。

转动小滑板车削圆锥面的特点如下：

1）能车削圆锥角 α 较大的圆锥面。

2）能车削整圆锥表面和圆锥孔，应用范围广，操作简单。

3）在同一零件上车削不同圆锥角的圆锥面时，调整角度方便。

4）只能手动进给，劳动强度大，零件表面粗糙度值较难控制，只适用于单件、小批量生产。

5）受小滑板行程的限制，只能加工素线长度不长的圆锥面。

2. 小滑板转动角度的确定

如图 5-2 所示，根据被加工零件的已知条件，小滑板转动的角度可由下面的公式计算求得

$$\tan \frac{\alpha}{2} = \frac{1}{2}C = \frac{D-d}{2L}$$

式中　$\dfrac{\alpha}{2}$——圆锥半角，即小滑板转动的角度（°）；

　　　C——锥度；

　　　D——圆锥大端直径（mm）；

　　　d——圆锥小端直径（mm）；

　　　L——圆锥大端直径与小端直径间的轴向距离（mm）。

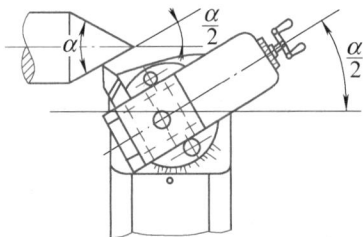

图 5-1　转动小滑板车削圆锥面

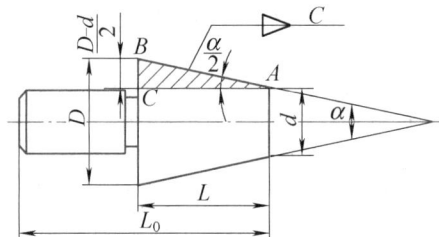

图 5-2　小滑板转动角度的计算

车削常用的标准锥度（一般用途和特殊用途）圆锥时，小滑板转动的角度可参考表 5-1 和表 5-2。

表 5-1　车削一般用途圆锥时小滑板转动的角度

基本值	锥度 C	小滑板转动的角度	基本值	锥度 C	小滑板转动的角度
120°	1：0.289	60°	1：8	—	3°34′35″
90°	1：0.500	45°	1：10	—	2°51′45″
75°	1：0.652	37°30′	1：12	—	2°23′09″
60°	1：0.866	30°	1：15	—	1°54′33″
45°	1：1.207	22°30′	1：20	—	1°25′56″
30°	1：1.866	15°	1：30	—	0°57′17″
1：3	—	9°27′44″	1：50	—	0°34′23″
1：5	—	5°42′38″	1：100	—	0°17′11″
1：7	—	4°05′08″	1：200	—	0°08′36″

表 5-2　车削特殊用途圆锥时小滑板转动的角度

基本值	锥度 C	小滑板转动的角度	备　注
7 : 24	1 : 3.429	8°17′50″	机床主轴、工具配合
1 : 19.002	—	1°30′26″	莫氏锥度 No.5
1 : 19.180	—	1°29′36″	莫氏锥度 No.6
1 : 19.212	—	1°29′27″	莫氏锥度 No.0
1 : 19.254	—	1°29′15″	莫氏锥度 No.4
1 : 19.922	—	1°26′16″	莫氏锥度 No.3
1 : 20.020	—	1°25′50″	莫氏锥度 No.2
1 : 20.047	—	1°25′43″	莫氏锥度 No.1

应用上面的公式计算出 $\alpha/2$，须查三角函数表得出角度，比较麻烦。如果 $\alpha/2$ 较小，为 $10°\sim30°$，可采用乘以一个常数的近似方法来计算，即

$$\alpha/2 = 常数 \times \frac{D-d}{L}$$

其中的常数见表 5-3。

表 5-3　锥度与常数的关系

$\dfrac{D-d}{L}$ 或 C	常　数	备　注
0.10 ~ 0.20	28.6°	
0.20 ~ 0.29	28.5°	本表适用的 $\alpha/2$ 为 $8°\sim13°$，$6°$
0.29 ~ 0.36	28.4°	以下的常数值为 28.7°
0.36 ~ 0.40	28.3°	
0.40 ~ 0.45	28.2°	

3. 车刀的装夹

1）零件的回转中心必须与车床主轴的回转中心重合。

2）车刀的刀尖必须严格对准零件的回转中心，否则车出的圆锥素线不是直线，而是双曲线。

3）车刀的装夹方法及车刀刀尖对准零件回转中心的方法与车削端面时的操作方法一致。

4. 转动小滑板的方法

1）用扳手将小滑板下面转盘上的两个螺母松开。

2）按零件上外圆锥面的倒、顺方向确定小滑板的转动方向。

① 车削正外圆锥（又称顺锥）面，即圆锥大端靠近主轴、小端靠近尾座方向，小滑板沿逆时针方向转动，如图 5-3 所示。

② 车削反外圆锥（又称倒锥）面，小滑板沿顺时针方向转动。

3）根据确定的转动角度（$\alpha/2$）和转动方向转动小滑板至所需位置，使小滑板基准零线与圆锥半角 $\alpha/2$ 刻线对齐，然后锁紧转盘上的螺母。

4）当圆锥半角 $\alpha/2$ 不是整数值时，其小数部分用目测的方法估计，大致对准后再通过试车逐步找正。

转动小滑板时，可以使小滑板转角略大于圆锥半角 $\alpha/2$，但不能小于 $\alpha/2$。转角偏小会使圆锥素线车长而难以修正圆锥长度尺寸，如图5-4所示。

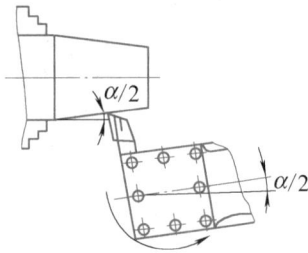

图5-3 车削正外圆锥面

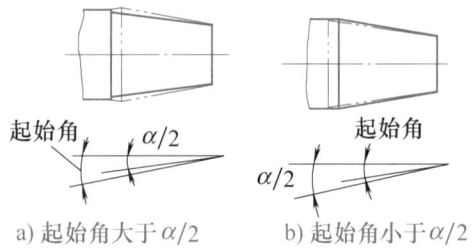

a) 起始角大于 $\alpha/2$　　b) 起始角小于 $\alpha/2$

图5-4 小滑板转动角度对圆锥长度的影响

5. 小滑板镶条的调整

车削外圆锥面前，应检查和调整小滑板导轨与镶条间的配合间隙。过紧或过松都会使车出的锥面表面粗糙度值增大，且圆锥的素线不直。

配合间隙调得过紧，手动进给费力，小滑板移动不均匀；配合间隙调得过松，则小滑板间隙太大，车削时，刀纹时深时浅。

6. 粗车外圆锥面

1）按圆锥大端直径（增加1mm余量）和圆锥长度将圆锥部分先车成圆柱体。

2）移动中、小滑板，使车刀刀尖与轴端外圆面轻轻接触，如图5-5所示。然后将小滑板向后退出，中滑板刻度调至零位，作为粗车外圆锥面的起始位置。

3）按刻度移动中滑板向前进给并调整吃刀量，开动车床，双手交替转动小滑板手柄，手动进给速度应保持均匀一致且不间断，如图5-6所示。车削至终端时，将中滑板退出，小滑板快速后退复位。

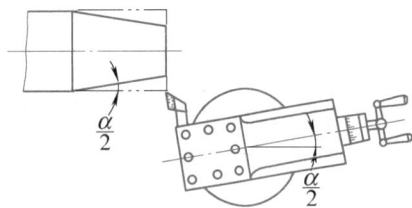

图5-5 确定起始位置

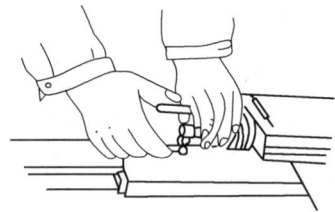

图5-6 手动进给车削外圆锥面

4）重复步骤3），调整吃刀量，手动进给车削外圆锥面，直至零件能塞入圆锥套规约1/2为止。

5）用圆锥套规、样板或游标万能角度尺检测圆锥角，校正小滑板转角。

① 用圆锥套规检测。将圆锥套规轻轻地套在零件上，用手捏住圆锥套规左、右两端分别上下摆动，如图5-7所示，应均无间隙。若大端有间隙，如图5-8a所示，则说明圆锥角太小；若小端有间隙，如图5-8b所示，则说明圆锥角太大。这时可松开转盘螺母，按需要用铜锤轻轻敲动小滑板使其微量转动，然后拧紧螺母。试车后再检测，直至符合要求为止。

② 用游标万能角度尺检测。将游标万能角度尺调整到要检测的角度，基尺通过零件中心靠在端面上，直尺靠在圆锥面素线上，用透光法检测，如图5-9所示。

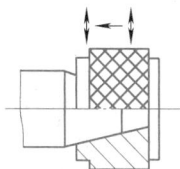

图 5-7 用圆锥套规检测圆锥角

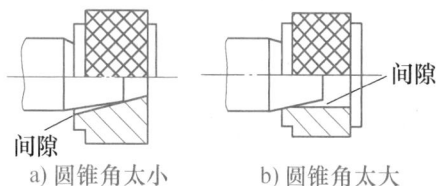

图 5-8 根据间隙部位判定圆锥角大小

③ 用角度样板透光检测圆锥角的方法如图 5-10 所示。

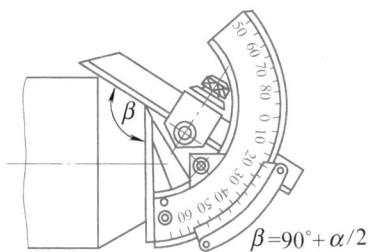

$$\beta = 90° + \alpha/2$$

图 5-9 用游标万能角度尺检测圆锥角

图 5-10 用角度样板检测圆锥角

6）找正小滑板转角后，粗车圆锥面，留精车余量 0.5~1mm。

7. 精车外圆锥面

小滑板转角调整准确后，精车外圆锥面主要是提高零件的表面质量和控制外圆锥面的尺寸精度。因此，精车外圆锥面时，车刀必须锋利、耐磨，进给必须均匀、连续。其背吃刀量的控制方法有如下两种。

1）先测量出零件小端端面至圆锥套规通端界面的距离 a，如图 5-11 所示，用下式计算背吃刀量 a_p：

$$a_p = a \tan \frac{\alpha}{2} \text{ 或 } a_p = a \frac{C}{2}$$

然后移动中、小滑板，使刀尖轻轻接触零件圆锥小端外圆表面后，退出小滑板，中滑板按 a_p 值进给，小滑板手动进给精车外圆锥面至尺寸，如图 5-12 所示。

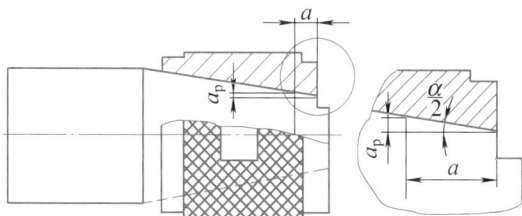

图 5-11 用圆锥套规测量

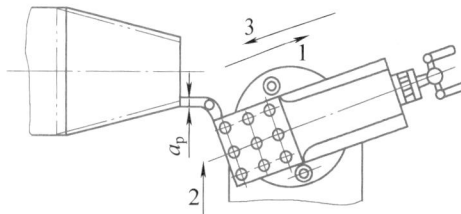

图 5-12 用中滑板调整精车背吃刀量 a_p

2）根据量出的距离 a 用移动床鞍的方法控制背吃刀量 a_p。使车刀刀尖轻轻接触零件圆锥小端外圆锥面，向后退出小滑板，使车刀沿轴向离开零件端面一个距离 a（小滑板沿导轨方向移动的距离为 $a\sec\alpha/2$，调整前应先消除小滑板丝杠间隙），如图 5-13 所示。然后移动床鞍使车刀与零件端面接触，如图 5-14 所示，此时虽然没有移动中滑板，但车刀已经切入了一个所需的背吃刀量 a_p。

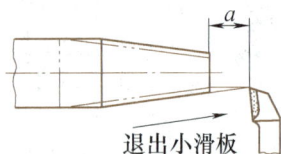

图 5-13　退出小滑板调整精车背吃刀量 a_p

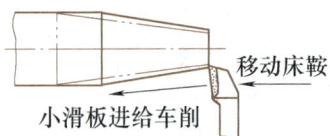

图 5-14　移动床鞍完成 a_p 的调整

二、偏移尾座法

偏移尾座法车削外圆锥面，就是将尾座上层滑板横向偏移一个距离 S，使尾座偏移后，前、后两顶尖的连线与车床主轴轴线相交成一个等于圆锥半角 $\alpha/2$ 的角度，当床鞍带着车刀沿平行于主轴轴线的方向移动切削时，零件就车成一个圆锥体，如图 5-15 所示。

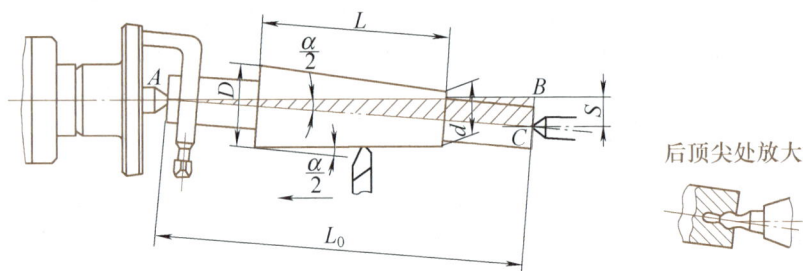

图 5-15　偏移尾座车削外圆锥面

1. 偏移尾座法车削外圆锥面的特点

1）适合加工锥度小、精度不高、锥体较长的零件；受尾座偏移量的限制，不能加工锥度大的零件。

2）可以用纵向机动进给车削，使加工表面刀纹均匀，表面粗糙度值小，表面质量较好。

3）由于零件需用两顶尖装夹，因此不能车削整锥体，也不能车削圆锥孔。

4）因顶尖在中心孔中是歪斜的，接触不良，所以顶尖和中心孔磨损不均匀。

2. 尾座偏移量的计算

用偏移尾座法车削圆锥面时，尾座的偏移量不仅与圆锥长度有关，还与两顶尖之间的距离有关，这段距离一般可近似地看作零件的全长 L_0。尾座偏移量可根据下列公式计算

$$S = L_0 \tan \frac{\alpha}{2} = \frac{D-d}{2L} L_0 \text{ 或 } S = \frac{C}{2} L_0$$

式中　　S——尾座偏移量（mm）；

　　　　D——圆锥大端直径（mm）；

　　　　d——圆锥小端直径（mm）；

　　　　L——圆锥大端直径与小端直径间的轴向距离（即圆锥长度）（mm）；

　　　　L_0——零件全长（mm）；

　　　　C——锥度。

3. 偏移尾座的方法

先将前、后两顶尖对齐（尾座上、下层零线对齐），然后根据计算所得偏移量 S，采

用以下几种方法偏移尾座上层。

（1）利用尾座刻度偏移 先松开尾座紧固螺母，然后用六角扳手转动尾座上层两侧的螺钉 1、2 进行调整。车削正锥时，先松螺钉 1，紧螺钉 2，使尾座上层根据刻度值向里（向操作者）移动距离 S，如图 5-16 所示；车削倒锥时则相反。然后拧紧尾座紧固螺母。

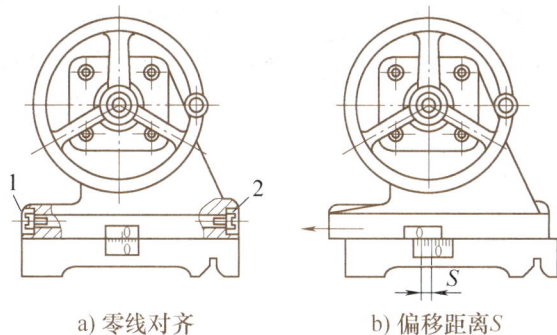

图 5-16 利用尾座刻度偏移尾座
1、2—螺钉

a) 零线对齐   b) 偏移距离S

这种方法简单方便，一般尾座上有刻度的车床都可以采用。

（2）利用中滑板刻度偏移 在刀架上夹持一端面平整的铜棒，摇动中滑板手柄使铜棒端面与尾座套筒接触，记下中滑板刻度值，根据计算所得偏移量 S 算出中滑板刻度应转过的格数并移动中滑板，如图 5-17 所示。注意消除中滑板丝杠间隙的影响，然后移动尾座上层，使尾座套筒与铜棒端面接触。

（3）利用百分表偏移 将百分表固定在刀架上，使百分表的测头与尾座套筒接触（百分表测量杆的轴线应在尾座套筒的水平轴平面内，并垂直于尾座套筒轴线），调整百分表，使指针处于零位，然后按偏移量调整尾座，当百分表指针转动至 S 值时，把尾座固定，如图 5-18 所示。

利用百分表能准确调整尾座偏移量。

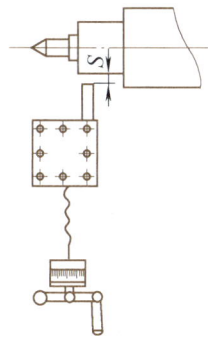

图 5-17 利用中滑板刻度偏移尾座

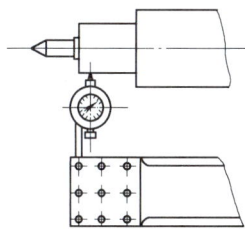

图 5-18 利用百分表偏移尾座

（4）利用锥度量棒或样件偏移 先将锥度量棒（或标准样件）安装在两顶尖之间，在刀架上固定一百分表，使百分表测头与锥度量棒的素线接触（百分表测量杆应位于锥度量棒的水平轴平面内，并垂直于主轴轴线），然后偏移尾座，纵向移动床鞍，使百分表在锥度量棒圆锥面两端的读数一致后固定尾座，如图 5-19 所示。

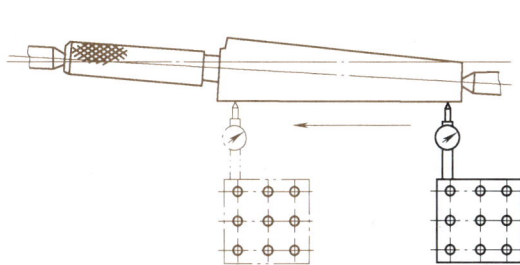

图 5-19 用锥度量棒偏移尾座

使用这种方法偏移尾座，必须选用与加工零件等长的锥度量棒或标准样件，否则加工出的锥度是不正确的。

4. 外圆锥面的车削方法

（1）零件的装夹

1）调整尾座在车床上的位置，使前、后顶尖间的距离为零件总长，此时，尾座套筒伸出尾座的长度应小于套筒总长的 1/2。

2）在零件两端的中心孔内加润滑脂，装鸡心夹头，将零件装夹在两顶尖间，松紧程度以手能轻轻拨转零件且零件无轴向窜动为宜。

（2）粗车外圆锥面　由于零件采用两顶尖装夹，故选择切削用量时应适当降低。粗车外圆锥面时，可以采用机动进给。粗车圆锥面长度达 1/2 时，须进行锥度检查，检测圆锥角度是否正确，其方法与转动小滑板法车削外圆锥面时相同。若锥度 C 偏大，应反向偏移，微量调整尾座，即减小尾座偏移量 S；若锥度 C 偏小，则应同向偏移，微量调整尾座，即增大尾座偏移量 S。反复试车调整，直至将圆锥角调整正确为止。然后粗车外圆锥面，留精车余量 0.5~1.0mm。

（3）精车外圆锥面

1）用计算法或移动床鞍法确定背吃刀量 a_p（参见转动小滑板车削外圆锥面的方法）。

2）机动进给精车削外圆锥面至要求。

三、外圆锥面角度的检测

圆锥的检测主要是指圆锥角和尺寸精度的检测。常用游标万能角度尺、角度样板检测圆锥角，采用正弦规或涂色法评定圆锥精度。

1. 用游标万能角度尺检测

（1）游标万能角度尺的结构　游标万能角度尺的结构如图 5-20 所示。

（2）游标万能角度尺的刻线原理　分度值为 2′ 的游标万能角度尺的扇形尺身上刻有 120 格刻线，间隔为 1°。游标上刻有 30 格刻线，对应扇形尺身上的度数为 29°，则游标上每格的度数为 29°/30＝58′。所以，扇形尺身与游标每格相差的度数为 1°−58′＝2′。

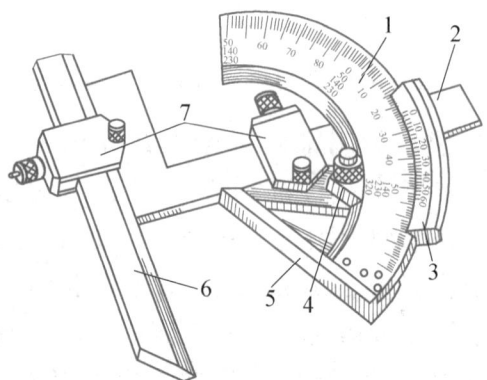

图 5-20　游标万能角度尺

1—尺身　2—直角尺　3—游标　4—锁紧装置
5—基尺　6—直尺　7—夹紧块

（3）游标万能角度尺的使用及读数方法

1）使用前应检查零位。

2）测量时，应使游标万能角度尺的两个测量面与被测件表面在全长上保持良好接触，然后拧紧锁紧装置上的螺母并进行读数。

3）游标万能角度尺的读数方法和游标卡尺相似，先从尺身上读出游标零线前的整度数，再从游标上读出角度中"分"的数值，两者相加就是被测零件的角度值，如图 5-21 所示。

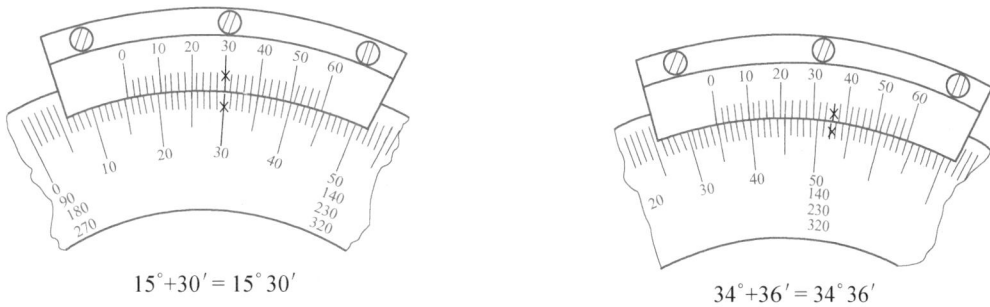

$15°+30'=15°30'$ $34°+36'=34°36'$

图 5-21 游标万能角度尺的读数方法

（4）游标万能角度尺的测量范围

游标万能角度尺的测量范围为 0°~320°。用游标万能角度尺检测外圆锥角度时，应根据被测角度的大小，选择不同的测量方法。图 5-22a 所示的方法可测量 0°~50°的角度；图 5-22b 所示的方法可测量 50°~140°的角度；测量 140°~230°的角度时，可选用图 5-22c、d 所示的方法。

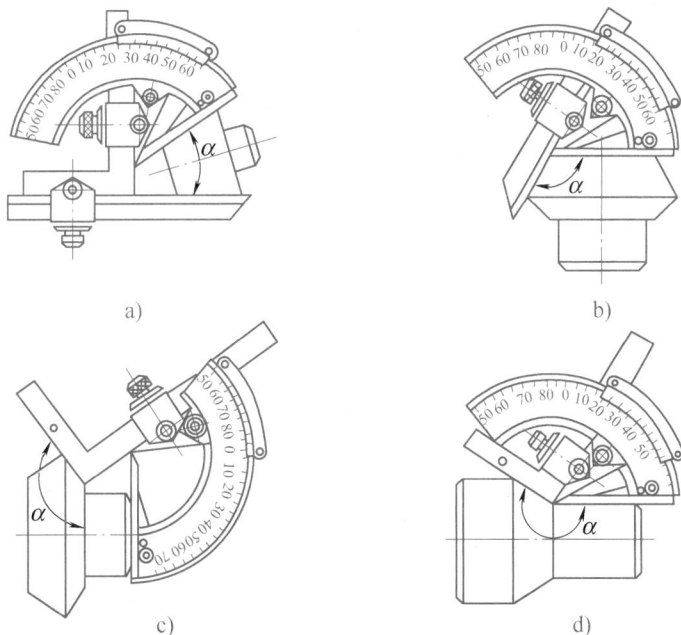

a)   b)

c)   d)

图 5-22 用游标万能角度尺测量零件的方法

将游标万能角度尺的直尺与直角尺卸下，用基尺与尺身的测量面可测量 230°~320°的角度，如图 5-23 所示。

2. 用角度样板检测

角度样板属于专用量具，用于成批和大量生产。图 5-24 所示为用角度样板检测锥齿轮坯角度的情况。

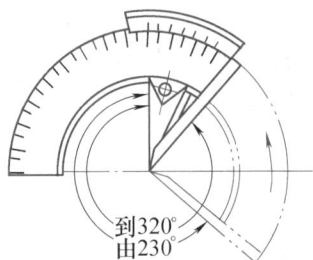

图 5-23　230°～320°角度
的测量方法

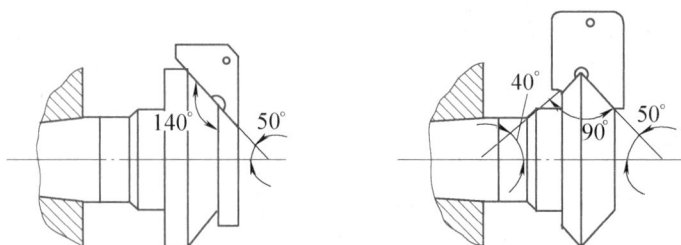

图 5-24　用角度样板检测锥齿轮坯的角度

用角度样板检测快捷方便，但精度较低，且不能测得实际的角度值。

3. 用正弦规检测

正弦规是利用正弦三角函数计算原理制成的，用来间接测量角度、锥度的精密量具。其结构与测量方法如图 5-25 所示。

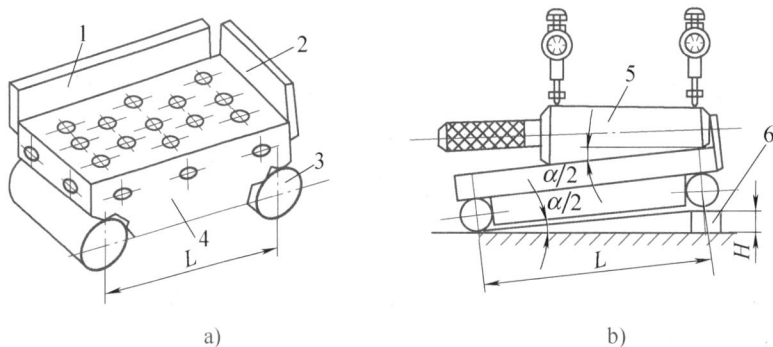

a)　　　　　　　　　　b)

图 5-25　正弦规及其使用方法

1、2—挡板　3—精密圆柱　4—长方体　5—零件　6—量块（组）

使用正弦规进行测量时，圆锥半角 $\alpha/2$ 与量块组高度 H 间的关系为

$$H = L\sin\frac{\alpha}{2}$$

式中　L——正弦规中心距（mm），L 为标准值，有 100mm 和 200mm 两种。

用正弦规测量小锥度（$\alpha/2 < 3°$）的外圆锥面时，可以达到很高的测量精度。

4. 用涂色法检测

对于标准圆锥或配合精度要求较高的外圆锥零件，可使用如图 5-26 所示的圆锥套规进行检测。被检测零件外圆锥的表面粗糙度值应小于 $Ra3.2\mu m$，且无毛刺。检测时，要求零件与圆锥套规表面清洁。具体检测方法是：

1）在零件表面顺着圆锥素线薄而均匀地涂上周向均布的三条显示剂，如图 5-27 所示。

2）将圆锥套规轻轻地套在零件上，稍加轴向推力，并将圆锥套规转动 1/3 圈，如图 5-28 所示。

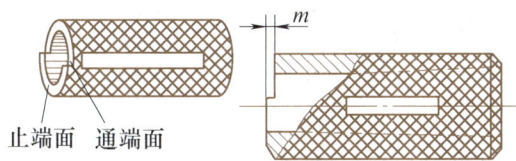

图 5-26 圆锥套规

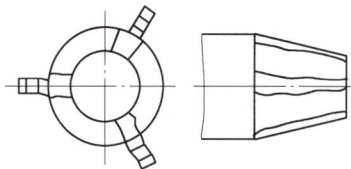

图 5-27 涂显示剂的位置

3）取下圆锥套规，观察零件表面显示剂被擦去的情况。若三条显示剂全长擦痕均匀，则表明圆锥接触良好，锥度正确，如图 5-29 所示。如果圆锥大端显示剂被擦去，小端未被擦去，则说明圆锥角大了；反之，若小端被擦去，大端未被擦去，则说明圆锥角小了。

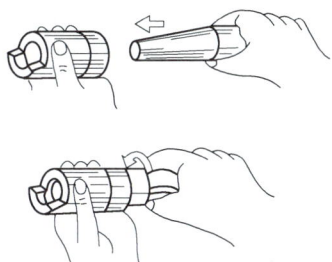

图 5-28 转动圆锥套规

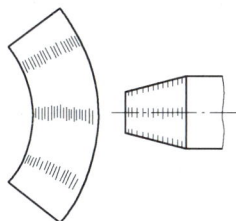

图 5-29 合格的圆锥面及其展开图

四、圆锥尺寸的检测

1. 用尺寸测量量具检测

对于精度要求较低的圆锥和加工中粗测圆锥尺寸时，一般使用千分尺进行测量。测量时，千分尺的测微螺杆应与零件轴线垂直，测量位置必须在圆锥体的最大端处或最小端处。

2. 用圆锥套规检测

根据零件的直径尺寸和公差，在圆锥套规小端处开有轴向距离为 m 的缺口，如图 5-26 所示，分别表示通端与止端。检测时，锥体的小端平面在缺口之间，说明小端直径尺寸合格；若其未能进入缺口，则说明小端直径过大；若锥体小端平面超过了止端，则说明其直径过小，如图 5-30 所示。

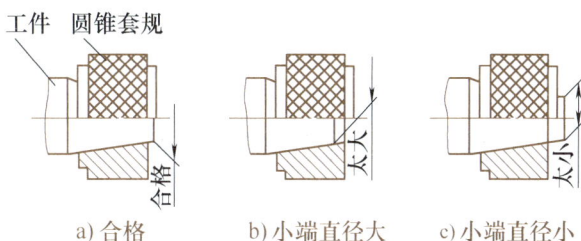

a) 合格   b) 小端直径大   c) 小端直径小

图 5-30 用圆锥套规检测外圆锥尺寸

🔄 任务实施

一、手动进给车削外圆锥面

1. 任务图样

训练零件图样如图 5-31 所示。

2. 操作步骤

1）用自定心卡盘夹持毛坯外圆，伸出长度为 25mm 左右，找正并夹紧。

2）车削端面 A；粗、精车外圆 $\phi 39_{-0.046}^{0}$ mm、长 20mm 至要求，倒角 $C1$。

3）调头，夹持 $\phi 39_{-0.046}^{0}$ mm 外圆，长 18mm 左右，找正并夹紧。

4）车削端面 B，保证总长 98mm，粗、精车外圆 $\phi 43_{-0.19}^{0}$ mm 至要求。

5）小滑板逆时针方向转动圆锥半角（$\alpha / 2 = 1°54'33''$），粗车外圆锥面。

6）用游标万能角度尺检测圆锥半角并调整小滑板转角。

7）精车圆锥面至尺寸要求。

8）倒角 $C1$，去毛刺。

9）检查各尺寸合格后卸下零件。

3. 任务评价（表 5-4）

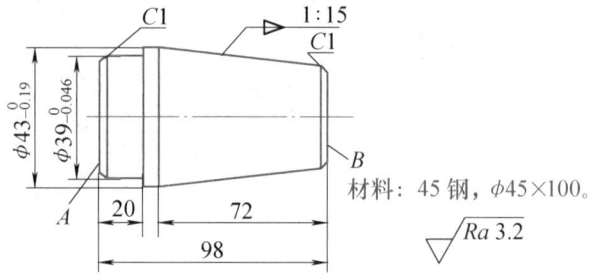

材料：45 钢，$\phi 45 \times 100$。

$\sqrt{Ra\,3.2}$

图 5-31　锥体

表 5-4　手动进给车削外圆锥面任务评价

序号	评价项目与要求	配分	评分标准	检测结果	得分
1	$\phi 43_{-0.19}^{0}$ mm	15	超差无分		
2	$\phi 39_{-0.046}^{0}$ mm	15	超差无分		
3	$C = 1:15$	22	超差无分		
4	$Ra3.2\mu m$（5 处）	3×5	超差无分		
5	$C1$（2 处）	3×2	超差无分		
6	98mm、72mm、20mm	5×3	超差无分		
7	文明生产和安全生产	12	现场评分		
8	合计	100			

二、手动进给车削莫氏锥棒

1. 任务图样

训练零件图样如图 5-32 所示。

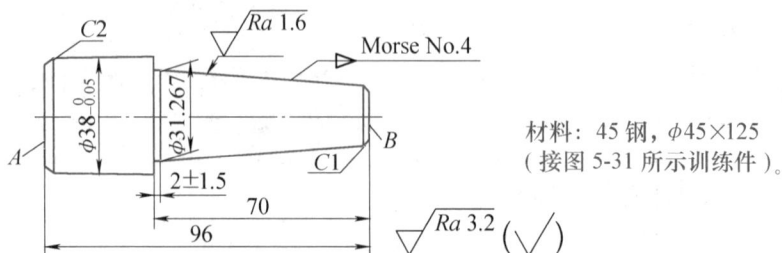

材料：45 钢，$\phi 45 \times 125$
（接图 5-31 所示训练件）。

$\sqrt{Ra\,3.2}\,(\sqrt{\quad})$

图 5-32　手动进给车削莫氏锥棒

2. 操作步骤

1）用自定心卡盘夹持棒料外圆，伸出长度为 50mm 左右，找正并夹紧。

2）车削端面 A；粗、精车外圆 $\phi 38_{-0.05}^{0}$mm，长度大于 28mm，倒角 $C2$。

3）调头，夹持 $\phi 38_{-0.05}^{0}$mm 外圆，伸出长度为 72mm 左右，找正并夹紧。

4）车削端面 B，保证总长 96mm，车削外圆 $\phi 32$mm，长 70mm。

5）小滑板逆时针方向转动圆锥半角（$\alpha/2 = 1°29'15''$），粗车外圆锥面。

6）用圆锥套规检查圆锥角并调整小滑板转角。

7）精车外圆锥面至尺寸要求。

8）倒角 $C1$，去毛刺。

9）用标准莫氏套规进行检测，合格后卸下零件。

3. 任务评价（表 5-5）

表 5-5 手动进给车削莫氏锥棒任务评价

序号	评价项目与要求	配分	评分标准	检测结果	得分
1	$\phi 38_{-0.05}^{0}$mm	16	超差无分		
2	$\phi 31.267$mm	16	超差无分		
3	Morse No.4	22	超差无分		
4	$Ra1.6\mu$m	8	超差无分		
5	$Ra3.2\mu$m（4 处）	4×4	超差无分		
6	$C1$、$C2$	2×2	超差无分		
7	96mm、70mm、（2±1.5）mm	2×3	超差无分		
8	文明生产和安全生产	12	现场评分		
9	合计	100			

三、偏移尾座车削莫氏锥棒

1. 任务图样

训练零件图样如图 5-33 所示。

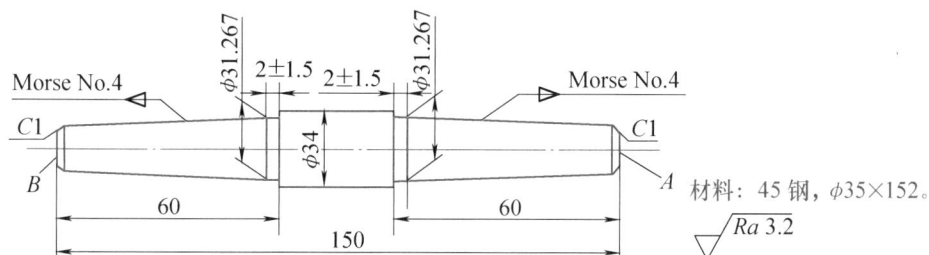

图 5-33 偏移尾座车削莫氏锥棒

2. 操作步骤

1）用自定心卡盘夹持零件毛坯外圆，伸出长度为 30mm 左右，找正并夹紧；车削端面 A，钻中心孔，车削外圆表面去氧化皮即可。

2）以端面 A 为基准，在零件上刻线截取总长 150mm。

3）用自定心卡盘夹持零件毛坯外圆，使 B 端伸出长度为 30mm 左右，找正并夹紧；车削端面 B，保证总长 150mm，钻中心孔。

4）在两顶尖间装夹好零件，车削外圆 $\phi34$mm 至尺寸。

5）车削两端外圆至尺寸 $\phi32$mm，长 60mm。

6）根据尾座偏移量 S 向里偏移尾座，粗车、修正偏移量、精车一端外圆锥面至尺寸要求；倒角 $C1$。

7）调头装夹，车削另一端外圆锥面（因重新装夹会使零件总长 L_0 发生变化，所以须重新调整修正尾座偏移量），倒角 $C1$。

3. 任务评价（表 5-6）

表 5-6　偏移尾座车削莫氏锥棒任务评价

序号	评价项目与要求	配分	评分标准	检测结果	得分
1	$\phi31.267$mm（2 处）	12×2	超差无分		
2	$\phi34$mm	6	超差无分		
3	Morse No. 4（2 处）	16×2	超差无分		
4	$Ra3.2\mu$m（5 处）	2×5	超差无分		
5	150mm、60mm、60mm	2×3	超差无分		
6	(2±1.5)mm（2 处）	3×2	超差无分		
7	$C1$（2 处）	2×2	超差无分		
8	文明生产和安全生产	12	现场评分		
9	合计	100			

任务二　车削内圆锥面

任务描述

车削内圆锥面（锥孔）时，车刀在孔内切削，不易观察和测量，因此比车削外圆锥面难度大。本任务介绍使用转动小滑板法、宽刃刀车削法和锥形铰刀铰内圆锥法加工内圆锥面的方法。

知识链接

车削内圆锥面（锥孔）比车削外圆锥面困难，因为车削内圆锥面时，车刀在孔内切削，不易观察和测量。为了便于加工和测量，装夹零件时，应使锥孔大端直径的位置在外端（靠近尾座方向），锥孔小端直径的位置则靠近车床主轴。在车床上加工内圆锥面的方法主要有转动小滑板法、宽刃刀车削法和锥形铰刀铰内圆锥法。

一、转动小滑板法

1. 转动小滑板法的特点

转动小滑板法车削内圆锥面适用于单件、小批量生产，特别适用于锥孔直径较大、长度较短、锥度较大的圆锥孔。

2. 车削方法

（1）钻孔　车削内圆锥面前，应先车平零件端面，然后选择比锥孔小端直径小 1~2mm 的麻花钻钻孔。

（2）锥孔车刀的选择和装夹　锥孔车刀的刀柄尺寸受锥孔小端直径的限制，为增大刀柄刚度，宜选用圆锥形刀柄，且刀尖应与刀柄的中心对称平面等高。装夹车刀时，应使刀尖严格对准零件回转中心，刀柄伸出的长度应保证其切削行程，刀柄与零件锥孔间应留有一定空隙。车刀装夹好后，应在停车状态检查全程是否会产生碰撞。

车刀对中心的方法与车削端平面时对中心的方法相同。当零件端面上有预制孔时，可采用以下方法对中心：先初步调整车刀高度位置并夹紧，然后移动床鞍和中滑板使车刀与零件端面轻轻接触，摇动中滑板使车刀刀尖在零件端面上轻轻划出一条刻线 AB，如图 5-34a 所示；将卡盘扳转 180° 左右，使刀尖通过 A 点再划一条刻线 AC，若刻线 AC 与 AB 重合，则说明刀尖对准零件回转中心，若 AC 在 AB 的下方，如图 5-34b 所示，则说明车刀装低了，若 AC 在 AB 的上方，如图 5-34c 所示，则说明车刀装高了。此时，可根据 B、C 间距离的 1/4 左右增、减车刀垫片，使刃尖对准零件回转中心。

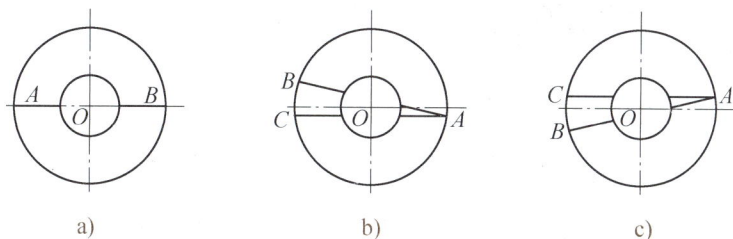

图 5-34　车刀对零件回转中心的方法

（3）转动小滑板车削内圆锥面　转动小滑板的方法与车削外圆锥面时相同，只是方向相反，应沿顺时针方向偏转 $\alpha/2$ 角。车削前，也须调整好小滑板导轨与镶条的配合间隙，并确定小滑板的行程。

当粗车到圆锥塞规能塞进孔 1/2 长度时，应检查和校正圆锥角。然后粗、精车内圆锥面至尺寸要求，如图 5-35 所示。

精车内圆锥面控制尺寸的方法与精车外圆锥面控制尺寸的方法相同，也可以采用计算法或移动床鞍法确定背吃刀量 a_p，如图 5-36 和图 5-37 所示。

3. 切削用量的选择

1）粗车时，切削速度应比车削外圆锥面时低 10%~20%；精车时采用低速精车。

2）手动进给应始终保持均匀，不能有停顿或快慢不均的现象，最后一刀的精车背吃刀量 a_p 一般为 0.1~0.2mm。

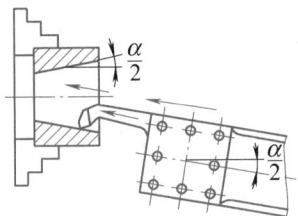

图 5-35　转动小滑板车削内圆锥面

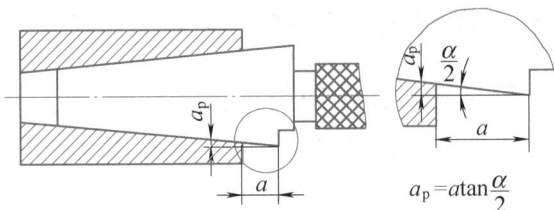

$$a_p = a\tan\frac{\alpha}{2}$$

图 5-36　计算法控制圆锥孔尺寸

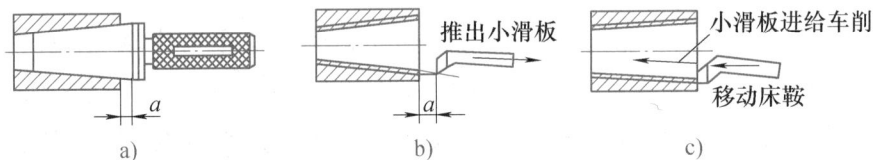

a)　　　　　　　b)　　　　　　　c)

图 5-37　移动床鞍法控制圆锥孔尺寸

3）精车钢件时可以加注切削液，以减小表面粗糙度值，提高表面质量。

4. 车削内、外圆锥配合件的方法

（1）车刀反装法　将锥孔车刀反装，使车刀前刀面向下，刀尖应对准零件回转中心。车床主轴仍正转，然后车削内圆锥面，如图 5-38 所示。

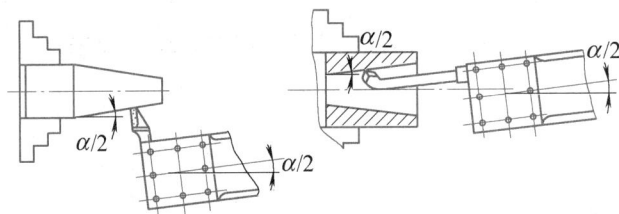

图 5-38　车刀反装车削配套内、外圆锥面

（2）车刀正装法　采用与一般内孔车刀弯头方向相反的锥孔车刀，如图 5-39 所示，车刀正装，使车刀前刀面向上，刀尖对准零件回转中心。车床主轴应反转，然后车削内圆锥面。车刀相对零件的切削位置与车刀反装法时的切削位置相同。

二、宽刃刀车削法

1. 宽刃刀车削法的特点

宽刃刀车削法实质上属于成形法，主要适用于锥面较短、锥孔直径较大、圆锥半角精度要求不高，而锥面的表面粗糙度值要求较小的内圆锥面的车削。

使用宽刃刀车削内圆锥面时，要求车床具有很高的刚度，以免车削时引起振动。

2. 宽刃刀的刃磨与装夹

宽刃锥孔车刀一般选用高速工具钢车刀，前角 γ_o 为 $20° \sim 30°$，后角 α_o 为 $8° \sim 10°$。车刀的切削刃必须刃磨平直，与刀柄底面平行，且与刀柄轴线的夹角为 $\alpha/2$，如图 5-40 所示。

装夹宽刃车刀时，切削刃应与零件回转中心等高，其与车床主轴轴线的夹角应等于零件的圆锥半角 $\alpha/2$。

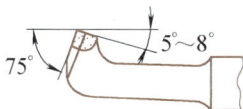

图 5-39 弯头方向相反的锥孔车刀   图 5-40 宽刃锥孔车刀

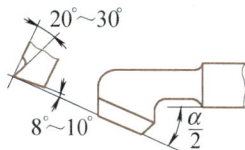

3. 车削方法

1）先用车孔刀粗车内圆锥面，留精车余量。

2）换宽刃锥孔车刀精车，宽刃刀的切削刃伸入孔内的长度应大于锥长，横向（或纵向）进给，低速车削，如图 5-41 所示。

3）车削时使用切削液进行润滑，可使车出的内圆锥面的表面粗糙度值达到 $Ra1.6\mu m$。

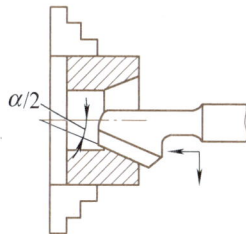

图 5-41 用宽刃刀车削
内圆锥面

三、锥形铰刀铰内圆锥面

1. 铰削法的特点

用锥形铰刀铰削直径较小和精度要求较高的内圆锥面，可以克服因车刀刀柄刚度低，而难以达到较高的精度和获得较小的表面粗糙度值的缺点。用铰削方法加工的内圆锥面，其精度比车削加工的高，表面粗糙度值可达 $Ra0.8\sim1.6\mu m$。

2. 锥形铰刀

锥形铰刀一般分粗铰刀和精铰刀两种，如图 5-42 所示。粗铰刀的槽数比精铰刀少，容屑空间大，对排屑有利。粗铰刀的切削刃上开有一条右螺旋分屑槽，将原来很长的切削刃分割成若干段短切削刃，从而在铰削时把切屑分成几段，使切屑容易排出。精铰刀做成锥度很准确的直线刀齿，并留有很小的棱边（0.1~0.2mm），以保证内圆锥面的质量。

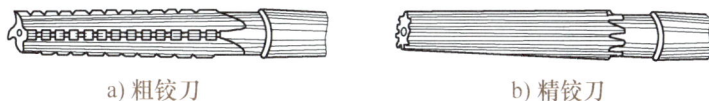

a) 粗铰刀   b) 精铰刀

图 5-42 锥形铰刀

3. 铰削方法

在车床上铰削内圆锥面时，将铰刀装夹在尾座套筒内，铰削前必须将尾座套筒轴线调整到与车床主轴轴线同轴的位置，否则铰出的锥孔不正确，表面质量也不高。

铰削内圆锥面的方法如下：

1）当内圆锥的孔径和锥度较大时，先用直径小于圆锥孔小端直径 1~1.5mm 的麻花钻钻底孔，然后用车削内圆锥面的方法粗车内圆锥面，并留 0.1~0.2mm 的余量，最后用精铰刀铰削至要求。

2）当内圆锥的孔径和锥度较小时，钻孔后直接用粗铰刀粗铰锥孔，然后用精铰刀铰削至要求。

4. 切削用量的选择

铰削内圆锥面时，参与切削的切削刃长，切削面积大，排屑较困难，所以切削用量应选得小些。

（1）切削速度 v_c 切削速度一般选 5m/min 以下，进给应均匀。

（2）进给量 f 进给量的大小根据锥度的大小选取，锥度大时进给量小些；反之，锥度小时进给量可取大些。铰削圆锥角 $\alpha \leqslant 3°$ 的锥孔（如莫氏锥孔）时，钢件的进给量一般选 0.15~0.30mm/r，铸铁件的进给量一般选 0.3~0.5mm/r。

铰削内圆锥面时，必须充分浇注切削液，以减小表面粗糙度值。铰削钢件时，可使用乳化液或切削油；铰削合金钢或低碳钢件时，可使用植物油；铰削铸铁件时，可使用煤油或柴油。

四、内圆锥面的检测

1. 角度或锥度的检测

使用如图 5-43 所示的圆锥塞规，采用涂色法检测角度和锥度。具体检测要求与用圆锥套规检测外圆锥时相同：将显示剂涂在塞规表面，判断圆锥角大小的方法刚好相反，若小端被擦去，大端未被擦去，说明圆锥角过大；反之，若大端被擦去，小端未被擦去，则说明圆锥角过小。

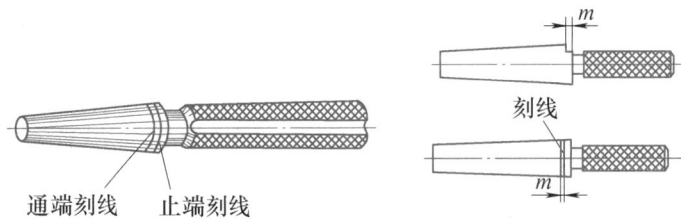

图 5-43 圆锥塞规

2. 圆锥尺寸的检测

圆锥尺寸主要用圆锥塞规检测。根据零件的直径尺寸及公差在圆锥塞规大端开有轴向距离为 m 的台阶（或两刻线），分别表示通端与止端。检测时，若锥孔大端平面在台阶两端面或两刻线之间，则说明锥孔尺寸合格；若锥孔大端平面超过了止端刻线，则说明锥孔尺寸过大；若通端、止端两条刻线都没有进入锥孔，则说明锥孔尺寸过小，如图 5-44 所示。

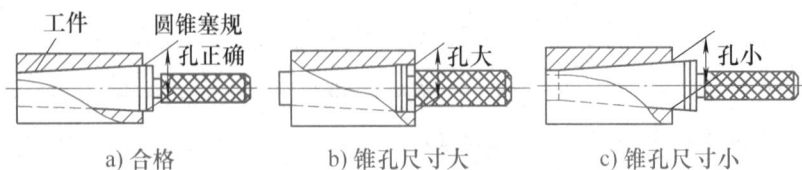

a) 合格　　　　b) 锥孔尺寸大　　　　c) 锥孔尺寸小

图 5-44 用圆锥塞规检测内圆锥尺寸

车削圆锥时可能出现以下情况：虽经多次调整小滑板的转角，但仍不能找正；用圆锥套规检测外圆锥时，发现两端显示剂被擦去，而中间未接触；用圆锥塞规检测内圆锥时，发现中间部位显示剂被擦去，而两端未接触。造成上述情况的原因是车刀刀尖没有对准零件回转轴线而产生了双曲线误差，如图 5-45 所示。

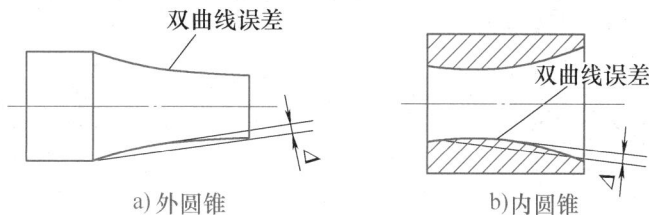

图 5-45　圆锥表面的双曲线误差

经验之谈

车刀在中途经刃磨后再装刀时，必须调整垫片厚度，重新对中心。

🔄 任务实施

一、转动小滑板车削锥套

1. 任务图样

训练零件图样如图 5-46 所示。

材料：45钢，$\phi45\times53$。

图 5-46　锥套

2. 操作步骤

1）计算锥孔小端直径 d 和圆锥半角 $\alpha/2$。由 $C=\dfrac{D-d}{L}$ 得，$d=D-CL=30\text{mm}-\dfrac{1}{5}\times50\text{mm}=20\text{mm}$；由 $\tan\dfrac{\alpha}{2}=\dfrac{1}{2}C=\dfrac{1}{2}\times\dfrac{1}{5}=0.1$ 得，$\alpha/2=5°42'38''$。

2）夹持毛坯外圆，长 15mm 左右，找正并夹紧；车削端面，车削外圆至 $\phi38$mm，长 30～35mm，倒角 $C1.5$。

3）调头夹持 $\phi40$mm 外圆，长 20～25mm，找正并夹紧；车削端面，保证总长 50mm；车削外圆 $\phi40$mm，接平外圆，倒角 $C1.5$。

4）钻通孔 $\phi18$mm。

5）将小滑板顺时针转动 $5°42'38''$，粗车内圆锥面。

6）调整圆锥半角。

7）精车内圆锥面，保证尺寸 $\phi30^{+0.1}_{0}$mm。

3. 任务评价（表5-7）

表5-7 转动小滑板车削锥套任务评价

序号	评价项目与要求	配分	评分标准	检测结果	得分
1	$\phi30^{+0.1}_{0}$mm	24	超差无分		
2	$\phi38$mm	10	超差无分		
3	锥度 $C=1:5$	32	超差无分		
4	$Ra3.2\mu m$	10	超差无分		
5	50mm	6	超差无分		
6	$C1.5$（2处）	3×2	超差无分		
7	文明生产和安全生产	12	现场评分		
8	合计	100			

二、转动小滑板车削内、外圆锥配合件

1. 任务图样

训练零件图样如图5-47所示。

2. 操作步骤

（1）件1加工步骤

1）用自定心卡盘夹持毛坯外圆，伸出长度为50mm，找正并夹紧。

2）车削端面，车平即可。

3）粗、精车外圆 $\phi30^{0}_{-0.033}$mm，长度30mm至要求，并车平台阶平面。

4）粗、精车外圆 $\phi38^{0}_{-0.062}$mm，长度大于10mm（零件总长为40mm）。

图5-47 内、外圆锥配合件

5）调整小滑板转角，粗车外圆锥面。

6）精车外圆锥面，锥面大端与台阶端面间的距离应不大于1.5mm。

7）倒角 $C1$，去毛刺。

8）控制零件总长41mm，切断。

9）调头垫铜皮，找正并夹紧。

10）车削端面，保证总长40mm，倒角 $C1$。

（2）件2加工步骤

1）用自定心卡盘夹持毛坯外圆，伸出长度为35~40mm，找正并夹紧。

2）车削端面，车平即可。

3）粗、精车外圆 $\phi38^{0}_{-0.062}$mm，长30mm至要求，倒角 $C1$。

4）钻 $\phi23$mm孔，深30mm左右。

5）控制总长28mm，切断。

6）调头垫铜皮，找正并夹紧。

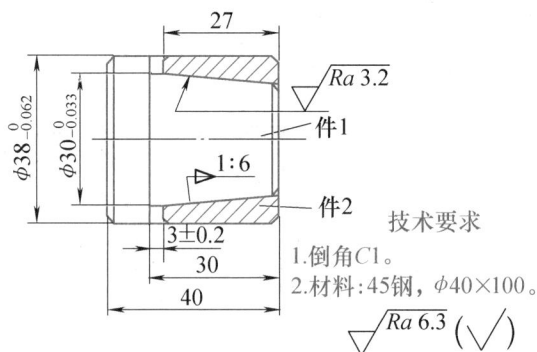

7）车削端面，保证总长 27mm，倒角 C1。

8）粗、精车内圆锥面，控制配合间隙（3±0.2）mm。

3. 任务评价（表 5-8）

表 5-8 转动小滑板车削内、外圆锥配合件任务评价

序号	评价项目与要求	配分	评分标准	检测结果	得分
1	$\phi 38_{-0.062}^{\ 0}$ mm（2 处）	6×2	超差无分		
2	$\phi 30_{-0.033}^{\ 0}$ mm（2 处）	6×2	超差无分		
3	锥度 $C=1:6$（2 处）	10×2	超差无分		
4	配合（锥面接触面积≥75%）	22	超差无分		
5	（3±0.2）mm	10	超差无分		
6	$Ra3.2\mu m$（2 处）	3×2	超差无分		
7	40mm、30mm、27mm	3	超差无分		
8	倒角 C1（3 处）	1×3	超差无分		
9	文明生产和安全生产	12	现场评分		
10	合计	100			

三、铰内圆锥孔

1. 任务图样

训练零件图样如图 5-48 所示。

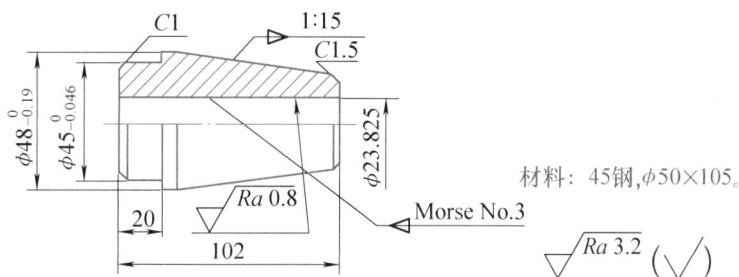

图 5-48 莫氏锥套

2. 操作步骤

1）用自定心卡盘夹持毛坯外圆，伸出长度为 25mm 左右，找正并夹紧。

2）车削端面，粗、精车 $\phi 45_{-0.046}^{\ 0}$ mm 外圆，倒角 C1。

3）调头夹持 $\phi 45_{-0.046}^{\ 0}$ mm 外圆，找正并夹紧。

4）车削端面，保证总长 102mm，粗、精车外圆 $\phi 48_{-0.19}^{\ 0}$ mm 至尺寸要求。

5）粗、精车 1:15 外圆锥至要求，倒角 C1.5。

6）用中心钻钻定位孔。

7）钻通孔，钻头直径按锥孔小端尺寸留铰削余量（参考值为 $\phi 18_{0}^{+0.1}$ mm）。

8）粗、精铰内圆锥孔至尺寸要求。

9）检测并卸下零件。

3. 任务评价（表 5-9）

表 5-9　铰内圆锥孔任务评价

序号	评价项目与要求	配分	评分标准	检测结果	得分
1	$\phi48_{-0.19}^{0}$mm	12	超差无分		
2	$\phi45_{-0.046}^{0}$mm	12	超差无分		
3	$\phi23.825$mm	8	超差无分		
4	锥度 $C=1:15$	14	超差无分		
5	Morse No.3	20	超差无分		
6	$Ra0.8\mu$m	4	超差无分		
7	$Ra3.2\mu$m（4 处）	3×4	超差无分		
8	102mm、20mm	2×2	超差无分		
9	$C1$、$C1.5$	1×2	超差无分		
10	文明生产和安全生产	12	现场评分		
11	合计	100			

四、车削变径套

1. 任务图样

训练零件图样如图 5-49 所示。

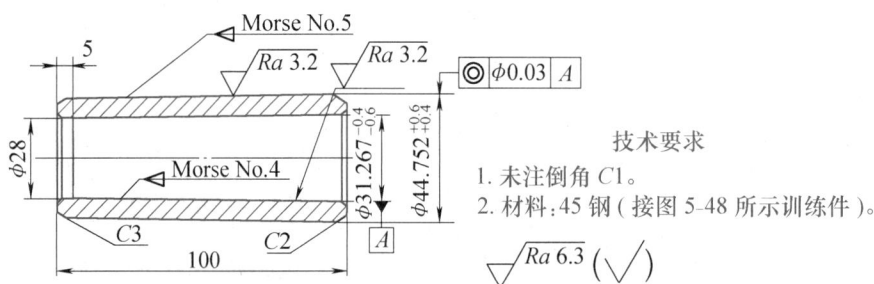

图 5-49　变径套

2. 操作步骤

1）用自定心卡盘夹持零件外圆，长约 20mm，找正并夹紧。

2）车削端面及外圆 $\phi45$mm，长 60mm 左右。

3）钻通孔 $\phi25$mm。

4）车削台阶孔 $\phi28$mm，深 5mm 至要求；孔口倒角 $C1$。

5）调头夹持 $\phi45$mm 外圆，长约 30mm，找正并夹紧。

6）车削端面，保证总长 100mm，接刀车削外圆 $\phi45$mm。

7）小滑板顺时针方向转动 1°29′15″，粗、精车莫氏 4 号锥孔至尺寸（涂色检测接触面积应不小于 60%），表面粗糙度达到要求。

8）孔口倒角 $C1$。

9）将零件装夹在预制好的两顶尖心轴上，用偏移尾座法或转动小滑板法，粗、精车莫氏 5 号外圆锥至要求。

10）倒角 $C2$ 及 $C3$。

11）检查。

3. 任务评价（表 5-10）

表 5-10 车削变径套任务评价

序号	评价项目与要求	配分	评 分 标 准	检 测 结 果	得分
1	$\phi 44.752^{+0.6}_{+0.4}$ mm	12	超差无分		
2	$\phi 31.267^{-0.4}_{-0.6}$ mm	12	超差无分		
3	$\phi 28$ mm	8	超差无分		
4	Morse No. 5	12	超差无分		
5	Morse No. 4	18	超差无分		
6	◎ $\phi 0.03$ A	12	超差无分		
7	$Ra 3.2 \mu m$（2 处）	3×2	超差无分		
8	100mm、5mm	2×2	超差无分		
9	$C1$（2 处）、$C2$、$C3$	1×4	超差无分		
10	文明生产和安全生产	12	现场评分		
11	合计	100			

五、车削圆锥面质量分析

车削圆锥面时可能出现的质量问题的种类、产生原因及预防措施见表 5-11。

表 5-11 车削圆锥面时可能出现的质量问题的种类、产生原因及预防措施

质量问题的种类	产生原因	预防措施
锥度（角度）不正确	1. 用转动小滑板法车削时 （1）小滑板转动角度计算错误或小滑板角度调整不当 （2）车刀没有夹紧 （3）小滑板移动时松紧不均	（1）仔细计算小滑板应转动的角度、方向，反复试车校正 （2）夹紧车刀 （3）调整镶条间隙，使小滑板移动均匀
	2. 用偏移尾座法车削时 （1）尾座偏移量不正确 （2）零件长度不一致	（1）重新计算和调整尾座偏移量 （2）若零件数量较多，则其长度必须一致，且各零件两端中心孔间的距离也应一致
	3. 用宽刃刀车削时 （1）装刀不正确 （2）切削刃不直 （3）刃倾角 $\lambda_s \neq 0$	（1）调整切削刃的角度和对准中心 （2）修磨切削刃的直线度 （3）重磨刃倾角，使 $\lambda_s = 0$
	4. 铰内圆锥时 （1）铰刀锥度不正确 （2）铰刀轴线与主轴轴线不重合	（1）修磨铰刀 （2）用百分表和检验棒调整尾座套筒轴线

（续）

质量问题的种类	产生原因	预防措施
大、小端尺寸不正确	1. 未经常测量大、小端直径 2. 控制刀具进给错误	1. 经常测量大、小端直径 2. 及时测量,用计算法或移动床鞍法控制背吃刀量 a_p
双曲线误差	车刀刀尖未对准零件轴线	车刀刀尖必须严格对准零件轴线
表面粗糙度达不到要求	1. 切削用量选择不当 2. 手动进给忽快忽慢 3. 车刀角度不正确,刀尖不锋利 4. 小滑板镶条间隙不当 5. 未留足精车或铰削余量	1. 正确选择切削用量 2. 手动进给要均匀,快慢应一致 3. 刃磨车刀,角度要正确,刀尖要锋利 4. 调整小滑板镶条间隙 5. 要留有适当的精车或铰削余量

课后测评

1. 车削外圆锥面有哪些方法?
2. 如何使用涂色法检测外圆锥零件?
3. 如何使用圆锥套规检测圆锥角和外圆锥尺寸?
4. 加工内圆锥面有哪些方法?
5. 如何对内圆锥面进行检测?
6. 车削圆锥面出现双曲线误差是由什么原因引起的?

车削成形面和表面修饰加工

模块六

学习目标

知识目标

1. 掌握车削成形面的加工工艺。
2. 掌握滚花的加工工艺。
3. 掌握在车床上抛光的加工工艺。

技能目标

1. 能车削球面，并进行精度检验和质量分析。
2. 能在车床上进行滚花加工。
3. 能在车床上进行抛光。
4. 具备知识技能拓展能力及适应发展的能力。

素养目标

1. 培养敬业、专注、创新的工匠精神。
2. 培养节能意识、安全意识。能正确遵守个人和车间安全作业要求，注重个人安全防护。
3. 具备将车削成形面和表面修饰加工的知识技能应用于具体工作领域的能力，具有一定的分析问题和解决问题的能力。

任务一　车削成形面

任务描述

有的零件表面在其轴向剖面中呈曲线形，具有这些特征的表面称为成形面。本任务介绍双手控制法车削成形面。

知识链接

有些零件表面在其轴向剖面中呈曲线形，如圆球手柄、橄榄手柄等，如图 6-1 所示，具有这些特征的表面称为成形面。

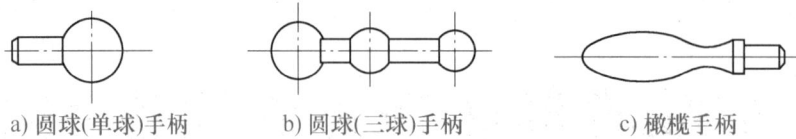

a) 圆球(单球)手柄　　b) 圆球(三球)手柄　　c) 橄榄手柄

图 6-1　具有成形面的零件

在车床上加工成形面时，应根据这些零件的表面特征、精度要求和生产批量大小，采用不同的加工方法。加工成形面的方法主要有双手控制法、成形法（即样板刀车削法）、仿形法（靠模仿形）和专用工具法等。其中，双手控制法车削成形面是成形面车削的基本方法。

一、双手控制法车削单球手柄

1. 双手控制法及其特点

用双手控制中、小滑板或者控制中滑板与床鞍的合成运动，使刀尖的运动轨迹与零件所要求的成形面曲线重合，以实现车削成形面的方法称为双手控制法，如图 6-2 所示。

双手控制法车削成形面的特点是灵活、方便，不需要其他辅助工具，但需较高的技术水平。

双手控制法主要用于单件或数量较少的成形面零件的加工。

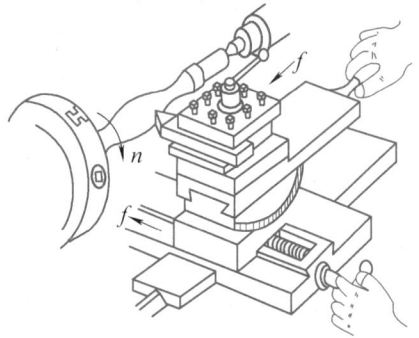

图 6-2　双手控制法车削成形面

2. 圆球部分长度的计算

图 6-3 所示单球手柄的圆球部分长度 L 按下式计算

$$L = \frac{1}{2}(D + \sqrt{D^2 + d^2})$$

式中　L——圆球部分的长度（mm）；

D——圆球的直径（mm）；

d——柄部直径（mm）。

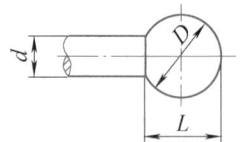

图 6-3　单球手柄的计算

3. 车刀移动速度分析

双手控制法车削圆球时，车刀刀尖在圆球不同位置处的纵、横向进给速度是不同的，如图 6-4 所示。车刀从 a 点出发至 c 点时，纵向进给速度按快→中→慢变化；横向进给速度则按慢→中→快变化。也就是在车削 a 点时，中滑板的横向进给速度比床鞍（或小滑板）的纵向进给速度慢；在车削 b 点时，横向与纵向进给速度基本相等；在车削 c 点时，横向进给速度比纵向进给速度快。

4. 单球手柄的车削

1）车削圆球直径 D、柄部直径 d，以及计算所

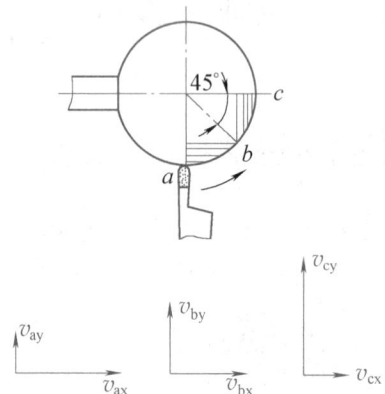

图 6-4　车刀纵、横向进给速度的变化

146

得圆球部分长度 L，留精车余量 0.2~0.3mm，如图 6-5 所示。

2）用半径 R 为 2~3mm 的圆头车刀从 a 点向左（c 点）、右（b 点）方向逐步把余量车去，如图 6-6 所示。

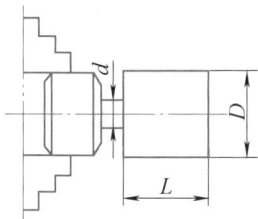

图 6-5 车削圆柱

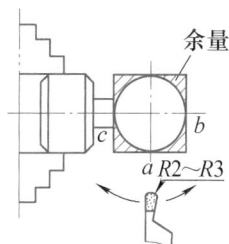

图 6-6 车削圆球

3）在 c 点处用切断刀修清角。

5. 修整

由于双手控制法为手动进给车削，零件表面不可避免地会留下高低不平的刀痕，所以必须用细齿纹平锉进行修光，再用 1 号或 0 号砂布砂光。

二、球面的检测

为保证球面的外形正确，在车削过程中应边车削边检测。检测球面的常用方法如下。

（1）用样板检查 用样板检查时，样板应对准零件中心，观察样板与零件之间间隙的大小，并根据间隙情形进行修整，如图 6-7 所示。

（2）用千分尺检测 用千分尺检测时，千分尺测微螺杆的轴线应通过零件球面中心，并应多次变换测量方向，根据测量结果进行修整。合格的球面，其各测量方向所测得的量值应在图样规定的范围内，如图 6-8 所示。

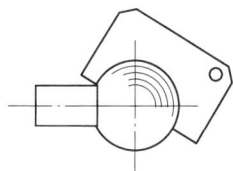

图 6-7 用样板检查球面

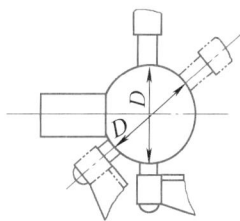

图 6-8 用千分尺检测球面

🔄 任务实施

一、车削单球手柄

1. 任务图样

训练零件图样如图 6-9 所示，可按表中所列尺寸进行多次练习。

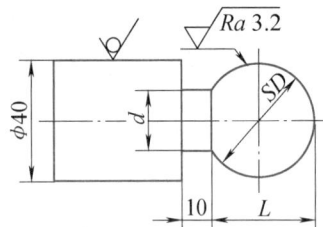

材料：45钢，$\phi40\times120$。

次数	SD	d	L
1	$\phi36\pm0.5$	$\phi20$	33
2	$\phi34\pm0.3$	$\phi18$	31.4
3	$\phi32\pm0.2$	$\phi16$	29.8
4	$\phi30\pm0.1$	$\phi15$	27.9

图 6-9　单球手柄

2. 操作步骤

1）夹持棒料外圆，伸出长度不少于60mm，找正并夹紧。

2）车削端面。

3）车削外圆至$\phi37$mm，长44mm。

4）车削槽$\phi20$mm，宽10mm，并保证长度L大于33mm。

5）用圆头车刀粗车、精车球面至（$\phi36\pm0.5$）mm。

6）清角，修整。

7）检查。

8）按零件图样中表格所列各组尺寸要求，重复上述训练步骤依次进行操作训练。

3. 任务评价（表6-1）

表 6-1　车削单球手柄任务评价

序号	评价项目与要求	配分	评分标准	检测结果	得分
1	（$\phi36\pm0.5$）mm	12	超差无分		
2	$\phi20$mm	3	超差无分		
3	33mm	3	超差无分		
4	$Ra3.2\mu$m	4	超差无分		
5	（$\phi34\pm0.3$）mm	12	超差无分		
6	$\phi18$mm	3	超差无分		
7	31.4mm	3	超差无分		
8	$Ra3.2\mu$m	4	超差无分		
9	（$\phi32\pm0.2$）mm	12	超差无分		
10	$\phi16$mm	3	超差无分		
11	29.8mm	3	超差无分		
12	$Ra3.2\mu$m	4	超差无分		
13	（$\phi30\pm0.1$）mm	12	超差无分		
14	$\phi15$mm	3	超差无分		
15	27.9mm	3	超差无分		
16	$Ra3.2\mu$m	4	超差无分		
17	文明生产和安全生产	12	现场评分		
18	合计	100			

二、车削橄榄手柄

1. 任务图样

训练零件图样如图 6-10 所示。

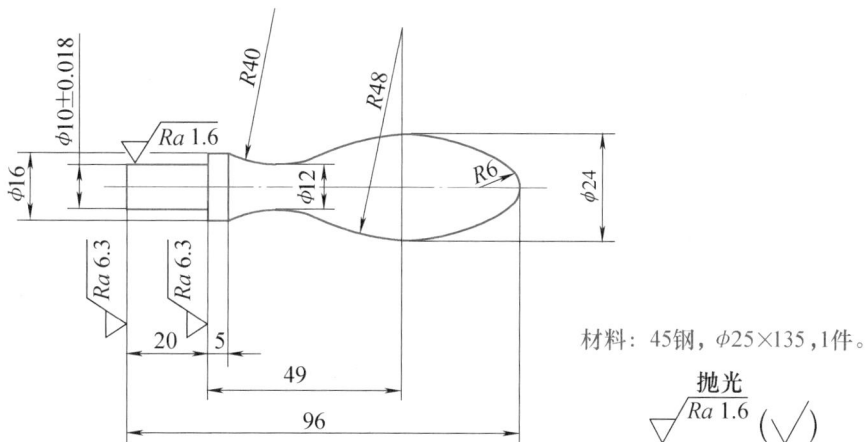

图 6-10　橄榄手柄

材料：45钢，φ25×135,1件。

抛光
$\sqrt{Ra\,1.6}$ ($\sqrt{}$)

2. 操作步骤

1）夹持棒料外圆，伸出长度在 30mm 左右，车平端面和钻中心孔。

2）零件伸出长约 110mm，一夹一顶装夹。

3）粗车外圆 φ24mm，长 100mm；φ16mm，长 45mm；φ10mm，长 20mm。各处均留精车余量约 0.1mm，如图 6-11 所示。

4）从 φ16mm 外圆的平面量起，长 17.5mm 处为中心线，用小圆头车刀车出 φ12.5mm 的定位槽，如图 6-12 所示。

5）从 φ16mm 外圆的平面量起，在长度大于 5mm 处开始切削，向 φ12.5mm 定位槽处移动车削 R40mm 圆弧面，如图 6-13 所示。

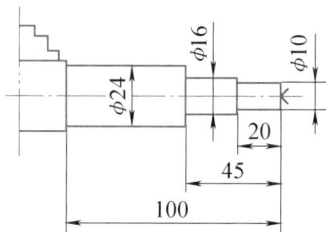

图 6-11　粗车各段外圆

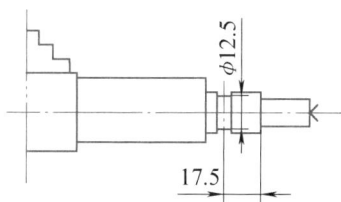

图 6-12　车削定位槽

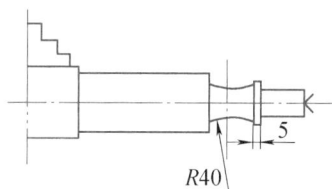

图 6-13　车削凹圆弧面

6）从 φ16mm 外圆的平面量起，长 49mm 处为中心线，在 φ24mm 外圆上向左、右方向车削 R48mm 圆弧面，如图 6-14 所示。

7）精车（φ10±0.018)mm、长 20mm 至要求，车削 φ16mm 外圆。

8）用锉刀、砂布修整抛光（用专用样板检查）。

9）松去顶尖，用圆头车刀车削 R6mm 圆弧面，并切下零件。

10）调头垫铜皮，夹持 φ24mm 外圆，找正并夹紧，用锉刀修整 R6mm 圆弧，并用砂布抛光，如图 6-15 所示。

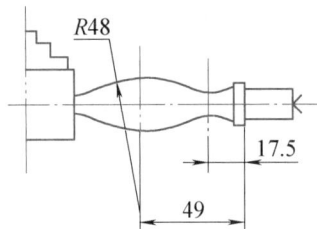

图 6-14　车削凸圆弧面

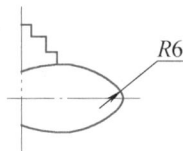

图 6-15　抛光手柄端部

3. 任务评价（表6-2）

表 6-2　车削橄榄手柄任务评价

序号	评价项目与要求	配分	评分标准	检测结果	得分
1	$(\phi10\pm0.018)$ mm	13	超差无分		
2	$\phi24$mm	6	超差无分		
3	$\phi12$mm	6	超差无分		
4	$\phi16$mm	6	超差无分		
5	$R40$mm	13	超差无分		
6	$R48$mm	13	超差无分		
7	$Ra1.6\mu$m（5处）	3×5	超差无分		
8	96mm、49mm、20mm、5mm	4×4	超差无分		
9	文明生产和安全生产	12	现场评分		
10	合计	100			

4. 双手控制法车削成形面时的注意事项

1）用双手控制法车削成形面时，双手配合应协调、熟练。车刀切入深度应控制准确，防止将零件局部车小。

2）车削球面时，要培养目测球形的能力，防止把球形车扁。

3）车削成形曲面时，车刀一般应从曲面高处向低处送进。为了增加零件刚度，应先车削离卡盘远的曲面段，后车削离卡盘近的曲面段。

4）用锉刀修整弧形曲面时，锉刀应绕弧面进行，如图 6-16 所示。

5）用锉刀修整时，车床导轨面上应垫上防护垫板或护床纸，以防锉屑散落床面而影响导轨精度。

图 6-16　双手控制法修整弧形曲面

任务二　表面修饰加工

任务描述

滚花是为了增加零件的表面摩擦或使零件表面美观，在零件表面上滚压出各种不同花纹的操作。抛光是使用机械、化学或电化学方法，使零件获得光亮、平整表面的加工方法。本任务介绍在车床上对零件进行滚花和抛光的方法。

知识链接

一、滚花

为了增加表面摩擦，便于使用或使零件表面美观，常在某些工具和机器零件的捏手部位表面滚压出各种不同的花纹，如千分尺的微分筒、车床中滑板刻度盘表面等。

用滚花工具在零件表面上滚压出花纹的加工称为滚花，如图6-17所示。

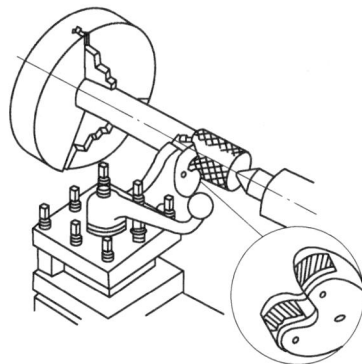

图 6-17 滚花

1. 滚花花纹的种类和选择

滚花的花纹有直纹和网纹两种。花纹有粗细之分，并用模数 m 区分。模数越大，花纹越粗。花纹的形状和各部分的尺寸如图6-18和表6-3所示。

滚花花纹的粗细应根据零件滚花表面的直径大小进行选择，直径大时选用大模数花纹，直径小则选用小模数花纹。

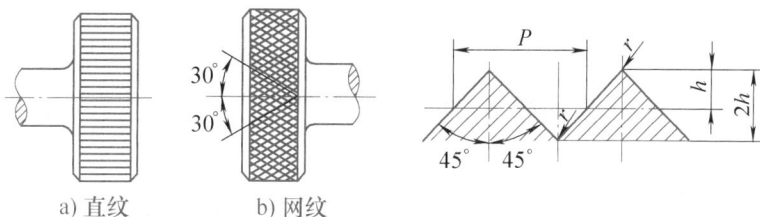

a) 直纹　　b) 网纹

图 6-18 花纹的形状和尺寸

表 6-3 滚花花纹各部分的尺寸　　（单位：mm）

模数 m	h	r	节距 $P = \pi m$
0.2	0.132	0.06	0.628
0.3	0.198	0.09	0.942
0.4	0.264	0.12	1.257
0.5	0.326	0.16	1.571

注：1. 表中 $h = 0.785m - 0.414r$。

　　2. 滚花前，零件的表面粗糙度值为 $Ra12.5\mu m$。

　　3. 滚花后的零件直径大于滚花前直径，其差值 $\Delta = (0.8 \sim 1.6)m$。

2. 滚花刀

在车床上滚花时使用的工具称为滚花刀。滚花刀一般有单轮、双轮和六轮3种，如图6-19所示。单轮滚花刀由直纹滚轮和刀柄组成，用来滚直纹；双轮滚花刀由2只旋向不同的滚轮、浮动连接头及刀柄组成，用来滚网纹；六轮滚花刀由3对不同模数的滚轮，通过浮动连接头与刀柄组成一体，可以根据需要滚出3种不同模数的网纹。

3. 滚花前的零件直径

由于滚花过程是利用滚花刀的滚轮来滚压零件表面的金属层，使其产生一定的塑性

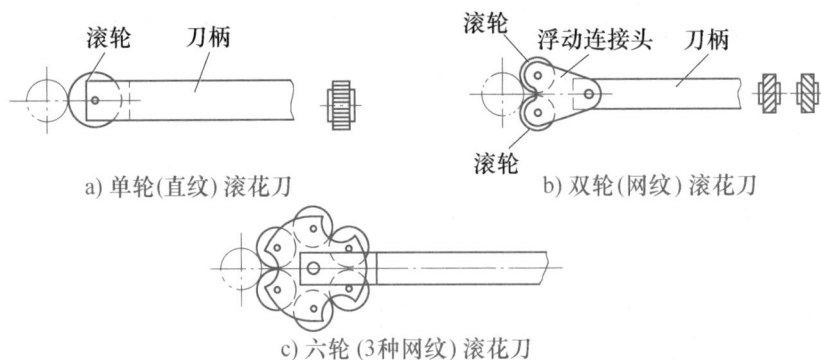

图 6-19　滚花刀

变形而形成花纹的，随着花纹的形成，滚花后零件的直径会增大。因此，滚花前应相应地将滚花表面的直径车小些。

在滚花前，根据零件材料的性质和花纹模数的大小，应将零件滚花表面的直径车小 $(0.8\sim1.6)m$（m 为模数）。

4. 滚花刀的装夹

滚花刀装夹在车床刀架上，滚花刀的装刀（滚轮）中心与零件回转中心等高，如图 6-19 所示。

滚压非铁金属或滚花表面要求较高的零件时，滚花刀滚轮轴线应与零件轴线平行，如图 6-20 所示。

滚压碳素钢或滚花表面要求一般的零件时，可将滚花刀刀柄尾部向左偏斜 3°～5°安装，如图 6-21 所示，以便于切入零件表面且不易产生乱纹。

5. 滚花的工作要点

1）在滚花刀接触零件开始滚压时，挤压力要大且猛一些，使零件圆周上从一开始就形成较深的花纹，这样不易产生乱纹。

2）为了减小滚花开始时的径向压力，可以使滚轮表面宽度的 1/3～1/2 与零件接触，使滚花刀容易切入零件表面，如图 6-22 所示。在停车检查花纹符合要求后，即可纵向机动进给，反复滚压 1～3 次，直至花纹凸出达到要求为止。

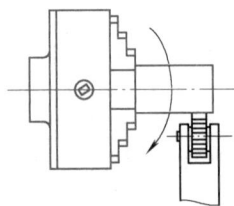

图 6-20　滚花刀平行装夹　　　　图 6-21　滚花刀倾斜装夹　　　　图 6-22　滚花刀切入零件位置

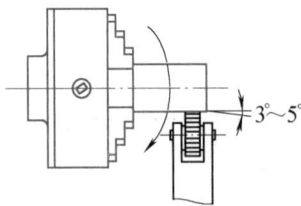

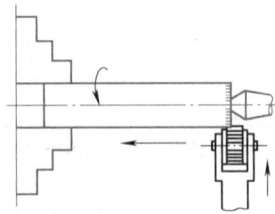

3）滚花时，应选低的切削速度，一般为 5～10m/min；纵向进给量可选得大些，一般为 0.3～0.6mm/r。

4）滚花时，应充分浇注切削液以润滑滚轮和防止滚轮发热损坏，并经常清除滚压产生的切屑。

5）滚花时的径向力很大，所用设备应具有较高的刚度，零件必须装夹牢靠。由于滚花时难以完全避免零件移位现象，所以车削带有滚花表面的零件时，滚花应安排在粗车之后、精车之前进行。

二、抛光

利用机械、化学或电化学的作用，使零件获得光亮、平整表面的加工方法称为抛光。车削加工时，由于手动进给不均匀，尤其是双手同时进给车削成形面时，往往会在零件表面留下不均匀的刀痕。抛光的目的就在于去除这些刀痕和减小表面粗糙度值。在车床上抛光时，通常采用锉刀修光和砂布砂光两种方法。

1. 锉刀修光

（1）锉刀　修光用的锉刀常用细齿纹的平锉和整形锉或特细齿纹的油光锉。

修光的锉削余量一般为 0.01～0.03mm。

（2）握锉方法　在车床上用锉刀修光时，为保证安全，最好用左手握锉柄，右手扶住锉刀前端进行锉削，如图 6-23 所示。

（3）锉刀修整要点　在车床上锉削时，要满足以下几个要点：推锉力和压力要均匀，不可过大或过猛，以免把零件表面锉出沟纹或锉成节状、锉扁；推锉速度要缓慢（一般为40 次/min 左右），并尽量利用锉刀的全部有效长度。

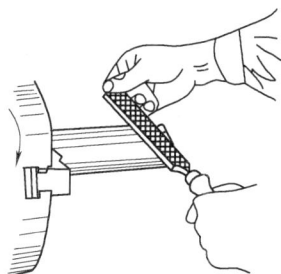

图 6-23　在车床上用锉刀修光的姿势

锉刀修光时，应合理选择锉削速度。锉削速度不宜过高，否则容易造成锉齿磨钝；锉削速度过低，则容易把零件锉扁。

进行精细修锉时，除可选用油光锉外，还可在锉刀的锉齿面上涂一层粉笔末，并经常用铜丝刷清理齿缝，以防锉屑嵌入齿缝划伤零件表面。

2. 砂布砂光

（1）砂布　用砂布磨光零件表面的过程称为砂光。零件表面经过精车或锉刀修光后，如果表面粗糙度值还不够小，可用砂布进行砂光。

在车床上砂光时，常用细粒度的 0 号或 1 号砂布。砂布越细，砂光后的表面粗糙度值越小。

（2）砂光外圆的方法

1）把砂布垫在锉刀下面进行砂光。

2）用双手直接捏住砂布两端，右手在前、左手在后进行砂光，如图 6-24 所示。砂光时，双手用力不可过大，以防砂布因摩擦过度而被拉断。

3）将砂布夹在抛光夹的圆弧槽内，套在零件上后，手握抛光夹纵向移动砂光零件，如图 6-25 所示。用抛光夹砂光比手捏砂布砂光安全，适用于成批砂光，但仅适用于形状简单的零件的砂光。

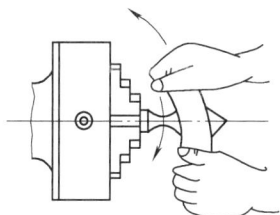

图 6-24　手捏砂布砂光

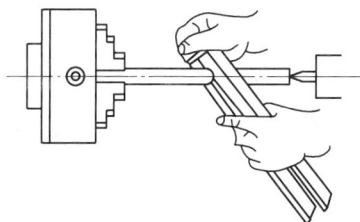

图 6-25　用抛光夹砂光

（3）砂光内孔的方法　用砂布砂光内孔时，可用一根比内孔孔径小的木棒，在一端开槽，如图6-26所示。将砂布撕成条状，一端插在木棒槽内，并按顺时针方向将砂布缠紧在木棒上，然后进行内孔砂光，如图6-27所示。

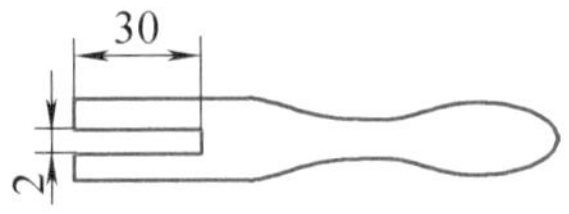

图6-26　抛光棒 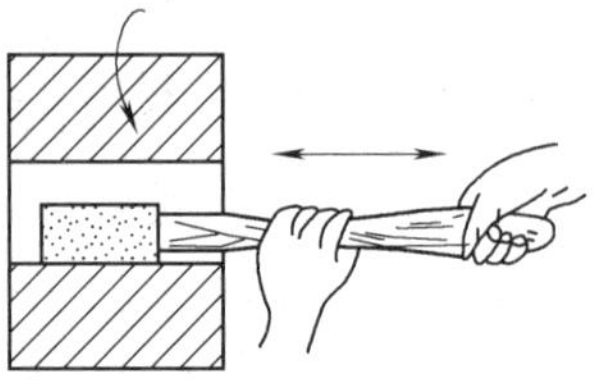　　　　　　　图6-27　用抛光棒砂光

（4）砂光要点　用砂布砂光零件时，应选择较高的转速，并使砂布在零件表面来回缓慢而均匀移动。最后精砂时，可在砂布上加少许全损耗系统用油或金刚砂粉，这样可以获得更好的表面质量。

砂光内孔时，若内孔孔径较大，除用抛光棒砂光外，还可以用手捏住砂布进行砂光；但砂光小孔时必须使用抛光棒，严禁将砂布缠绕在手指上伸入孔内砂光，以免发生事故。

任务实施

一、滚花

1. 任务图样

训练零件图样如图6-28所示。

2. 操作步骤

1）用自定心卡盘夹持零件毛坯外圆，找正并夹紧。

2）车削端面（车平即可）。

3）粗车外圆至$\phi31.2$mm，长30mm。

4）调头夹持$\phi31.2$mm外圆，长20mm，找正并夹紧。

5）车削端面，保证总长70.5mm。

6）车削外圆至$\phi37.8$mm。

7）滚压网纹m0.3，倒角C1。

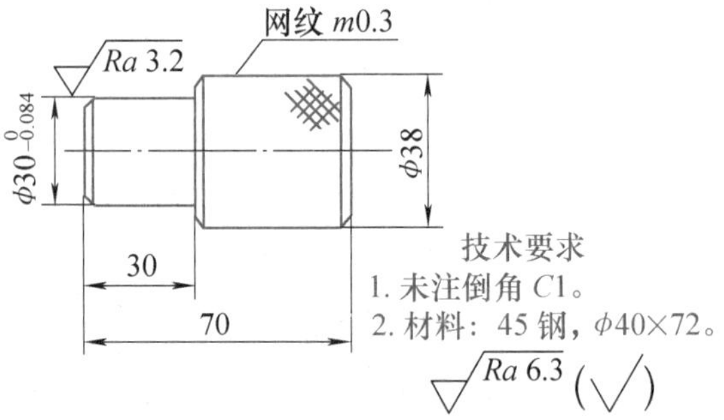

8）调头夹持滚花表面，找正并夹紧；车削端面，保证总长70mm。

9）精车外圆$\phi30_{-0.084}^{0}$mm、长30mm至要求；倒角C1（2处）。

图6-28　滚花零件

3. 任务评价（表6-4）

表6-4　滚花任务评价

序号	评价项目与要求	配分	评分标准	检测结果	得分
1	$\phi30_{-0.084}^{0}$mm	20	超差无分		
2	$\phi38$mm	10	超差无分		

（续）

序号	评价项目与要求	配分	评分标准	检测结果	得分
3	网纹 $m0.3$	20	超差无分		
4	$Ra3.2\mu m$	6	超差无分		
5	70mm、30mm	10×2	超差无分		
6	倒角 $C1$（3 处）	4×3	超差无分		
7	文明生产和安全生产	12	现场评分		
8	合计	100			

二、滚花时的注意事项

1）滚压直纹时，滚花刀的齿纹必须与零件轴线平行，否则滚压后的花纹将不直。

2）在滚压过程中，不能用手或棉纱去接触滚压表面，以防发生绞手伤人事故；清除切屑时，应避免毛刷接触零件与滚轮的咬合处，以防毛刷被卷入。

3）滚压细长零件时，应防止零件弯曲；滚压薄壁零件时，应防止零件变形。

4）滚压时，如果压力过大、进给量太小，往往会滚出台阶形凹坑。

课后测评

1. 什么是成形面？

2. 车削成形面的方法有哪些？

3. 如何对球面进行检测？

4. 什么是滚花？滚花有何作用？

5. 什么是抛光？利用车床进行抛光的方法有哪些？

模块七 车削螺纹

学习目标

知识目标
1. 掌握螺纹的相关内容。
2. 掌握常用螺纹的加工工艺。

技能目标
1. 能正确刃磨常用螺纹车刀。
2. 能车削常用螺纹，并进行精度检验和质量分析。
3. 能在车床上进行套螺纹、攻螺纹加工。
4. 具备知识技能拓展能力及适应发展的能力。

素养目标
1. 培养敬业、专注、创新的工匠精神。
2. 培养节能意识、安全意识。能正确遵守个人和车间安全作业要求，注重个人安全防护。
3. 具备将车削螺纹的知识技能应用于具体工作领域的能力，具有一定的分析问题和解决问题的能力。

任务一 了解螺纹

任务描述

在各种机械产品中，带有螺纹的零件应用广泛。螺纹的加工方法很多，其中，用车削方法加工螺纹是最常用的方法之一，车削螺纹是车工的基本技能之一。本任务主要介绍螺纹的相关概念。

知识链接

一、螺纹术语

1. 螺旋线

螺旋线是沿着圆柱或圆锥表面运动的点的轨迹，该点的轴向位移和相应的角位移成定比，如图 7-1 所示。

2. 螺纹

螺纹是在圆柱或圆锥表面上，沿着螺旋线所形成的具有规定牙型的连续凸起，如图 7-2 和图 7-3 所示。凸起是指螺纹两侧面间的实体部分，又称为牙。在圆柱表面上形成的螺纹称为圆柱螺纹，如图 7-2a 和图 7-3a 所示；在圆锥表面上形成的螺纹称为圆锥螺纹，如图 7-2b 和图 7-3b 所示。

3. 螺纹牙型

螺纹牙型是通过螺纹轴线剖面上螺纹的轮廓形状。螺纹牙型有三角形、矩形、梯形和锯齿形等，如图 7-4 所示。

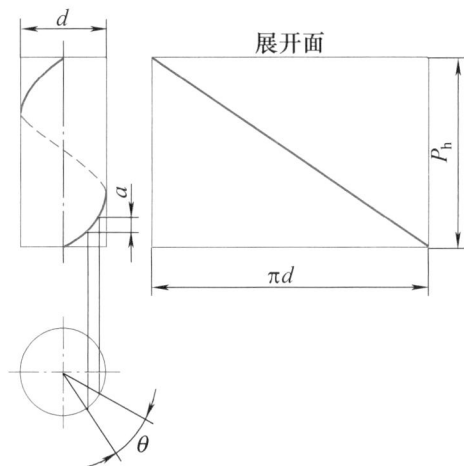

图 7-1 螺旋线的形成

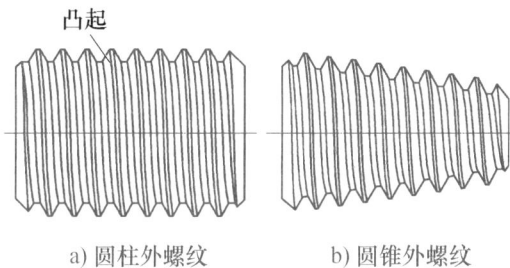

a) 圆柱外螺纹　　b) 圆锥外螺纹

图 7-2 外螺纹

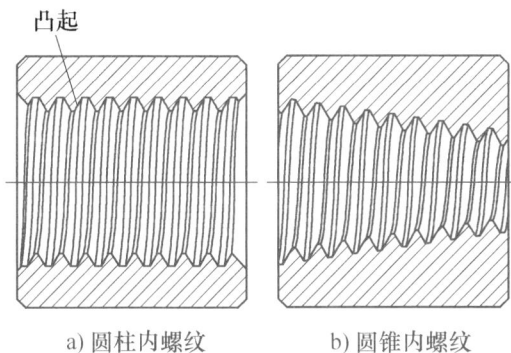

a) 圆柱内螺纹　　b) 圆锥内螺纹

图 7-3 内螺纹

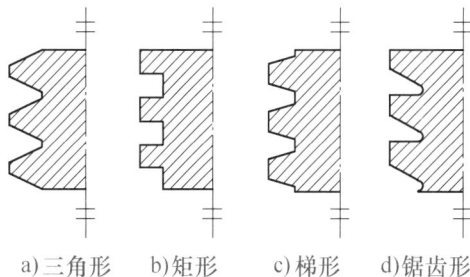

a) 三角形　b) 矩形　c) 梯形　d) 锯齿形

图 7-4 螺纹的牙型

4. 牙型角

牙型角是螺纹牙型上相邻两牙侧间的夹角，用 α 表示，如图 7-5 所示。牙型半角是牙型角的一半，用 $\frac{\alpha}{2}$ 表示。

5. 牙型高度

牙型高度是螺纹牙型上，牙顶到牙底之间垂直于轴线方向上的距离，用 H 表示，如图7-5所示。

6. 螺纹直径

（1）公称直径（D, d） 螺纹的公称直径是指代表螺纹尺寸的直径，普通螺纹的公称直径是大径，内螺纹用 D 表示，外螺纹用 d 表示，如图7-5所示。

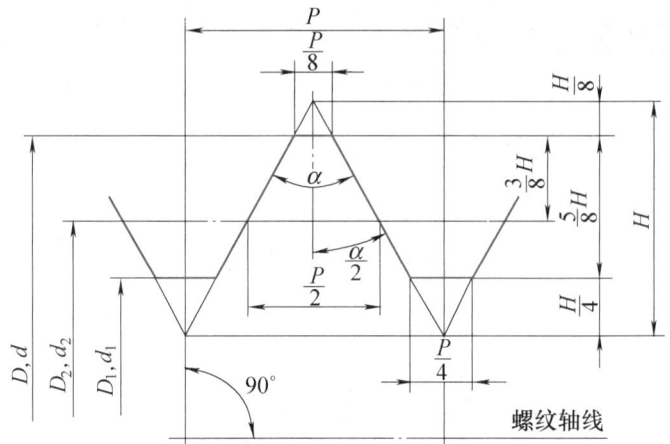

图7-5 普通螺纹的基本牙型

（2）大径（D, d） 大径是指与外螺纹牙顶或内螺纹牙底相切的假想圆柱的直径，也称顶径。

（3）小径（D_1, d_1） 小径是指与外螺纹牙底或内螺纹牙顶相切的假想圆柱的直径，也称底径。

（4）中径（D_2, d_2） 中径是一个假想圆柱的直径，该圆柱的素线通过牙型上沟槽和凸起宽度相等的地方。

7. 螺距

螺距是指相邻两牙在中径线上对应两点间的轴向距离，用 P 表示，如图7-5所示。

8. 导程

导程是指同一条螺旋线上相邻两牙在中径线上对应两点间的轴向距离，用 P_h 表示。单线螺纹的导程等于螺距，多线螺纹的导程等于线数与螺距的乘积。

9. 螺纹升角

螺纹升角又称导程角，是指在中径圆柱上，螺旋线的切线与垂直于螺纹轴线的平面之间的夹角，用 ψ 表示。

二、螺纹代号

1. 普通螺纹

普通螺纹又称为三角形螺纹，粗牙普通螺纹用"M"加公称直径表示；细牙普通螺纹用"M"加公称直径×螺距表示。当螺纹为左旋时，在螺纹代号之后加"LH"。

2. 梯形螺纹

梯形螺纹用螺纹特征代号"Tr"加公称直径×螺距表示。

三、螺纹的分类

螺纹的种类很多，按其用途不同可分为连接螺纹和传动螺纹两大类。常用的螺纹简要分类如下：

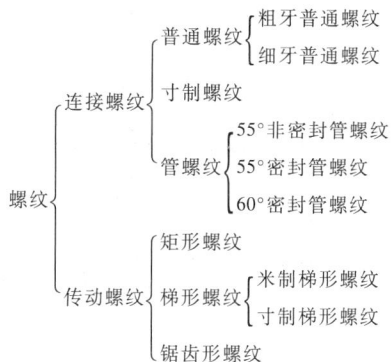

蜗杆也是一种常见的机械零件。蜗杆与蜗轮组成的蜗杆副被广泛用于机械传动中。蜗杆中应用最多的是阿基米德蜗杆（ZA 蜗杆），其轴向齿廓是直线，形状类似于梯形螺纹，其加工方法也与车削梯形螺纹的方法相似，故在本模块中一并介绍。

任务二 车削普通螺纹

任务描述

普通螺纹是一种常用的螺纹，有内、外螺纹两种。本任务介绍普通螺纹车刀的刃磨方法，普通内、外螺纹的车削方法，圆锥管螺纹的车削方法，攻螺纹和套螺纹的方法。

知识链接

一、普通螺纹车刀

1. 外螺纹车刀

（1）高速工具钢外螺纹车刀 图 7-6 所示为高速工具钢外螺纹车刀，这种车刀刃磨方便，切削刃锋利，韧性好，车削时刀尖不易崩裂，车出螺纹的表面粗糙度值小；但其热稳定性差，故不宜用于高速车削，常用于低速切削、加工塑性材料的螺纹或作为螺纹的精车刀。

（2）硬质合金外螺纹车刀 图 7-7 所示为硬质合金外螺纹车刀，其硬度高、耐磨性好、耐高温、热稳定性好，常用于高速切削，可加工脆性材料的螺纹；其缺点是抗冲击能力差。

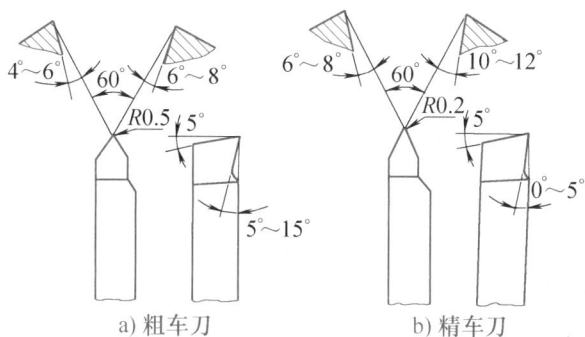

图 7-6 高速工具钢外螺纹车刀

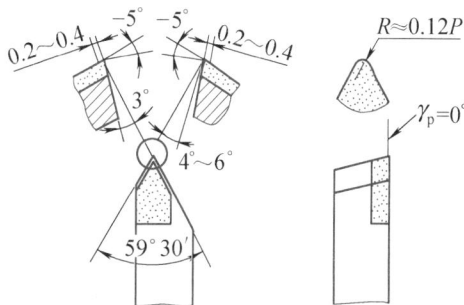

图 7-7 硬质合金外螺纹车刀

2. 内螺纹车刀

内螺纹车刀也分高速工具钢内螺纹车刀（图7-8）和硬质合金内螺纹车刀（图7-9）。

内螺纹车刀的大小受内螺纹孔径大小的限制，其刀体的径向尺寸应比螺纹孔径小3mm以上。

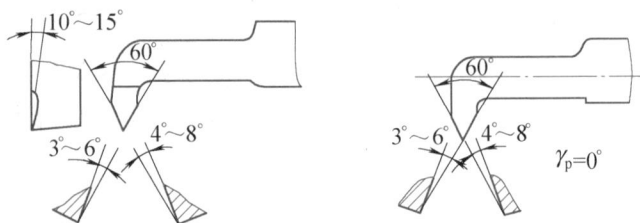

图 7-8 高速工具钢内螺纹车刀

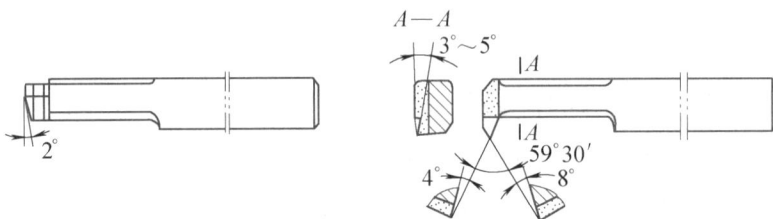

图 7-9 硬质合金内螺纹车刀

3. 普通螺纹车刀的几何角度

螺纹车刀按加工性质属于成形刀具，其切削部分的几何形状应和螺纹牙型相符合，即车刀的刀尖角应等于螺纹牙型角。

普通螺纹车刀的几何角度如下。

（1）刀尖角 ε_r 刀尖角等于牙型角 α。车削普通螺纹时，$\varepsilon_r = 60°$；车削寸制螺纹时，$\varepsilon_r = 55°$。

（2）径向前角 γ_p 径向前角一般为 $0° \sim 15°$。螺纹车刀的径向前角 γ_p 对牙型角有很大影响。粗车时，为了切削顺利，径向前角可取得大一些，$\gamma_p = 5° \sim 15°$；精车时，为了减小对牙型角的影响，径向前角应取得小一些，$\gamma_p = 0° \sim 5°$。

（3）工作后角 α_{oe} 工作后角一般取 $3° \sim 5°$。由于螺纹升角 ψ 会使车刀沿进给方向一侧的工作后角变小，而使另一侧的工作后角增大，为避免车刀后刀面与螺纹牙侧发生干涉，保证切削顺利进行，车刀沿进给方向一侧的后角应磨成工作后角加上螺纹升角；为了保证车刀的强度，另一侧的后角则应磨成工作后角减去螺纹升角。车削右旋螺纹时，$\alpha_{oL} = (3° \sim 5°) + \psi$；$\alpha_{oR} = (3° \sim 5°) - \psi$。

4. 普通螺纹车刀的刃磨

（1）径向前角对刀尖角的影响 螺纹车刀的刀尖角 ε_r 是指车刀两切削刃在基面上的投影之间的夹角。当车刀的径向前角 $\gamma_p = 0°$ 时，两切削刃之间的夹角（又称前刀面上的刀尖角）ε_r' 与 ε_r 相等；当车刀的径向前角 $\gamma_p > 0°$ 时，$\varepsilon_r' < \varepsilon_r$，如图7-10所示。

为了车削出较正确的牙型角，对于径向前角 $\gamma_p > 0°$ 的螺纹车刀，应对其两切削刃之间的夹角 ε_r' 进行修正，ε_r' 可按下式计算确定

$$\tan \frac{\varepsilon_r'}{2} = \cos \gamma_p \tan \frac{\alpha}{2} \tag{7-1}$$

ε_r' 也可由表7-1直接查得。

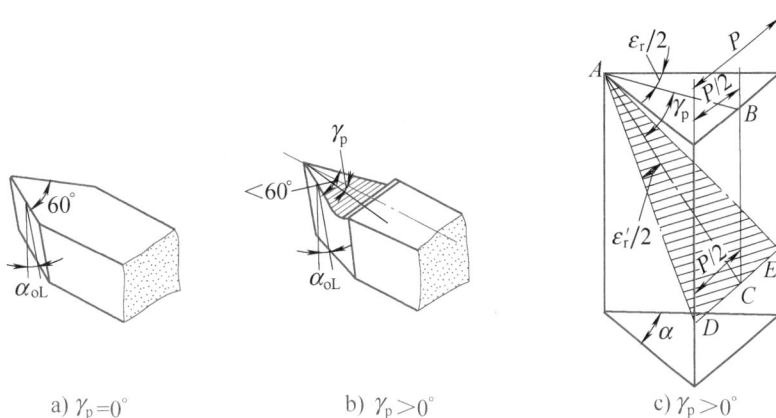

a) $\gamma_p = 0°$　　　　b) $\gamma_p > 0°$　　　　c) $\gamma_p > 0°$

图 7-10　螺纹车刀径向前角对刀尖角的影响

表 7-1　不同径向前角 γ_p 螺纹车刀前刀面刀尖角 ε_r' 的修正值

径向前角 γ_p	牙型角 α				
	60°	55°	40°	30°	29°
	ε_r'				
0°	60°	55°	40°	30°	29°
5°	59°49′	54°49′	39°52′	29°53′	28°54′
10°	59°15′	54°17′	39°26′	29°34′	28°35′
15°	58°18′	53°23′	38°44′	29°01′	28°03′
20°	56°58′	52°08′	37°46′	28°16′	27°19′

（2）刃磨要求

1）刀尖角 ε_r 应等于牙型角 α，即 $\varepsilon_r = \alpha$。当螺纹车刀的径向前角 $\gamma_p = 0°$ 时，车刀前刀面上的刀尖角 $\varepsilon_r' = \varepsilon_r = \alpha$；当螺纹车刀的径向前角 $\gamma_p > 0°$ 时，车刀前刀面上的刀尖角 $\varepsilon_r' < \varepsilon_r = \alpha$，$\varepsilon_r'$ 按式（7-1）或表 7-1 进行修正。

2）螺纹车刀的两个切削刃必须刃磨平直，不允许出现崩刃。

3）螺纹车刀的切削部分不能歪斜，刀尖半角 $\varepsilon_r'/2$ 应对称。

4）螺纹车刀的前刀面与两个主后刀面的表面粗糙度值要小。

5）内螺纹车刀刀尖角 ε_r' 的平分线必须与刀柄垂直。

6）内螺纹车刀的后角应适当增大，通常磨成双重后角。

（3）刃磨步骤

1）粗磨两侧后刀面，初步形成两切削刃间的夹角。先磨进给方向侧刃（控制刀尖半角 $\varepsilon_r'/2$ 及后角 $\alpha_o + \psi$），再磨背进给方向侧刃（控制刀尖角 ε_r 及后角 $\alpha_o - \psi$）。

2）粗磨前刀面，初步形成前角。

3）精磨前刀面，形成前角 γ_p。

4）精磨两侧后刀面，用如图 7-11 所示的螺纹对刀样板控制刀尖角。

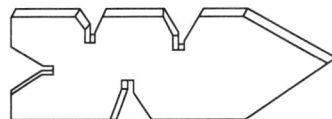

图 7-11　三角形螺纹对刀样板

5）修磨刀尖，刀尖倒棱宽度约为 $0.1P$（P 为螺距）。

6）用磨石研磨切削刃处的前、后刀面和刀尖圆弧，注意保持刃口锋利。

（4）刀尖角的检查与修正　螺纹车刀的刀尖角一般用螺纹对刀样板（图 7-11）通过透光法进行检查，并根据车刀两切削刃与对刀样板的贴合情况反复修正。检查与修正时，对刀样板应与车刀基面平行放置，这样才能使刀尖角近似等于牙型角。如果将对刀样板平行于车刀前刀面进行检查，则车刀的刀尖角没有被修正，用这样的螺纹车刀加工出的螺纹，牙型角将变大，如图7-12所示。

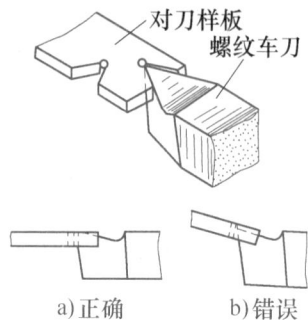

a) 正确　　b) 错误

图7-12 用对刀样板检查
和修正刀尖角

二、车削普通外螺纹

普通螺纹具有螺距小、螺纹长度较短、自锁性好的特点，在机械制造业中应用十分广泛，常用于机械零部件的连接和紧固。车削是普通螺纹的常用加工方法之一，车削普通螺纹的基本要求：中径尺寸应符合相应的精度要求；牙型角必须准确，两牙型半角应相等；牙型两侧面的表面粗糙度值要小；螺纹轴线与零件轴线应保持同轴。

1. 车削螺纹前对零件的工艺要求

车削的普通外螺纹在工艺结构上一般都有退刀槽，以方便车削螺纹时车刀的顺利退出和保证在螺纹全长范围内牙型的完整。有的普通外螺纹在结构上无退刀槽，如图7-13所示，螺纹末端有不完整的螺尾部分。

车削普通外螺纹前对零件的主要工艺要求如下：

1）为保证车削后的螺纹牙顶处有0.125P的宽度，螺纹车削前的外圆直径应车削至比螺纹公称直径小约0.13P。

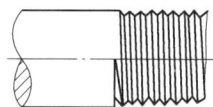

图7-13 无退刀槽螺纹

2）外圆端面处倒角至略小于螺纹小径。

3）有退刀槽的螺纹，螺纹车削前应先车出退刀槽，槽底直径应小于螺纹小径，槽宽为（2~3）P。

4）车削脆性材料（如铸铁）时，螺纹车削前的外圆表面的表面粗糙度值要小，以免在车削螺纹时牙顶发生崩裂。

2. 车床的调整

（1）手柄位置的调整　按零件被加工螺纹的螺距，在车床进给箱的铭牌上查找到相应手柄的位置参数，将手柄拨到所需的位置上。

CA6140型卧式车床进给箱上手柄的位置如图7-14所示，进给箱上的铭牌见表7-2。

（2）中、小滑板间隙的调整　车削螺纹时，中、小滑板与镶条之间的间隙应适当。间隙过大，中、小滑板会太松，车削时容易产生"扎刀"现象；间隙过小，中、小滑板操作不灵活，则摇动滑板费力。

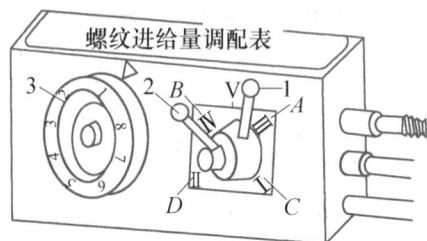

图7-14 进给箱上手柄
的位置（CA6140型）

1—进给变速手柄　2—丝杠、光杠变
速手柄　3—进给变速手轮

（3）开合螺母松紧的调整　开合螺母的松紧应适当，过松，则车削过程中容易跳起，使螺纹产生乱牙；过紧，则开合螺母手柄提起、合下操作不灵活。开合螺母开合示意图如图7-15所示。

表7-2 CA6140型卧式车床螺纹进给量调配表

米制螺纹 P（B；A=63，B=100）

	I	II	III	IV
	1.75	3.5	7	14
	1	2	4	8
	2.25	4.5	9	18
				19
	1.25	2.5	5	10
		5.5	11	22
	1.5	3	6	12

寸制螺纹 n/1（C=75）

I	II	III	IV
14	7	3¼	
16	8	3½	2
18	9	4½	2
19			
20	10	5	
22	11		
24	12	6	3

寸制蜗杆 Dp（D；A=64，B=100，C=97）

I	II	III	IV		
56	28	14	7	3½	1¾
64	32	16	8	4	2
72	36	18	9	4½	2¼
80	40	20	10	5	2½
88	44	22	11	5½	2¾
96	48	24	12	6	3
				1	1¼
				0.25	0.5

米制蜗杆 mπ（B；C=97，B=100）

I	II	III	IV		
26	13	6.5	3.25	1.75	1.25
28	14	7	3.5	1.75	1.5
32	16	8	4	2	
36	18	9	4.5	2.25	
40	20	10	5	2.5	
44	22	11	5.5	2.75	
48	24	12	6	3	

纵向进给 mm/r

A（A=63，C=75）				C（B=100）			
I	II	III	IV	I	II	III	IV
0.028	0.08	0.16	0.33	0.66	1.59	3.16	6.33
0.032	0.09	0.18	0.36	0.71	1.47	2.93	5.87
0.036	0.10	0.20	0.41	0.81	1.29	2.57	5.14
0.039	0.11	0.22	0.46	0.91	1.15	2.28	4.56
0.043	0.12	0.24	0.48	0.96	1.09	2.16	4.32
0.046	0.13	0.26	0.51	1.02	1.03	2.05	4.11
0.050	0.14	0.28	0.56	1.12	0.94	1.87	3.74
0.054	0.15	0.30	0.61	1.22	0.86	1.71	3.42

横向进给 mm/r

A（C=75）							
I	II	III	IV	I	II	III	IV
0.014	0.040	0.08	0.16	0.33	0.79	1.58	3.16
0.016	0.045	0.09	0.17	0.35	0.73	1.46	2.92
0.018	0.050	0.10	0.20	0.40	0.64	1.28	2.56
0.019	0.055	0.11	0.22	0.45	0.57	1.14	2.28
0.021	0.060	0.12	0.24	0.48	0.54	1.08	2.16
0.023	0.065	0.13	0.25	0.50	0.51	1.02	2.04
0.025	0.070	0.14	0.28	0.56	0.47	0.94	1.88
0.027	0.075	0.15	0.30	0.61	0.43	0.86	1.72

注：1. ● 主轴转速为150~1400r/min。
⊘ 主轴转速为40~125r/min。
○ 主轴转速为10~32r/min。
2. 应用此表时，应和主轴箱上加大螺距手柄及进给箱手柄1、2上的各标牌符号配合使用。

163

3. 螺纹车刀的装夹

1）螺纹车刀的刀尖应与车床主轴轴线等高，一般可根据尾座顶尖的高度进行调整和检查。

2）螺纹车刀两刀尖半角的对称中心线应与零件轴线垂直；装刀时，可用螺纹对刀样板找正，如图 7-16 所示。如果把车刀装歪，会使车出螺纹的两牙型半角不相等，产生图 7-17 所示的歪斜牙型（俗称倒牙）。

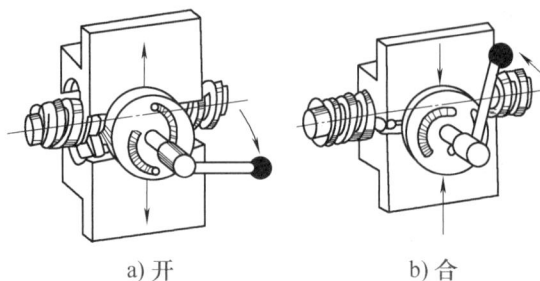

a) 开　　　　　　b) 合

图 7-15　开合螺母开合示意图

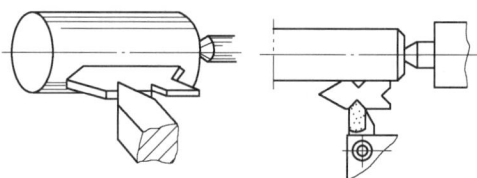

图 7-16　用对刀样板校正螺纹车刀

3）螺纹车刀不宜伸出刀架过长，一般伸出长度为刀柄厚度的 1.5 倍，为 25~30mm。

4. 低速车削普通外螺纹

（1）车削有退刀槽的螺纹　车削有退刀槽的螺纹时，常采用提开合螺母法和倒顺车法。

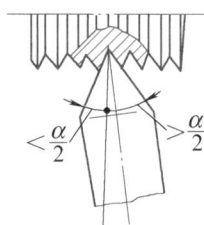

图 7-17　装刀歪斜造成倒牙

1）提开合螺母法车削螺纹。选择较低的主轴转速（100~160r/min），开车并移动螺纹车刀，使刀尖与零件外圆轻微接触，将床鞍向右移动退出零件端面，记住中滑板刻度读数或将中滑板刻度盘调零。使中滑板径向进给 0.05mm 左右，左手握中滑板手柄，右手握开合螺母手柄。右手压下开合螺母，使车刀刀尖在零件表面车削出一条螺旋线痕，当车刀刀尖移动到退刀槽位置时，右手迅速提起开合螺母，然后横向退刀，停车。用钢直尺或游标卡尺检测螺距，如图 7-18 所示，确认螺距正确无误后，开始车削螺纹。车削螺纹时，第一次进刀的背吃刀量可适当大些，以后每次车削时背吃刀量逐渐减小，经多次车削后使背吃刀量等于牙型深度后，停车检查螺纹是否合格。

2）倒顺车法车削螺纹。车削方法基本上与提开合螺母法相同，只是在螺纹的车削过程中不提起开合螺母，而是当螺纹车刀车削到退刀槽内时，快速退出中滑板，同时压下操纵杆，使车床主轴反转，机动退回床鞍、溜板箱到起始位置。

（2）车削无退刀槽的螺纹　车削无退刀槽的螺纹时，先在螺纹的有效长度处用车刀刻划一道刻线。当螺纹车刀移动到螺纹终止刻线处时，横向迅速退刀并提起开合螺母或压下操纵杆开倒车，使螺纹收尾在 2/3 圈之内，如图 7-19 所示。

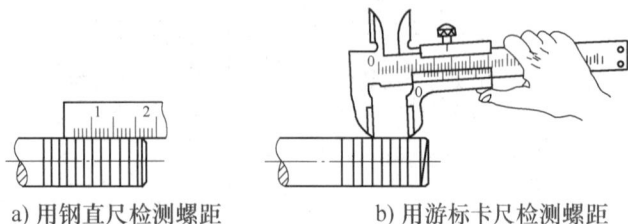

a) 用钢直尺检测螺距　　　　b) 用游标卡尺检测螺距

图 7-18　螺距的检测

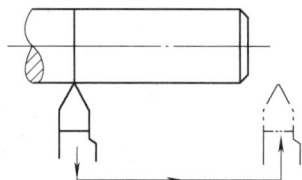

图 7-19　螺纹终止退刀标记

（3）中途换刀方法　在车削螺纹的过程中，螺纹车刀刃磨后重新装夹或中途更换螺纹车刀时，需要重新调整车刀中心高和刀尖半角。车刀装夹正确后，不切入零件，开车合上开合螺母，当车刀纵向移动到零件端面处时，迅速将操纵杆放到中间位置，待车刀自然停稳后，移动小滑板和中滑板，使车刀刀尖对准已车出的螺旋槽，然后晃车（即将操纵杆轻提但不提到位，再迅速放回中间位置，使车床"点动"），观察车刀是否在螺旋槽内，反复调整直到刀尖对准螺旋槽为止，这时才能继续车削螺纹。

（4）乱牙及其防止方法　车削螺纹需要多次进给才能完成，每次进给都必须落在第一次进给车出的螺纹槽内，否则就会产生乱牙而成为废品。若车床丝杠的螺距是零件螺距的整数倍，则可任意打开或合上开合螺母而不会"乱牙"；如果丝杠螺距不是零件螺距的整数倍，则不能在螺纹加工过程中打开开合螺母。每走一刀后只能开反车纵向退回，然后开正车走下一刀，直至车削至要求尺寸为止。

当车床丝杠螺距与零件螺纹的螺距不成整数倍时，采用倒顺车法车削可以避免产生乱牙。

（5）车削螺纹时的进刀方法　低速车削普通外螺纹的进刀方法有直进法、左右切削法和斜进法。

1）直进法。车削螺纹时，每次车削只用中滑板进刀，螺纹车刀的左、右切削刃同时参与切削的方法称为直进法，如图 7-20 所示。直进法操作简单，可以获得比较正确的螺纹牙型，常用于车削螺距 $P<2mm$ 和脆性材料的螺纹。

2）左右切削法。车削螺纹时，除了用中滑板控制径向进给外，同时使用小滑板将螺纹车刀向左、向右作微量轴向移动（俗称借刀或赶刀），这种方法称为左右切削法，如图 7-21 所示。左右切削法常用于螺纹的精车，为了使螺纹两侧面的表面粗糙度值小，先向一侧赶刀，待这一侧表面达到要求后，再向另一侧赶刀，并控制螺纹中径尺寸及表面粗糙度，最后将车刀移到牙槽中间，用直进法车削至牙底，以保证牙型清晰。

3）斜进法。车削螺距较大的螺纹时，由于螺纹牙槽较深，为了使粗车切削顺利，除采用中滑板横向进给外，小滑板向一侧赶刀的车削方法称为斜进法，如图 7-22 所示。

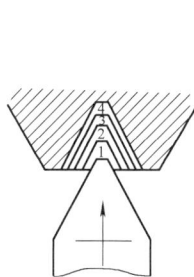

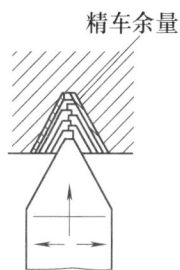

图 7-20　直进法　　图 7-21　左右切削法　　图 7-22　斜进法

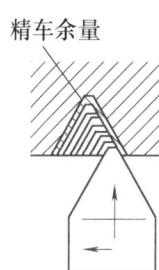

直进法车削螺纹是两切削刃同时切削，如图 7-23 所示。左右切削法与斜进法车削螺纹则是单刃切削，车削过程中不易产生扎刀，如图 7-24 所示，且可获得较小的表面粗糙度值；但其操作较复杂，赶刀量不能太大，否则会将螺纹车乱或将牙顶车尖。

（6）切削用量的选择　低速车削普通外螺纹时，应根据零件的材质、螺纹的牙型角、螺距的大小及所处的加工阶段（粗车还是精车）等因素，合理选择切削用量。

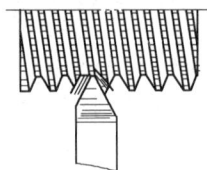

图 7-23　双刃切削　　　　　　　　图 7-24　单刃切削

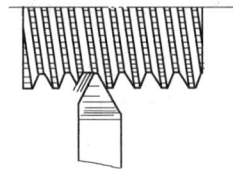

1）由于螺纹车刀两切削刃间的夹角较小，散热条件差，所以切削速度比车削外圆时低，一般粗车时，$v_c = 10 \sim 15 \text{m/min}$；精车时，$v_c = 6 \text{m/min}$。

2）粗车第一、二刀时，螺纹车刀刚切入零件，总的切削面积不大，可以选择稍大些的背吃刀量，以后每次进给的背吃刀量应逐步减小。精车时，背吃刀量更小，排出的切屑很薄（像锡箔一样），以获得小的表面粗糙度值。

3）车削螺纹必须在一定的进给次数内完成。表 7-3 中列出了车削 M24、M20 和 M16 螺纹的最少进给次数，以供参考。

表 7-3　低速车削普通螺纹进给次数举例

进给次数	M24, P=3mm, 螺纹深度=1.95mm, n=39格			M20, P=2.5mm, 螺纹深度=1.625mm, n=32 1/2 格			M16, P=2mm, 螺纹深度=1.3mm, n=26格		
	中滑板进给格数	小滑板赶刀(借刀)格数		中滑板进给格数	小滑板赶刀(借刀)格数		中滑板进给格数	小滑板赶刀(借刀)格数	
		左	右		左	右		左	右
1	11	0		11	0		10	0	
2	7	3		7	3		6	3	
3	5	3		5	3		4	2	
4	4	2		3	2		2	2	
5	3	2		2	1		1	1/2	
6	3	1		1	1		1	1/2	
7	2	1		1	0		1/4	1/2	
8	1	1/2		1/2	1/2		1/4		2 1/2
9	1/2	1		1/4	1/2		1/4		1/2
10	1/2	0		1/4	3		1/2		1/2
11	1/4	1/2		1/2	0		1/4		1/2
12	1/4	1/2		1/2	1/2		1/4		0
13	1/2	3		1/4	1/2				
14	1/2	0		1/4	0				
15	1/4	1/2							
16	1/4	0							

5. 高速车削普通外螺纹

（1）特点　在生产中，普遍采用硬质合金螺纹车刀高速车削普通外螺纹。与用高速工具钢螺纹车刀车削相比，其切削速度可提高 15~20 倍，且进给次数可减少 2/3 以上，生产率大大提高，螺纹两侧面的表面粗糙度值也较小。

（2）车刀的装夹方法　车刀的装夹方法与低速车削普通螺纹时的装夹方法基本相同。为防止高速车削时产生振动和"扎刀"，刀尖应高于零件中心 0.1~0.2mm。此外，采用图 7-25 所示的弹性刀柄螺纹车刀，可以吸振和防止"扎刀"。

（3）车削方法　用硬质合金螺纹车刀高速车削普通外螺纹时，只能用直进法进刀。切削速度 $v_c = 50~100$m/min。车削螺距 $P = 1.5~3$mm 的中碳钢螺纹时，一般只需 3~5 次切削就可以完成。切削开始时，背吃刀量应大些，以后逐次减小，但最后一次切削的背吃刀量应不小于 0.1mm。如图 7-26 所示，以高速车削螺距 $P = 1.5$mm（3 次切削完成）和 $P = 2$mm（4 次切削完成）的普通外螺纹为例，背吃刀量的分配情况如下。

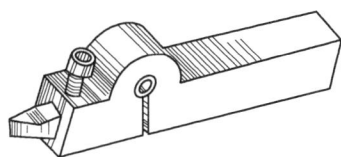

图 7-25　弹性刀柄螺纹车刀

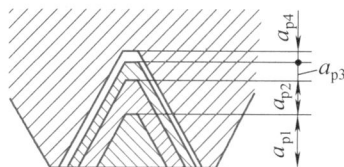

图 7-26　高速车削普通外螺纹
背吃刀量分配情况

1）$P = 1.5$mm：
总背吃刀量 $a_p \approx 0.65P = 0.975$mm；
第 1 次切削背吃刀量 $a_{p1} = 0.5$mm；
第 2 次切削背吃刀量 $a_{p2} = 0.375$mm；
第 3 次切削背吃刀量 $a_{p3} = 0.1$mm。

2）$P = 2$mm。
总背吃刀量 $a_p \approx 0.65P = 1.3$mm；
第 1 次切削背吃刀量 $a_{p1} = 0.6$mm；
第 2 次切削背吃刀量 $a_{p2} = 0.4$mm；
第 3 次切削背吃刀量 $a_{p3} = 0.2$mm；
第 4 次切削背吃刀量 $a_{p4} = 0.1$mm。

用硬质合金螺纹车刀高速车削碳素结构钢和合金结构钢的普通外螺纹时，其进给次数可参见表 7-4。

表 7-4　高速车削普通外螺纹时的进给次数

螺距 P/mm		1.5~2	3	4	5	6
进给次数	粗车	2~3	3~4	4~5	5~6	6~7
	精车	1	2	2	2	2

6. 普通外螺纹的检测

（1）单项测量　单项测量是指选择合适的量具来检测螺纹的某一单项参数，一般检测螺纹的大径、螺距和中径。

1）大径的检测。螺纹的大径公差较大，一般可用游标卡尺检测。

2）螺距的检测。常用图 7-27 所示的钢直尺或图 7-28 所示的螺纹样板检测螺距。用钢直尺检测时，为了能准确地检测出螺距，一般应检测几个螺距的总长度，然后取其平均值。用螺纹样板检测时，螺纹样板应沿零件轴向平面方向嵌入牙槽中，如果与螺纹牙槽完全吻合，则说明被检测螺距是正确的。

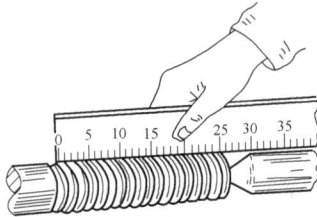

图 7-27　用钢直尺检测螺距

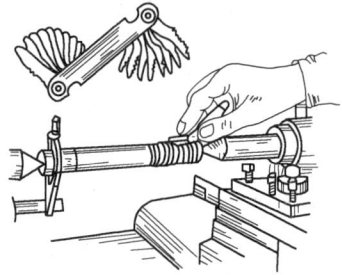

图 7-28　用螺纹样板检测螺距

3）中径的检测。普通外螺纹的中径一般用螺纹千分尺检测，如图 7-29 所示。螺纹千分尺的结构和使用方法与一般的外径千分尺相似，读数原理相同，只是它有两个可以调整的测头（上、下测头）。检测时，两个与螺纹牙型角相同的测头正好卡在螺纹的牙型面上，测得的千分尺读数值即为螺纹中径的实际尺寸。

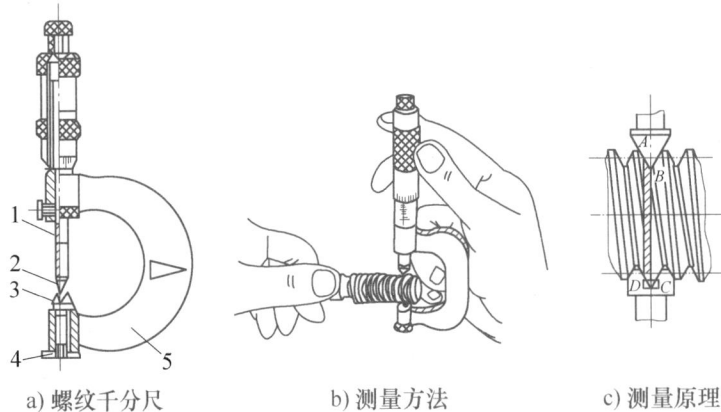

a) 螺纹千分尺　　　b) 测量方法　　　c) 测量原理

图 7-29　用螺纹千分尺检测螺纹中径

1—测微螺杆　2—上测头　3—下测头　4—砧座　5—尺架

螺纹千分尺附有两套不同螺距的测头（牙型角分别为 60°和 55°），以适应各种不同的普通外螺纹中径的检测。

此外，中径也可用三针测量法检测，具体方法可参见梯形螺纹检测部分的内容。

（2）综合检测　综合检测是采用螺纹量规同时对螺纹各部分主要尺寸（螺纹大径、中径、螺距等）进行综合检测的一种检验方法。综合检测的检测效率高、使用方便，能较好地保证互换性，广泛地应用于对标准螺纹或大批量生产螺纹的检测。

普通外螺纹使用图 7-30 所示的螺纹环规进行综合检测。检测前，应先检查螺纹的大径、牙型、螺距和表面粗糙度值，然后用螺纹环规进行检测。如果螺纹环规的

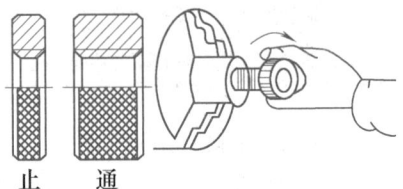

止　　通

图 7-30　螺纹环规及其使用

通规能顺利拧入零件螺纹（有效长度范围），而止规不能拧入，则说明螺纹精度符合要求。

螺纹环规是精密量具，使用时不允许强行拧入，以免引起严重磨损，降低环规的检测精度。

对于精度要求不高的螺纹，可以用标准螺母来检测，以拧入时是否顺利，以及松紧的程度来确定螺纹是否合格。

三、车削普通内螺纹

1. 内螺纹的形式与车削特点

普通内螺纹有通孔内螺纹、不通孔内螺纹和台阶孔内螺纹三种形式，如图 7-31 所示。车削普通内螺纹的方法与车削普通外螺纹的方法基本相同，但进刀与退刀的方向正好相反。车削内螺纹（尤其是直径较小的内螺纹）时，由于刀柄细长、刚度低、切屑不易排出、切削液不易注入及车削时不便于观察等原因，比车削外螺纹要困难得多。

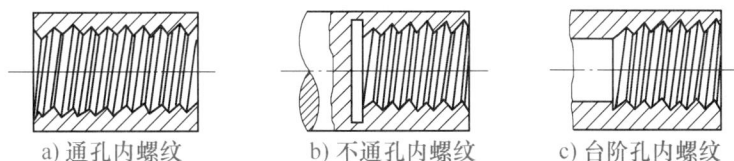

a) 通孔内螺纹　　　b) 不通孔内螺纹　　　c) 台阶孔内螺纹

图 7-31　内螺纹的形式

2. 内螺纹车刀的种类

车削内螺纹时，应根据不同的螺纹形式选用不同的内螺纹车刀。常见的内螺纹车刀如图 7-32 所示。其中图 7-32a、b 所示为通孔内螺纹车刀，图 7-32c、d 所示为不通孔和台阶孔内螺纹车刀。

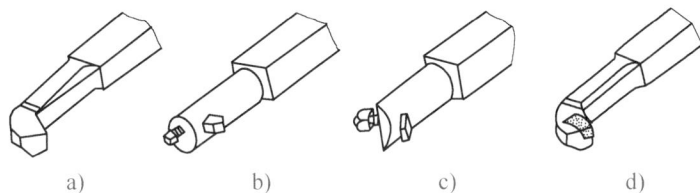

a)　　　　　b)　　　　　c)　　　　　d)

图 7-32　内螺纹车刀

内螺纹车刀刀柄受螺纹孔径尺寸的限制，应在保证顺利车削的前提下尽量将截面积选得大些，一般选用车刀切削部分的径向尺寸比孔径小 3~5mm 的螺纹车刀。刀柄太细，车削时容易振动；刀柄太粗，则退刀时会碰伤内螺纹牙顶，甚至不能车削。

3. 内螺纹车刀的装夹

1）刀柄伸出的长度应比内螺纹长度大 10~20mm。

2）调整车刀的高低位置，使刀尖对准零件回转中心，并轻轻压住。

3）将螺纹对刀样板侧面靠平零件端平面，刀尖部分进入对刀样板的槽内进行对刀，调整并夹紧车刀，如图 7-33 所示。

4）装夹好的螺纹车刀应在底孔内试走一次（手动），防止刀柄与内孔相碰而影响车削过程的顺利进行，如图 7-34 所示。

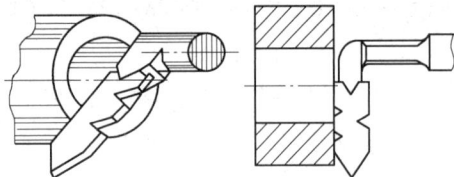

图 7-33　内螺纹车刀的对刀方法

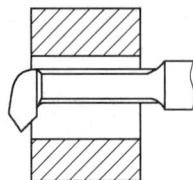

图 7-34　检查刀柄是否与底孔相碰

4. 底孔孔径的确定

车削内螺纹前，一般须先钻孔或扩孔。由于车削时的挤压作用，内孔直径会缩小，对于塑性金属材料较为明显，所以车削螺纹前的底孔孔径应略大于螺纹小径的公称尺寸。底孔孔径可按下式计算确定：

车削塑性材料时

$$D_{孔} = D - P \qquad\qquad (7\text{-}2)$$

车削脆性材料时

$$D_{孔} = D - 1.05P \qquad\qquad (7\text{-}3)$$

式中　$D_{孔}$——底孔直径（mm）；

　　　D——内螺纹大径（mm）；

　　　P——螺距（mm）。

5. 内螺纹的车削方法

1）车削内螺纹前，先将零件的端平面、螺纹底孔及倒角等加工好。车削不通孔螺纹或台阶孔螺纹时，还需先车削好退刀槽，退刀槽的直径应大于内螺纹大径，槽宽为（2~3)P，并与台阶平面平齐。

2）选择合理的切削速度，并根据螺纹的螺距调整进给箱各手柄的位置。

3）内螺纹车刀装夹好后，开车对刀，记住中滑板刻度或将中滑板刻度盘调零。

4）在车刀刀柄上做标记或用溜板箱手轮刻度控制螺纹车刀在孔内的车削长度。

5）用中滑板进给，控制每次车削的背吃刀量，进给方向与车削外螺纹时的进给方向相反。

6）压下开合螺母手柄，车削内螺纹。当车刀移动到标记位置或溜板箱手轮刻度显示到达螺纹长度位置时，快速退刀，同时提起开合螺母或压下操纵杆使主轴反转，将车刀退到起始位置。

7）经数次进给、车削后，使总背吃刀量等于螺纹牙型深度。

螺距 $P \leqslant 2mm$ 的内螺纹一般采用直进法车削。$P > 2mm$ 的内螺纹一般先用斜进法粗车，并向与进给方向相反的方向一侧赶刀，以改善内螺纹车刀的受力状况，使粗车能顺利进行；精车时采用左右进刀法精车两侧面，以减小牙型侧面的表面粗糙度值，最后采用直进车削至螺纹大径。

6. 内螺纹的检测

普通内螺纹一般采用图 7-35 所示的螺纹塞规进行综合检测。

图 7-35　螺纹塞规

检测时，若螺纹塞规通端能顺利拧入零件，止端拧不进零件，则说明螺纹合格。

四、车削 55°密封管螺纹

1. 55°密封管螺纹及其车削特征

55°密封管螺纹是一种寸制细牙螺纹，用于管路连接。55°密封管螺纹的牙型角有 55°和 60°两种，其公称直径是指管子的孔径（以 in 为单位）。55°密封管螺纹有 1∶16 的锥度（圆锥半角 $\alpha/2 = 1°47'24''$），其大径、中径和小径应在基面内测量，如图 7-36 所示。

2. 55°密封管螺纹的车削方法

55°密封管螺纹的车削方法与普通螺纹的车削方法相似，所不同的是需要解决螺纹的锥度问题。车削 55°密封管螺纹的常用方法有靠模法、偏移尾座法和手赶法等。本任务仅介绍手赶法。

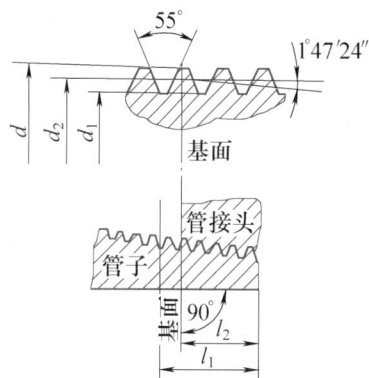

图 7-36　55°密封管螺纹

手赶法就是在车削螺纹时，径向手动退刀或进刀，使刀尖沿着与圆锥素线平行的方向运动，从而保证螺纹的锥度和尺寸。由于锥度由手动保证，故加工精度不高，一般用于精度较低的单件、小批量生产。

（1）径向退刀法　车削螺纹时，在床鞍自右向左纵向移动的同时，手动摇动中滑板丝杠手柄，作径向均匀退刀，车出 55°密封管螺纹，如图 7-37 所示。

（2）径向进刀法

1）车削正 55°密封管螺纹时，将螺纹车刀反装，即前刀面向下，车床主轴反转，在螺纹车刀由左向右纵向移动的同时，手动使中滑板径向均匀进刀，车削出 55°密封管螺纹，如图 7-38 所示。

2）车削倒 55°密封管螺纹时，车床主轴正转，在床鞍带动螺纹车刀自右向左纵向移动的同时，手动使中滑板径向均匀进刀，车削出 55°密封管螺纹，如图 7-39 所示。这种方法常用于车削长度较短的管接头。

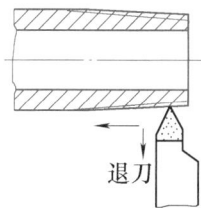

图 7-37　径向退刀车削 55°密封管螺纹

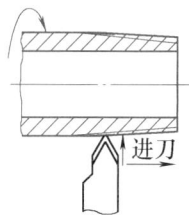

图 7-38　径向进刀车削正 55°密封管螺纹

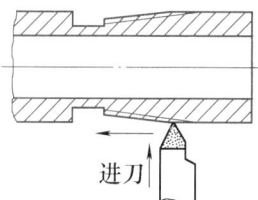

图 7-39　径向进刀车削倒 55°密封管螺纹

五、套螺纹和攻螺纹

用板牙或螺纹切头加工零件外螺纹的方法称为套螺纹。用丝锥加工零件内螺纹的方法称为攻螺纹。套螺纹和攻螺纹除由钳工手工操作外，也可在车床上进行。

1. 在车床上套螺纹

（1）板牙的结构 板牙是一种标准的多刃螺纹加工工具，其结构如图 7-40 所示。它像一个圆螺母，其两端的锥角是切削部分，因此正、反两端都可使用，中间有完整齿深的一段是校正部分。

用板牙切制螺纹操作简便，生产率高。

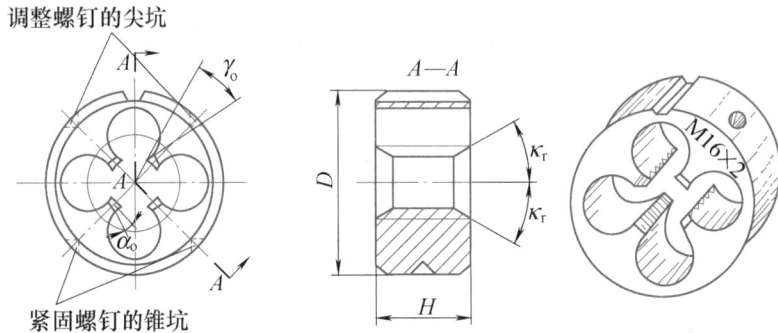

图 7-40 板牙

（2）套螺纹前的工艺要求

1）用板牙套螺纹，通常适用于公称直径小于 16mm 或螺距小于 2mm 的外螺纹。

2）由于套螺纹时零件材料受板牙的挤压而产生变形，牙顶将被挤高，所以套螺纹前零件外圆应车削至略小于螺纹大径，一般可按下式计算确定

$$d_0 = d - 0.13P \tag{7-4}$$

式中 d_0——套螺纹前的圆柱直径（mm）；

d——螺纹大径（mm）；

P——螺距（mm）。

3）外圆车削好后，端面必须倒角，倒角后端面的直径应稍小于螺纹小径，以便于板牙切入零件。

4）套螺纹前必须校正尾座，其轴线应与车床主轴轴线重合。

5）板牙端面应与主轴轴线垂直。

（3）套螺纹的方法 在车床上，主要用图 7-41 所示的套螺纹工具套螺纹。

1）将套螺纹工具的锥柄装入尾座套筒的锥孔内。

2）将板牙装入滑动套筒内，使螺钉对准板牙上的锥孔后拧紧。

3）将尾座移动到零件前的适当位置（约 20mm）处锁紧。

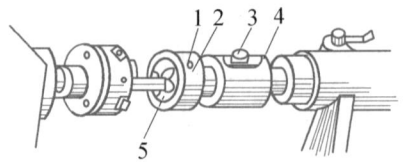

图 7-41 在车床上套螺纹的工具
1—螺钉 2—滑动套筒 3—销钉
4—工具体 5—板牙

4）转动尾座手轮，使板牙靠近零件端面，然后开动车床和冷却泵加注切削液。

5）继续转动尾座手轮使板牙切入零件后，停止转动尾座手轮，由滑动套筒在工具体的导向键槽中随着板牙沿零件轴线自动进给，用板牙切削零件外螺纹。

6）当板牙切削至所需长度位置时，开反车使主轴反转，退出板牙。

（4）切削速度和切削液的选择　切削钢件时，$v_c = 3 \sim 4\text{m}/\text{min}$；切削铸铁件时，$v_c = 2 \sim 3\text{m}/\text{min}$；切削黄铜件时，$v_c = 6 \sim 9\text{m}/\text{min}$。切削钢件时，切削液一般选用硫化切削油、全损耗系统用油和乳化液；切削低碳钢或韧性较大的材料时，可选用工业植物油；切削铸铁件时，可以用煤油或不使用切削液。

2. 在车床上攻螺纹

（1）丝锥的结构和形状　丝锥是用高速工具钢制成的一种成形多刃刀具，可以加工车刀无法车削的小直径内螺纹，其操作方便、生产率高。丝锥的结构如图 7-42 所示。

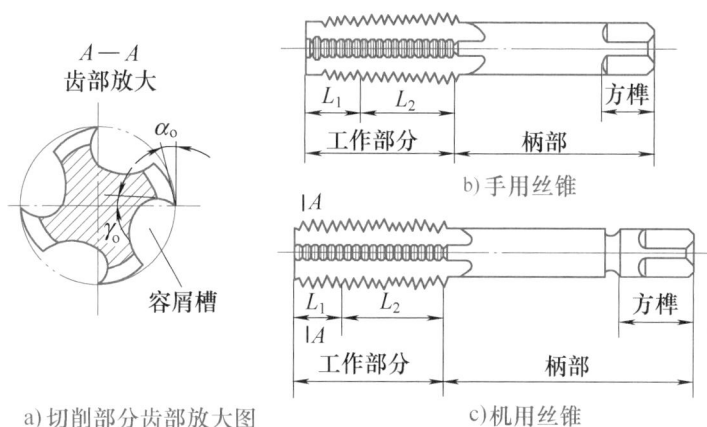

图 7-42　丝锥

丝锥分手用丝锥和机用丝锥两大类。手用丝锥主要是钳工使用，通常为两支一组（攻制 M6 ~ M24 的内螺纹）或三支一组（攻制 M6 以下或 M24 以上的内螺纹），分别称为初锥（头攻）、中锥（二攻）和底锥（三攻）。机用丝锥的形状与手用丝锥相似，只是在柄部多一环形槽，用以防止丝锥从攻螺纹工具中脱落。机用丝锥通常是用单支攻螺纹，一次成形，效率较高。

（2）攻螺纹前的工艺要求

1）攻螺纹前的孔径应比螺纹小径稍大，以减小攻螺纹时的切削抗力并防止丝锥折断，一般可按下列经验公式计算确定：

加工钢件和塑性材料时

$$D_{孔} \approx D - P \tag{7-5}$$

加工铸铁件和脆性材料时

$$D_{孔} \approx D - 1.05P \tag{7-6}$$

式中　$D_{孔}$——攻螺纹前的孔径（mm）；

　　　D——内螺纹大径（mm）；

　　　P——螺距（mm）。

2）攻制不通孔螺纹时，由于丝锥前端的切削刃不能攻出完整的牙型，所以钻孔时的孔深要大于规定的螺纹深度。通常钻孔深度应等于螺纹有效长度加上螺纹公称直径的 70%，即

$$H = h_{有效} + 0.7D \tag{7-7}$$

式中　H——攻螺纹前的底孔深度（mm）；

　　$h_{有效}$——螺纹有效长度（mm）；

　　D——内螺纹大径（mm）。

3）孔口倒角30°。如图7-43所示，可用60°锪钻加工倒角，也可用车刀倒角，倒角后的直径应大于螺纹大径。

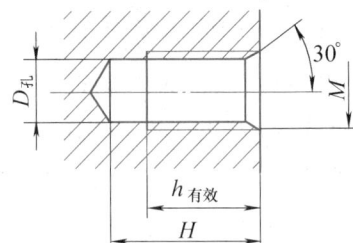

图7-43　攻螺纹前的工艺要求

（3）攻螺纹的方法　在车床上攻螺纹时使用的工具如图7-44所示。具体方法如下：

1）将攻螺纹工具的锥柄装入尾座锥孔中。

2）将丝锥装入攻螺纹工具的方孔中。

3）根据螺纹的有效长度，在丝锥或攻螺纹工具上做标记。

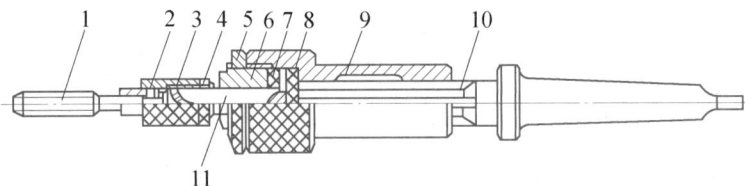

图7-44　攻螺纹工具

1—丝锥　2—钢球　3—内锥套　4—锁紧螺母　5—并紧螺母　6—调节螺栓
7、8—尼龙垫片　9—花键套　10—花键心轴　11—摩擦杆

4）移动尾座，使丝锥靠近零件端面处，锁紧尾座。

5）开动车床（低速），充分浇注切削液，转动尾座手轮使丝锥切削部分进入零件孔内。当丝锥已切入几牙后，停止转动尾座手轮，由攻螺纹工具可滑动部分随丝锥进给，攻制内螺纹。

6）当丝锥攻至需要的深度尺寸时，迅速开反车退出丝锥。

在攻螺纹过程中，当切削力矩超过所调整的摩擦力矩时，图7-44所示攻螺纹工具的摩擦杆会打滑，丝锥则随零件一起转动，不再切削，可有效地防止丝锥折断，适用于不通孔螺纹的攻制。

图7-45所示为一种简易的攻螺纹工具，由于其没有过载保护机构，当切削力矩过大时，丝锥容易折断，适用于攻制通孔及精度较低的内螺纹。

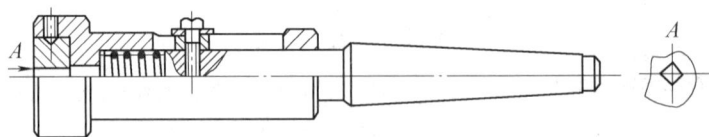

图7-45　简易攻螺纹工具

经验之谈

攻制小于M16的内螺纹时，为了防止钻孔歪斜，钻孔前应先钻中心孔，再按尺寸$D_孔$选择合适的麻花钻钻孔，倒角后用丝锥一次攻成。

攻制M16~M24的内螺纹时，钻孔后先用内螺纹车刀粗车内螺纹，再用丝锥攻制。攻螺纹前必须将尾座轴线找正至与主轴轴线重合。

（4）切削速度和切削液的选择

1）切削速度的选择。攻螺纹时的切削速度为：攻钢件和塑性较大的材料时，$v_c = 2 \sim 4\text{m/min}$；攻铸铁件或塑性较小的材料时，$v_c = 4 \sim 6\text{m/min}$。

2）切削液的选择。攻制优质碳素结构钢零件的内螺纹时，一般选用硫化切削油、全损耗系统用油和乳化液；攻制低碳钢零件或韧性较大材料（如40Cr钢等）的内螺纹时，可选用工业植物油；在铸铁材料上攻内螺纹时，可选用煤油或不使用切削液。

🔄 任务实施

一、刃磨普通螺纹车刀

1. 任务图样

普通螺纹车刀如图7-46所示。

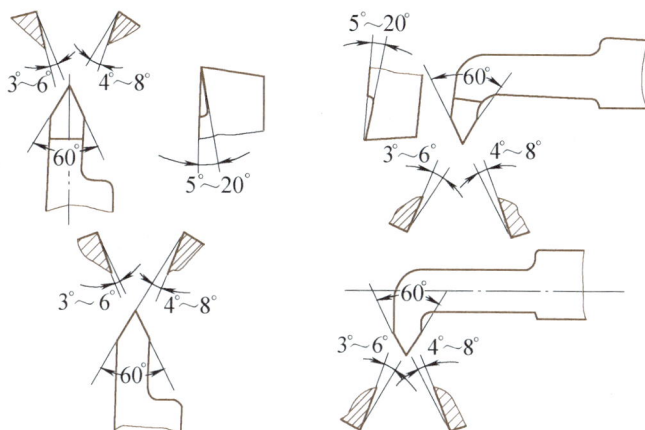

图7-46　普通螺纹车刀

2. 刃磨注意事项

1）刃磨时，站立位置和姿势要正确，特别是在刃磨整体式内螺纹车刀时，刃磨姿势正确与否尤为重要，姿势不正确易将刀尖角刃磨歪斜。

2）粗磨有径向前角的螺纹车刀时，应使刀尖角略大于牙型角，待磨好前角后，再修磨两刃夹角。

3）刃磨高速工具钢螺纹车刀时，应选用细粒度砂轮（如粒度号为F80的氧化铝砂轮），刃磨时车刀对砂轮的压力应小于一般车刀，并经常浸水冷却，以防过热引起退火。

4）刃磨车削窄槽或高台阶螺纹的螺纹车刀时，应将车刀进给方向一侧的切削刃磨得短些，如图7-47所示，以有利于车削时退刀。

5）螺纹车刀在刃磨过程中，应在砂轮表面左右移动，这样容易将车刀切削刃磨平直。

6）刃磨内螺纹车刀时，刀尖角平分线应垂直于刀柄，否则在车削内螺纹时刀柄部分会碰伤内螺纹小径。

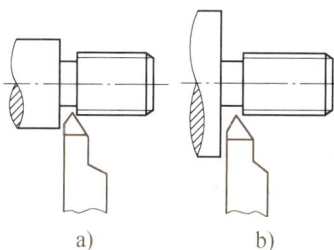

图7-47　车削窄槽、高台阶螺纹的螺纹车刀

二、车削普通外螺纹

1. 车削有退刀槽的螺纹

（1）**任务图样** 训练零件图样如图 7-48 所示，可按表中所列尺寸进行多次练习。

（2）**操作步骤**

1）夹持毛坯外圆，伸出长度为 65～70mm，找正并夹紧。

2）车平端面；粗、精车外圆（螺纹大径）至 φ43.8mm，长 50mm。

3）车槽 6mm×2mm。

4）倒角 C1.5。

5）粗、精车螺纹 M44×2mm 至要求。

6）检测合格后卸下零件。

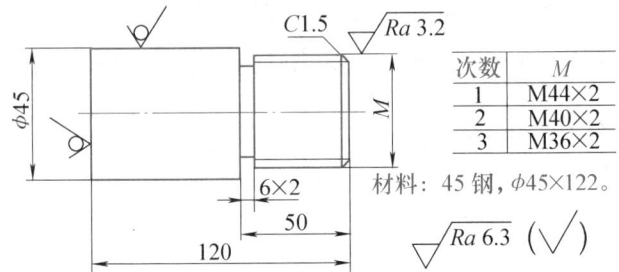

图 7-48 有退刀槽的螺纹

次数	M
1	M44×2
2	M40×2
3	M36×2

材料：45 钢，φ45×122。

7）将前次已车削的螺纹去除，先后粗、精车外圆（螺纹大径）至 φ39.8mm、φ35.8mm，车槽 6mm×2mm，分别用提开合螺母法和倒顺车法车削 M40×2 和 M36×2 螺纹。

（3）**任务评价**（表 7-5）

表 7-5　车削有退刀槽的螺纹任务评价

序号	评价项目与要求	配分	评分标准	检测结果	得分
1	M44	6	超差无分		
2	$P = 2mm$	5	超差无分		
3	$\alpha = 60°$	5	超差无分		
4	$\frac{\alpha}{2} = 30°$	5	超差无分		
5	$Ra3.2\mu m$	3	超差无分		
6	6mm×2mm	3	超差无分		
7	50mm	1	超差无分		
8	C1.5	1	超差无分		
9	M40	6	超差无分		
10	$P = 2mm$	5	超差无分		
11	$\alpha = 60°$	5	超差无分		
12	$\frac{\alpha}{2} = 30°$	5	超差无分		
13	$Ra3.2\mu m$	3	超差无分		
14	6mm×2mm	3	超差无分		
15	50mm	1	超差无分		
16	C1.5	1	超差无分		
17	M36	6	超差无分		
18	$P = 2mm$	5	超差无分		

（续）

序号	评价项目与要求	配分	评分标准	检测结果	得分
19	$\alpha = 60°$	5	超差无分		
20	$\frac{\alpha}{2} = 30°$	5	超差无分		
21	$Ra3.2\mu m$	3	超差无分		
22	6mm×2mm	3	超差无分		
23	50mm	1	超差无分		
24	$C1.5$	1	超差无分		
25	文明生产和安全生产	13	现场评分		
26	合计	100			

2. 车削无退刀槽的螺纹

（1）**任务图样** 训练零件图样如图 7-49 所示，可按表中所列尺寸进行多次练习。

（2）**操作步骤**

1）将前述训练零件螺纹车除（车光即可），调头夹持，台阶端面靠住卡盘的卡爪，夹紧。

2）车削端面；粗、精车外圆至 ϕ43.8mm，长 50mm。

3）倒角 $C1.5$。

4）在 42mm 处刻线痕。

5）粗、精车螺纹 M44×2 至要求。

6）检测。

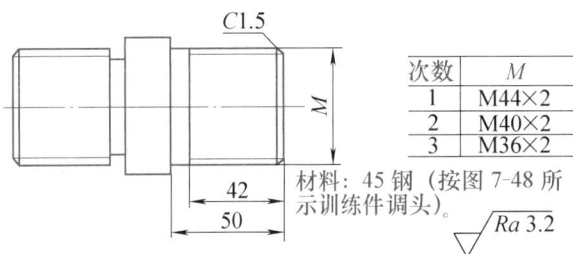

图 7-49 无退刀槽的螺纹

次数	M
1	M44×2
2	M40×2
3	M36×2

材料：45 钢（按图 7-48 所示训练件调头）。

7）将前次已车削的螺纹去除，先后粗、精车外圆（螺纹大径）至 ϕ39.8mm，ϕ35.8mm，长 50mm，分别用提开合螺母法和倒顺车法车削 M40×2 和 M36×2 螺纹。

（3）**任务评价**（表 7-6）

表 7-6 车削无退刀槽的螺纹任务评价

序号	评价项目与要求	配分	评分标准	检测结果	得分
1	M44	6	超差无分		
2	$P = 2mm$	5	超差无分		
3	$\alpha = 60°$	5	超差无分		
4	$\frac{\alpha}{2} = 30°$	5	超差无分		
5	$Ra3.2\mu m$	3	超差无分		
6	42mm	3	超差无分		
7	50mm	1	超差无分		
8	$C1.5$	1	超差无分		
9	M40	6	超差无分		
10	$P = 2mm$	5	超差无分		

（续）

序号	评价项目与要求	配分	评分标准	检测结果	得分
11	$\alpha = 60°$	5	超差无分		
12	$\frac{\alpha}{2} = 30°$	5	超差无分		
13	$Ra3.2\mu m$	3	超差无分		
14	42mm	3	超差无分		
15	50mm	1	超差无分		
16	$C1.5$	1	超差无分		
17	M36	6	超差无分		
18	$P = 2mm$	5	超差无分		
19	$\alpha = 60°$	5	超差无分		
20	$\frac{\alpha}{2} = 30°$	5	超差无分		
21	$Ra3.2\mu m$	3	超差无分		
22	42mm	3	超差无分		
23	50mm	1	超差无分		
24	$C1.5$	1	超差无分		
25	文明生产和安全生产	13	现场评分		
26	合计	100			

3. 高速车削螺纹

（1）任务图样　训练零件图样如图 7-50 所示，可按表中所列尺寸进行多次练习。

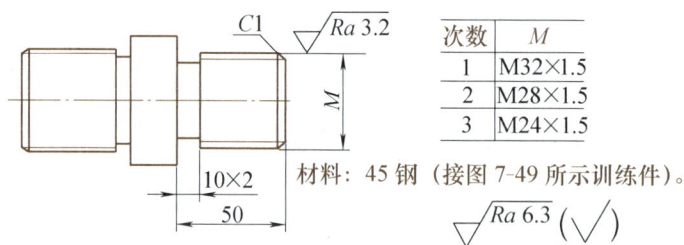

次数	M
1	M32×1.5
2	M28×1.5
3	M24×1.5

材料：45 钢（接图 7-49 所示训练件）。

图 7-50　高速车削螺纹

（2）操作步骤

1）夹持左端螺纹外圆（先将零件上的螺纹车除），台阶端面靠住卡盘的卡爪，夹紧。

2）车削端面；粗、精车外圆至 ϕ31.85mm，长 50mm。

3）车槽 10mm×2mm。

4）倒角 $C1$。

5）高速车削螺纹 M32×1.5 至要求。

6）检查螺纹中径。

7）将前次已车削的螺纹去除，先后粗、精车外圆（螺纹大径）至 ϕ27.8mm，ϕ23.8mm，车槽 10mm×2mm，分别用提开合螺母法和倒顺车法高速车削 M28×1.5 和

M24×1.5 螺纹。

（3）任务评价（表7-7）

表7-7 高速车削螺纹任务评价

序号	评价项目与要求	配分	评分标准	检测结果	得分
1	M32	6	超差无分		
2	$P = 1.5\text{mm}$	5	超差无分		
3	$\alpha = 60°$	5	超差无分		
4	$\dfrac{\alpha}{2} = 30°$	5	超差无分		
5	$Ra3.2\mu m$	3	超差无分		
6	10×2mm	3	超差无分		
7	50mm	1	超差无分		
8	$C1$	1	超差无分		
9	M28	6	超差无分		
10	$P = 1.5\text{mm}$	5	超差无分		
11	$\alpha = 60°$	5	超差无分		
12	$\dfrac{\alpha}{2} = 30°$	5	超差无分		
13	$Ra3.2\mu m$	3	超差无分		
14	10×2mm	3	超差无分		
15	50mm	1	超差无分		
16	$C1$	1	超差无分		
17	M24	6	超差无分		
18	$P = 1.5\text{mm}$	5	超差无分		
19	$\alpha = 60°$	5	超差无分		
20	$\dfrac{\alpha}{2} = 30°$	5	超差无分		
21	$Ra3.2\mu m$	3	超差无分		
22	10×2mm	3	超差无分		
23	50mm	1	超差无分		
24	$C1$	1	超差无分		
25	文明生产和安全生产	13	现场评分		
26	合计	100			

4. 车削普通外螺纹的注意事项

1）车削螺纹前，应调整好床鞍和中、小滑板的松紧程度。

2）车削螺纹时，注意力要集中，特别是初学者在开始练习时，主轴转速不宜过高，待操作熟练后，再逐步提高主轴转速，最终达到能高速车削普通螺纹的目的。

3）车削螺纹时，应始终保持螺纹车刀锋利。中途换刀或刃磨后重新装刀时，必须重新调整刀尖的高低和重新对刀。

4）车削螺纹时，应注意不可将中滑板手柄多摇进一圈，否则会造成车刀刀尖崩刃或损坏零件。

5）车削螺纹过程中，不准用手摸或用棉纱去擦螺纹，以免伤手。

6）车削无退刀槽的螺纹时，应保证每次收尾均在 1/2 圈左右，且每次退刀位置应大致相同，否则容易损坏螺纹车刀的刀尖。

7）车削脆性材料上的螺纹时，径向进给量（背吃刀量）不宜过大，否则会使螺纹牙尖爆裂而造成废品。低速精车螺纹时，最后几刀应采用微量进给或无进给车削，以车光螺纹侧面。

8）刀尖出现积屑瘤时应及时清除。

9）一旦刀尖"扎入"零件引起崩刃，应停车清除嵌入零件的硬质合金碎粒，然后用高速工具钢螺纹车刀低速修整螺纹牙侧。

10）粗、精车分开车削螺纹时，应留适当的精车余量。

三、车削普通内螺纹

1. 车削通孔内螺纹

（1）任务图样　训练零件图样如图 7-51 所示，可按表中所列尺寸进行多次练习。

（2）操作步骤

1）夹持外圆，长 10~15mm，找正并夹紧；车削端面；车削外圆至 $\phi43$mm；锐边倒角。

2）调头夹持外圆 $\phi43$mm，找正并夹紧；车削端面；车削外圆 $\phi43$mm，孔口倒角 $C2$。

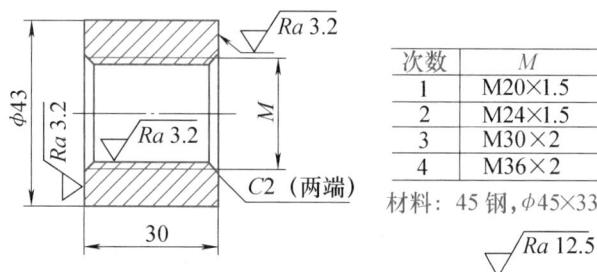

次数	M
1	M20×1.5
2	M24×1.5
3	M30×2
4	M36×2

材料：45 钢，$\phi45\times33$。

$\sqrt{Ra\,12.5}\,(\sqrt{})$

图 7-51　通孔内螺纹

3）钻孔、车削内孔至 $\phi18.40^{+0.18}_{0}$mm。

4）孔口倒角 $C2$。

5）粗、精车内螺纹 M20×1.5 至图样要求。

6）检查。

7）将前次已车削的螺纹去除，先后车削内孔至 $\phi22.3$mm、$\phi27.9$mm、$\phi33.9$mm，孔口倒角 $C2$，按零件图样表格中所列尺寸要求，重复上述训练步骤依次进行操作训练。

（3）任务评价（表 7-8）

表 7-8　车削通孔内螺纹任务评价

序号	评价项目与要求	配分	评分标准	检测结果	得分
1	$\phi43$mm	3	超差无分		
2	30mm	3	超差无分		
3	$Ra3.2\mu$m（2 处）	1×2	超差无分		
4	M20	5	超差无分		
5	$P=1.5$mm	5	超差无分		
6	$\alpha=60°$	3	超差无分		
7	$\dfrac{\alpha}{2}=30°$	3	超差无分		

（续）

序号	评价项目与要求	配分	评分标准	检测结果	得分
8	$Ra3.2\mu m$	2	超差无分		
9	C2（2处）	1×2	超差无分		
10	M24	5	超差无分		
11	$P = 1.5mm$	5	超差无分		
12	$\alpha = 60°$	3	超差无分		
13	$\frac{\alpha}{2} = 30°$	3	超差无分		
14	$Ra3.2\mu m$	2	超差无分		
15	C2（2处）	1×2	超差无分		
16	M30	5	超差无分		
17	$P = 2mm$	5	超差无分		
18	$\alpha = 60°$	3	超差无分		
19	$\frac{\alpha}{2} = 30°$	3	超差无分		
20	$Ra3.2\mu m$	2	超差无分		
21	C2（2处）	1×2	超差无分		
22	M36	5	超差无分		
23	$P = 2mm$	5	超差无分		
24	$\alpha = 60°$	3	超差无分		
25	$\frac{\alpha}{2} = 30°$	3	超差无分		
26	$Ra3.2\mu m$	2	超差无分		
27	C2（2处）	1×2	超差无分		
28	文明生产和安全生产	12	现场评分		
29	合计	100			

2. 车削台阶孔内螺纹

（1）任务图样　训练零件图样如图7-52所示，可按表中所列尺寸进行多次练习。

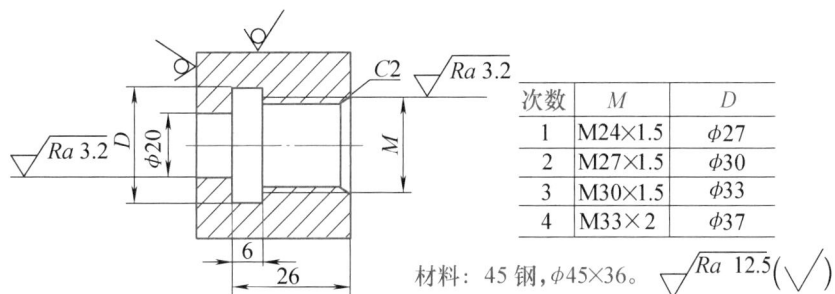

次数	M	D
1	M24×1.5	$\phi27$
2	M27×1.5	$\phi30$
3	M30×1.5	$\phi33$
4	M33×2	$\phi37$

材料：45钢，$\phi45×36$。

图7-52 台阶孔内螺纹

（2）操作步骤

1）夹持外圆，找正并夹紧。

2）车削端面；钻孔、车削通孔至尺寸 $\phi20$mm。

3）车削台阶孔至 $\phi22.5^{+0.21}_{0}$mm，深26mm；孔口倒角 $C2$。

4）车削内沟槽 $\phi27$mm，宽6mm，与台阶平齐。

5）粗、精车内螺纹 M24×1.5 至图样要求。

6）检查。

7）将前次已车削的螺纹去除，先后车削内孔至 $\phi25.5$mm、$\phi28.5$mm、$\phi31$mm，孔口倒角 $C2$，按零件图样表格中所列尺寸要求，重复上述训练步骤依次进行操作训练。

（3）任务评价（表7-9）

表7-9 车削台阶孔内螺纹任务评价

序号	评价项目与要求	配分	评分标准	检测结果	得分
1	$\phi20$mm	2	超差无分		
2	$Ra3.2\mu m$	2	超差无分		
3	M24	4	超差无分		
4	$P=1.5$mm	4	超差无分		
5	$\alpha=60°$	2	超差无分		
6	$\frac{\alpha}{2}=30°$	2	超差无分		
7	$Ra3.2\mu m$	2	超差无分		
8	$C2$	1	超差无分		
9	$\phi27$mm	2	超差无分		
10	6mm	2	超差无分		
11	26mm	2	超差无分		
12	M27	4	超差无分		
13	$P=1.5$mm	4	超差无分		
14	$\alpha=60°$	2	超差无分		
15	$\frac{\alpha}{2}=30°$	2	超差无分		
16	$Ra3.2\mu m$	2	超差无分		
17	$C2$	1	超差无分		
18	$\phi30$mm	2	超差无分		
19	6mm	2	超差无分		
20	26mm	2	超差无分		
21	M30	4	超差无分		
22	$P=1.5$mm	4	超差无分		
23	$\alpha=60°$	2	超差无分		
24	$\frac{\alpha}{2}=30°$	2	超差无分		
25	$Ra3.2\mu m$	2	超差无分		
26	$C2$	1	超差无分		

（续）

序号	评价项目与要求	配分	评分标准	检测结果	得分
27	$\phi33$mm	2	超差无分		
28	6mm	2	超差无分		
29	26mm	2	超差无分		
30	M33	4	超差无分		
31	$P = 2$mm	4	超差无分		
32	$\alpha = 60°$	2	超差无分		
33	$\dfrac{\alpha}{2} = 30°$	2	超差无分		
34	$Ra3.2\mu m$	2	超差无分		
35	$C2$	1	超差无分		
36	$\phi37$mm	2	超差无分		
37	6mm	2	超差无分		
38	26mm	2	超差无分		
39	文明生产和安全生产	12	现场评分		
40	合计	100			

3. 车削不通孔内螺纹

（1）任务图样　训练零件图样如图 7-53 所示，可按表中所列尺寸进行多次练习。

（2）操作步骤

1）夹持外圆，找正并夹紧。

2）车削端面，钻孔 $\phi16$mm，深 25.8mm（至钻头尖）。

3）车削内孔及孔底平面至 $\phi18.40^{+0.21}_{0}$，深 26mm；孔口倒角 $C2$。

4）车削内沟槽 $\phi23$mm，宽 6mm，与孔底平面平齐。

5）粗、精车内螺纹 M20×1.5 至图样要求。

6）检查。

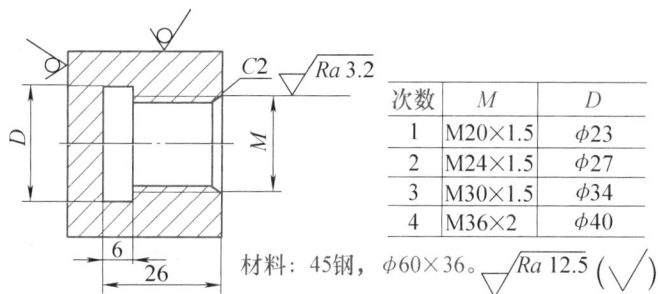

次数	M	D
1	M20×1.5	$\phi23$
2	M24×1.5	$\phi27$
3	M30×1.5	$\phi34$
4	M36×2	$\phi40$

材料：45钢，$\phi60×36$。

图 7-53　不通孔内螺纹 M30×1.5

7）将前次已车削的螺纹去除，先后车削内孔至 $\phi22.4$mm、$\phi28.4$mm、$\phi33.9$mm，孔口倒角 $C2$，车削相应的内沟槽，按零件图样表格中所列尺寸要求，重复上述训练步骤依次进行操作训练。

（3）任务评价（表 7-10）

表 7-10　车削不通孔内螺纹任务评价

序号	评价项目与要求	配分	评分标准	检测结果	得分
1	M20	5	超差无分		
2	$P = 1.5$mm	4	超差无分		
3	$\alpha = 60°$	2	超差无分		

（续）

序号	评价项目与要求	配分	评分标准	检测结果	得分
4	$\frac{\alpha}{2}=30°$	2	超差无分		
5	$Ra3.2\mu m$	2	超差无分		
6	$C2$	1	超差无分		
7	$\phi 23mm$	2	超差无分		
8	6mm	2	超差无分		
9	26mm	2	超差无分		
10	M24	5	超差无分		
11	$P=1.5mm$	4	超差无分		
12	$\alpha=60°$	2	超差无分		
13	$\frac{\alpha}{2}=30°$	2	超差无分		
14	$Ra3.2\mu m$	2	超差无分		
15	$C2$	1	超差无分		
16	$\phi 27mm$	2	超差无分		
17	6mm	2	超差无分		
18	26mm	2	超差无分		
19	M30	5	超差无分		
20	$P=1.5mm$	4	超差无分		
21	$\alpha=60°$	2	超差无分		
22	$\frac{\alpha}{2}=30°$	2	超差无分		
23	$Ra3.2\mu m$	2	超差无分		
24	$C2$	1	超差无分		
25	$\phi 34mm$	2	超差无分		
26	6mm	2	超差无分		
27	26mm	2	超差无分		
28	M36	5	超差无分		
29	$P=2mm$	4	超差无分		
30	$\alpha=60°$	2	超差无分		
31	$\frac{\alpha}{2}=30°$	2	超差无分		
32	$Ra3.2\mu m$	2	超差无分		
33	$C2$	1	超差无分		
34	$\phi 40mm$	2	超差无分		
35	6mm	2	超差无分		
36	26mm	2	超差无分		
37	文明生产和安全生产	12	现场评分		
38	合计	100			

4. 车削普通内螺纹时的注意事项

1）装夹内螺纹车刀时，车刀刀尖应对准零件中心。如果车刀装得过高，车削时容易引起振动，使螺纹表面产生鱼鳞斑现象；如果车刀装得过低，则刀体下部会与零件发生摩擦，使车刀难以切入。

2）车削内螺纹时，应将小滑板适当调紧些，以防车削过程中小滑板产生位移而造成螺纹乱牙。

3）车削内螺纹时，退刀要及时、准确。退刀过早，则螺纹未车完；退刀过迟，则车刀容易碰撞孔底。

4）车削内螺纹时，赶刀量不宜过多，以防精车螺纹时没有余量。

5）精车时必须保持车刀锋利，否则容易产生"让刀"，致使螺纹产生锥形误差。一旦产生锥形误差，不能盲目增大背吃刀量，而应让螺纹车刀在原背吃刀量的基础上反复进行无进给切削来消除误差。

6）零件在回转时不能用棉纱去擦内孔，更不允许用手指去摸内螺纹表面，以防发生事故。

7）车削过程中发生车刀碰撞孔底时，应及时重新对刀，以防因车刀移位而造成乱牙。

四、车削 55°密封管螺纹

1. 任务图样

训练零件图样如图 7-54 所示，可按表中所列尺寸进行多次练习。

公称直径	1/2″	3/4″	1″
每25.4mm内牙数	14	14	11
螺距P	1.814	1.814	2.309
基准距离l₂	8.2	9.5	10.4
有效螺纹长度l₁	13.2	14.5	16.8
基面上的公称直径 大径d	20.955	26.441	33.249
中径d₂	19.793	25.279	31.770
小径d₁	18.631	24.117	30.291

技术要求
1. 未注倒角C1。
2. 材料：水、煤气输送钢管，1/2″、3/4″、1″，长度72，各1件。
$\sqrt{Ra\ 3.2}$

图 7-54 管接嘴

2. 操作步骤

1）夹持管料外圆，伸出长度为 35~40mm，找正并夹紧。

2）车削端面。

3）逆时针方向转动小滑板 1°47′24″，车削外圆锥面至要求，倒角 C1。

4）用手赶法（径向退刀）车削 55°密封管螺纹至要求。

5）检查。

6）调头夹持零件，以同样的方法车削另一端55°密封管螺纹。

3. 注意事项

1）装夹刀具时，螺纹车刀两刀尖半角的对称中心线应垂直于零件轴线。

2）手赶速度应与螺纹车刀的纵向进给速度配合好，不可时快时慢，否则容易损坏螺纹车刀，且螺纹两侧面将不光整，精度达不到要求。

3）用管接头检查零件螺纹时，应以基面为准，保证有效长度 l_1，一般是把握"松三紧四"原则，即管接头拧进3~4圈，螺纹收尾长度为3~4圈。

五、套螺纹

1. 任务图样

训练零件图样如图7-55所示，可按表中所列尺寸进行多次练习。

2. 操作步骤

1）夹持外圆，找正并夹紧。

2）车削端面；粗、精车外圆至 $\phi15.74mm$，长35mm。

3）倒角 $C1.5$。

4）用 M16 的板牙套螺纹。

5）检查。

6）按零件图样表格中所列尺寸要求，重复上述训练步骤依次进行操作训练。

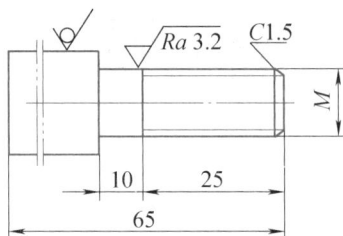

次数	M
1	M16
2	M12
3	M8

材料：45钢，$\phi20×66$，1件。

图 7-55　套螺纹

3. 注意事项

1）选用板牙时，应检查板牙的齿形是否有缺损。

2）装夹板牙时不能歪斜。

3）套制塑性材料的螺纹时，应充分加注切削液。

4）套螺纹工具在尾座套筒锥孔中必须装紧，以防套螺纹时，切削力矩过大，引起套螺纹工具锥柄在尾座锥孔内转动而损坏尾座锥孔表面。

六、攻螺纹

1. 任务图样

训练零件图样如图7-56所示，可按表中所列尺寸进行多次练习。

2. 操作步骤

1）夹持外圆，找正并夹紧。

2）车削端面。

3）用中心钻钻中心孔，钻通孔 $\phi8.5mm$，孔口倒角。

4）攻螺纹 M10。

5）检查。

6）将前次已加工的螺纹去除，

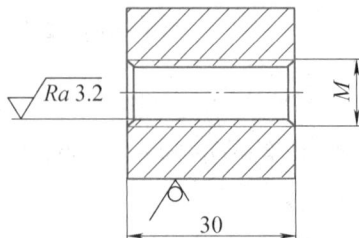

次数	M
1	M10
2	M12
3	M14
4	M16

材料：45钢，$\phi30×32$。

图 7-56　攻螺纹

先后扩通孔至 $\phi10.30mm$、$\phi12mm$、$\phi14mm$，孔口倒角，按零件图样表格中所列尺寸要求，重复上述训练步骤依次进行操作训练。

3. 注意事项

1）选用丝锥时，应检查丝锥是否缺齿。

2）装夹丝锥时，应防止丝锥歪斜。

3）攻螺纹时，应充分浇注切削液。

4）攻螺纹时，不要一次攻至所需深度，应分多次进刀，即丝锥每攻进一段深度后应及时退出，清理切屑后，再继续向里攻。

5）攻不通孔螺纹时，应选用有过载保护机构的攻螺纹工具，并应在丝锥上或攻螺纹工具上作深度标记，以防止丝锥攻至孔底造成丝锥折断。

6）开车时严禁用手或棉纱清理螺纹孔内的切屑，以防发生事故。

七、车削螺纹质量问题分析

车削螺纹时可能出现的质量问题的种类、产生原因及预防措施见表7-11。

表7-11 车削螺纹时可能出现的质量问题的种类、产生原因及预防措施

质量问题的种类	产生原因	预防措施
螺距不正确	1. 进给箱手柄位置错误或交换齿轮搭配错误 2. 开合螺母自行抬起 3. 进给丝杠或主轴窜动量大	1. 在零件上先车削出一条很浅的螺旋线，测量螺距是否正确 2. 调整开合螺母间隙 3. 调整好主轴和丝杠的轴向窜动量
牙型不正确	1. 车刀刀尖刃磨不正确 2. 车刀磨损 3. 车刀安装不正确	1. 正确刃磨车刀 2. 合理选用切削液并及时修磨车刀 3. 装夹时用样板对刀
中径不正确	1. 以顶径为基础控制背吃刀量,忽略了顶径误差的影响 2. 刻度盘使用不当	1. 应考虑顶径误差的大小,调整背吃刀量 2. 正确使用刻度盘
表面粗糙度值大	1. 切削用量选择不当 2. 刀柄刚度不足,产生振动 3. 产生积屑瘤	1. 正确选择切削用量 2. 增大刀柄面积,并缩短刀柄的伸出长度 3. 用高速工具钢车刀车削时,应降低切削速度,并加切削液

任务三 车削梯形螺纹

任务描述

梯形螺纹广泛应用于传动装置。本任务介绍梯形螺纹车刀的刃磨方法、梯形螺纹的车削和检测方法。

梯形螺纹是一种应用广泛的传动螺纹，车床上的长丝杠和中、小滑板丝杠都是梯形螺纹。

梯形螺纹分米制和寸制两种，米制梯形螺纹的牙型角为 30°，寸制梯形螺纹的牙型角为 29°。我国常用的是米制梯形螺纹。

一、梯形螺纹车刀及其刃磨

1. 梯形外螺纹车刀

（1）高速工具钢梯形螺纹粗车刀　车削梯形外螺纹时，径向切削力较大，为减小切削力，梯形螺纹车刀分粗车刀和精车刀两种。

梯形螺纹粗车刀的刀尖角应略小于梯形螺纹的牙型角，一般取 29°；刀尖宽度应小于牙型槽底宽 W，一般取 $2W/3$；径向前角取 $10° \sim 15°$，径向后角取 $6° \sim 8°$，两侧后角进给方向为 $(3° \sim 5°)+\psi$，背进给方向为 $(3° \sim 5°)-\psi$；刀尖处应适当倒圆，如图 7-57 所示。

（2）高速工具钢梯形螺纹精车刀　梯形螺纹精车刀的刀尖角应等于梯形螺纹的牙型角，即 30°；径向前角为 0°，径向后角取 $6° \sim 8°$，两侧后角进给方向为 $(5° \sim 8°)+\psi$，

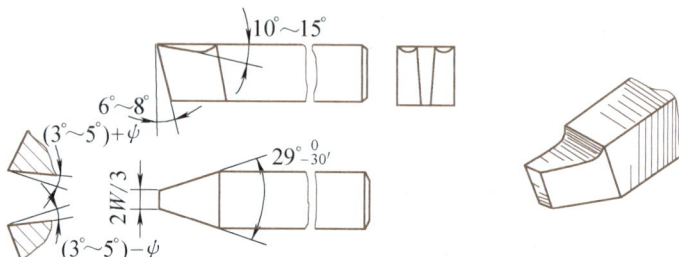

图 7-57　高速工具钢梯形螺纹粗车刀

背进给方向为 $(5° \sim 6°)-\psi$；刀尖宽度等于牙型槽底宽度减去 0.05mm，如图 7-58 所示。

为保证两侧切削刃切削顺利，在两侧都磨有较大前角（$\gamma_o = 10° \sim 20°$）的卷屑槽。车削时，车刀前端的切削刃不能参加切削，只能精车牙侧。

（3）硬质合金梯形螺纹车刀　图 7-59 所示为硬质合金梯形螺纹车刀。车削一般精度的梯形螺纹时，可使用硬质合金梯形螺纹车刀进行高速车削，以提高生产率。车刀的刀尖角等于梯形螺纹牙型角，即 30°；径向前角为 0°，径向后角为 $5° \sim 6°$，两侧后角进给方向为 $(3° \sim 5°)+\psi$，背进给方向为 $(3° \sim 5°)-\psi$。

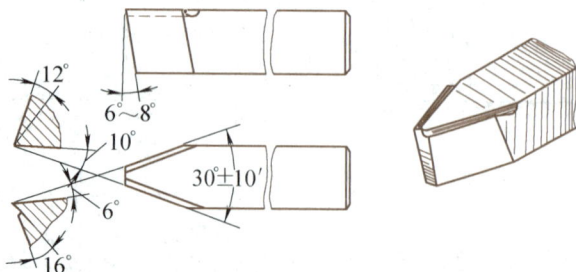

图 7-58　高速工具钢梯形螺纹精车刀

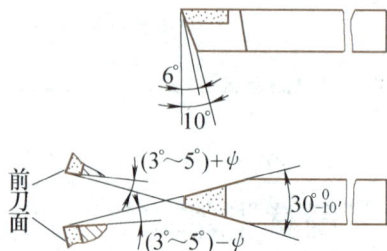

图 7-59　硬质合金梯形螺纹车刀

车削梯形螺纹时，由于 3 个切削刃同时参与切削，因此切削力很大，容易引起振动。

2. 梯形内螺纹车刀

梯形内螺纹车刀与普通内螺纹车刀基本相同，只是刀尖角等于 30°，如图 7-60 所示。

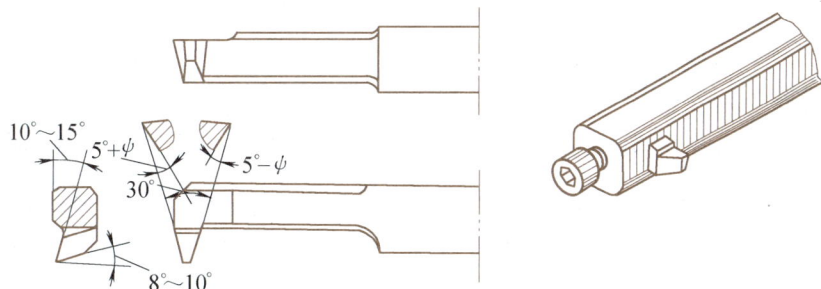

图 7-60　梯形内螺纹车刀

为了增加刀体强度、减小振动，梯形内螺纹车刀的前刀面应适当磨得低一些。

3. 刃磨要求

刃磨梯形螺纹车刀的主要参数是螺纹的牙型角和牙底槽宽度。

1）刃磨螺纹车刀两刃夹角时，应随时目测和用样板校对。

2）对于径向前角不为 0° 的梯形螺纹车刀，应修正其两刃夹角，修正方法与普通螺纹车刀的修正方法相同，参见图 7-10 和表 7-1。

3）螺纹车刀各切削刃要光滑、平直、无裂口，两侧切削刃应对称，刀体不能歪斜。

4）螺纹车刀各切削刃应用油石研去毛刺。

5）梯形内螺纹车刀两侧切削刃的对称中心线应垂直于刀柄。

4. 刃磨步骤

1）粗磨两侧后刀面，初步形成刀尖角。

2）粗、精磨前刀面或径向前角。

3）精磨两侧后刀面，控制刀尖宽度，用图 7-61 所示的对刀样板修正刀尖角。

4）用油石精研各刀面和切削刃。

5. 注意事项

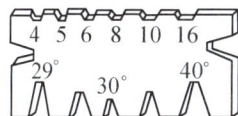

图 7-61　梯形螺纹
对刀样板

1）刃磨两侧后角时，要注意螺纹的左、右旋向，并根据螺纹升角 ψ 的大小来确定两侧后角的增减。

2）梯形内螺纹车刀的刀尖角平分线应与刀柄垂直。

3）刃磨高速工具钢梯形螺纹车刀时，应随时蘸水冷却，以防刃口因过热而退火。

4）螺距较小的梯形螺纹精车刀不便于刃磨断屑槽时，可采用径向前角较小的梯形螺纹精车刀。

二、车削梯形螺纹

1. 梯形螺纹的技术要求

梯形螺纹轴向剖面的形状是等腰梯形，用于传动，因其精度要求高、表面粗糙度值小，故车削梯形螺纹比车削普通螺纹困难。

梯形螺纹的一般技术要求如下：

1）梯形螺纹的中径必须与基准轴颈同轴，其大径尺寸应小于公称尺寸。

2）梯形螺纹的配合以中径定心，因此，车削梯形螺纹时必须保证中径的尺寸公差。

3）梯形螺纹的牙型角要正确。

4）梯形螺纹牙型两侧面的表面粗糙度值要小。

2. 零件的装夹

车削梯形螺纹时，切削力较大，零件一般采用一夹一顶的方式装夹。粗车螺距较大的梯形螺纹时，可采用单动卡盘一夹一顶，以保证装夹牢固。此外，应采用限位台阶或限位支承固定零件的轴向位置，以防车削过程中零件发生轴向窜动或移位而造成乱牙或撞坏车刀。

3. 梯形螺纹车刀的选择

低速车削梯形螺纹时，一般选用高速工具钢车刀；高速车削梯形螺纹时，应选用硬质合金刀车刀。

由于梯形螺纹的牙型较深，车削时的切削抗力较大，所以粗车梯形螺纹时，常采用图7-62所示的弹性螺纹车刀（又称弹性刀排）。

4. 梯形螺纹车刀的装夹

梯形螺纹车刀的装夹应满足以下要求：

1）梯形螺纹车刀的刀尖应与零件轴线等高。弹性螺纹车刀由于车削时受切削抗力的作用会被压低，所以其刀尖应高于零件轴线0.2~0.5mm。

2）两切削刃夹角（刀尖角）的平分线应垂直于零件轴线，装夹时须用梯形螺纹对刀样板找正，如图7-63所示，以免产生螺纹半角误差。

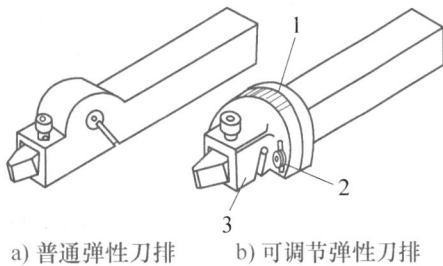

a) 普通弹性刀排　b) 可调节弹性刀排

图7-62　弹性刀排
1—刀柄　2—螺钉　3—刀体

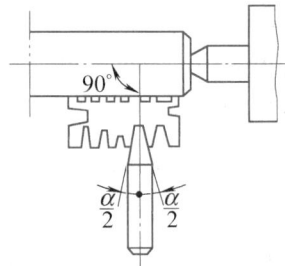

图7-63　用对刀样板装刀

5. 车削梯形外螺纹

（1）螺距小于4mm、精度要求不高的梯形外螺纹　可用一把梯形螺纹车刀粗、精车至尺寸要求。粗车时可采用少量的左右切削法或斜进法，如图7-64所示，精车时采用直进法。

（2）螺距为4~8mm或精度要求较高的梯形外螺纹　一般采用左右切削法或车直槽法车削，如图7-65所示。具体车削步骤如下：

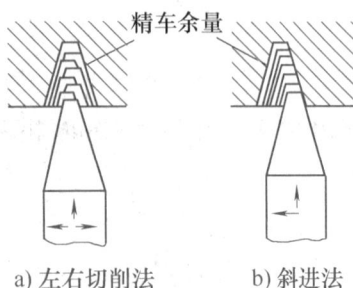

a) 左右切削法　b) 斜进法

图7-64　螺距小于4mm的梯形外螺纹进给方法

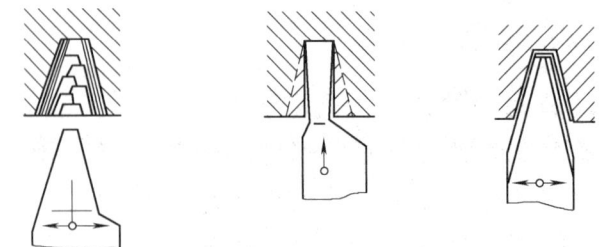

a) 用左右切削法粗车、半精车梯形螺纹　b) 车直槽法粗车　c) 精车梯形外螺纹

图7-65　螺距为4~8mm的梯形外螺纹进给方法

1）粗车、半精车螺纹大径，留精车余量 0.3mm 左右，倒角（与端面成 15°角）。

2）用左右切削法粗车、半精车螺纹，每边留精车余量 0.1~0.2mm，精车螺纹小径至尺寸。或者选用刀体宽度稍小于槽底宽的车槽刀，采用直进法粗车螺纹，槽底直径等于螺纹小径。

3）精车螺纹大径至图样要求。

4）用两侧切削刃磨有卷屑槽的梯形螺纹精车刀精车两侧面至图样要求。

（3）螺距大于 8mm 的梯形外螺纹　一般采用车阶梯槽的方法车削，如图 7-66 所示。具体车削步骤如下：

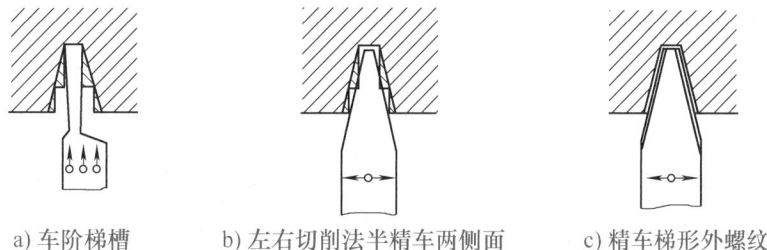

a) 车阶梯槽　　　　b) 左右切削法半精车两侧面　　　　c) 精车梯形外螺纹

图 7-66　螺距大于 8mm 的梯形外螺纹进给方法

1）粗车、半精车螺纹大径，留精车余量 0.3mm 左右，倒角（与端面成 15°角）。

2）用刀体宽度小于 $P/2$ 的车槽刀以直进法粗车螺纹至接近中径处，再用刀体宽度略小于槽底宽的车槽刀以直进法粗车螺纹，槽底直径等于螺纹小径，从而形成阶梯状的螺旋槽。

3）用梯形螺纹粗车刀，采用左右切削法半精车螺纹槽两侧面，每面留精车余量 0.1~0.2mm。

4）精车螺纹大径至图样要求。

5）用梯形螺纹精车刀精车两侧面，控制中径，完成螺纹的加工。

6. 车削梯形内螺纹

梯形内螺纹的车削方法与普通内螺纹的车削方法基本相同，具体步骤如下：

1）加工内螺纹底孔

$$D_孔 = D_1 = d - P$$

式中　$D_孔$——底孔直径（mm）；

　　　D_1——内螺纹小径（mm）；

　　　D——内螺纹大径（mm）；

　　　P——螺距（mm）。

2）在端面上车削一个轴向深度为 1~2mm，孔径等于螺纹公称尺寸的内台阶孔，如图 7-67 所示，作为车削内螺纹时的对刀基准。

3）粗车内螺纹，采用斜进法（向背进给方向赶刀，以有利于粗车的顺利进行）。车刀刀尖与对刀基准间应保证有 0.10~0.15mm 的间隙。

4）精车内螺纹，采用左右切削法精车牙型两侧面。车刀刀尖与对刀基准相接触。

车削与梯形外螺纹（螺杆）配对的梯形螺母时，为保证车出的梯形螺母与螺杆的牙型角一致，常用图 7-68 所示的梯形螺纹专用样板对刀。使用时，将样板的基准面靠紧零件外圆表面来找正螺纹车刀的正确位置。

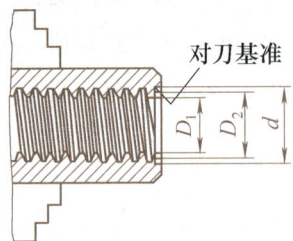

图 7-67 车削梯形内螺纹

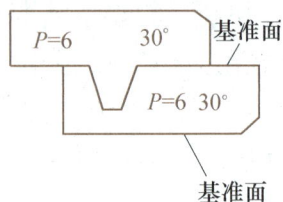

图 7-68 梯形螺纹专用样板

三、梯形螺纹的检测

1. 梯形外螺纹的检测

（1）三针测量法

1）三针测量法的原理。三针测量法是一种比较精密的检测方法，适合测量精度要求较高、螺纹升角小于 4° 的普通螺纹、梯形螺纹和蜗杆的中径尺寸。测量时，将 3 根直径相等、尺寸合适的量针放置在螺纹两侧相对应的螺旋槽中，用千分尺测量两边量针顶点之间的距离 M，由 M 值换算出螺纹中径的实际尺寸，如图 7-69 所示。

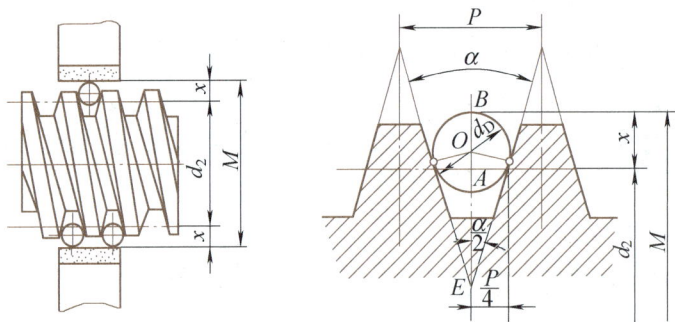

图 7-69 三针测量螺纹中径

2）量针的选择。三针测量法用的量针直径 d_D 不能太大，必须保证量针截面与螺纹牙侧相切；d_D 也不能太小，否则量针将陷入牙槽中，其顶点将低于螺纹牙顶而无法进行测量。最佳的量针直径是指量针横截面与螺纹牙侧相切于螺纹中径处时的直径，如图 7-70 所示。

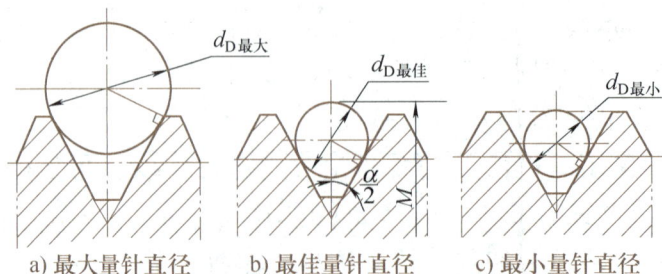

a）最大量针直径   b）最佳量针直径   c）最小量针直径

图 7-70 量针直径的选择

3）M 值和量针直径的计算。M 值和量针直径的简化计算公式见表 7-12。

表 7-12　M 值及量针直径的简化计算公式

螺纹牙型角	M 的计算公式	量针直径 d_D		
		最大值	最佳值	最小值
30°（梯形螺纹）	$M = d_2 + 4.864d_D - 1.866P$	$0.656P$	$0.518P$	$0.486P$
40°（蜗杆）	$M = d_1 + 3.924d_D - 4.316m_x$	$2.446m_x$	$1.675m_x$	$1.61m_x$
55°（寸制螺纹）	$M = d_2 + 3.166d_D - 0.961P$	$0.894P - 0.029$	$0.564P$	$0.481P - 0.016$
60°（普通螺纹）	$M = d_2 + 3d_D - 0.866P$	$1.01P$	$0.577P$	$0.505P$

注：d_1 为蜗杆分度圆直径；d_2 为螺纹中径；m_x 为轴向模数。

例 7-1　用三针测量梯形螺纹 Tr36×6-7h 的中径，求量针直径 d_D 和千分尺的读数 M。

解：1）计算量针直径。

$$d_D = 0.518P = 0.518 \times 6\text{mm} = 3.108\text{mm}$$

则选用量针直径 $d_D = 3.177$ mm。

螺纹中径为

$$d_2 = d - 0.5P = 36\text{mm} - 0.5 \times 6\text{mm} = 33\text{mm}$$

由梯形螺纹公差标准查得中径尺寸及其上、下极限偏差为 $d_2 = 33_{-0.355}^{0}$mm。

2）计算 M 值。

$$M = d_2 + 4.864d_D - 1.866P = 33\text{mm} + 4.864 \times 3.177\text{mm} - 1.866 \times 6\text{mm} = 37.257\text{mm}$$

根据中径允许的极限偏差，千分尺的读数 M 应为 36.902~37.257mm。

（2）单针测量法

1）单针测量法的原理。在测量直径和螺距较大的螺纹中径时，用单针测量比用三针测量方便、简单。测量时，将一根量针放入螺旋槽中，另一侧则以螺纹大径为基准，用千分尺测量出量针顶点与螺纹大径之间的距离 A，如图 7-71 所示，然后由 A 值换算出螺纹中径的实际尺寸。单针测量法中量针的选择与三针测量相同。

2）A 值的计算。在单针测量前，应先量出螺纹大径的实际尺寸 d_0，并根据所选用量针的直径 d_D 计算出用三针测量时的 M 值，然后按下式计算 A 值

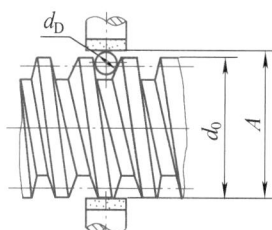

图 7-71　单针测量螺纹中径

$$A = \frac{1}{2}(M + d_0) \tag{7-8}$$

例 7-2　用单针测量梯形螺纹 Tr36×6-7h 的中径，量得零件实际大径 $d_0 = 35.90$mm，求千分尺读数 A 值。

解：由例 7-1 得，选用量针 $d_D = 3.177$mm，三针测量时 $M = 37.257$mm。则

$$A = \frac{1}{2}(M + d_0) = \frac{1}{2}(37.257 + 35.90)\text{mm} = 36.579\text{mm}$$

根据中径允许的极限偏差，千分尺读数 A 值的范围应是 36.224~36.579mm。

（3）综合测量　对于精度要求不高的梯形外螺纹，一般采用标准的梯形螺纹量规——螺纹环规进行综合检测。检测前，应先检查螺纹的大径、牙型角和牙型半角、螺距和表面粗糙度值，然后用螺纹环规进行检测。如果螺纹环规的通规能顺利拧入零件螺

纹，而止规不能拧入，则说明被检梯形螺纹合格。

2. 梯形内螺纹的检测

梯形内螺纹通常使用标准的梯形螺纹量规——螺纹塞规和小径塞规进行综合检测。检测时，先用小径塞规（测量面为光滑外圆柱面）检测小径，小径塞规的通端应能顺利插入内螺纹，止端则不能插入（允许内螺纹小径两端插入不超过一个螺距）。然后用螺纹塞规进行检测，若螺纹塞规的通端能顺利拧入零件内螺纹，而止端不能拧入，则说明被检梯形内螺纹合格。

任务实施

一、刃磨梯形螺纹车刀

梯形螺纹车刀如图7-72所示。

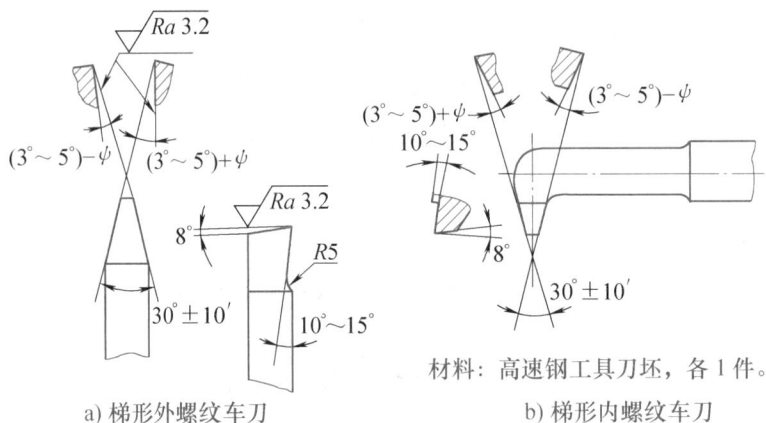

a) 梯形外螺纹车刀　　b) 梯形内螺纹车刀

图 7-72　梯形螺纹车刀

根据图样要求进行梯形螺纹车刀的刃磨训练。

二、车削梯形外螺纹

1. 任务图样

训练零件图样如图7-73所示。

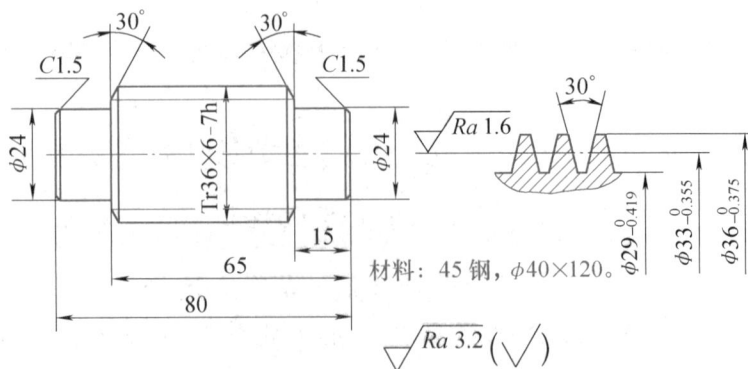

图 7-73　梯形外螺纹

2. 操作步骤

1）夹持外圆，伸出长度在 100mm 左右，找正并夹紧。

2）车平端面，钻中心孔；用尾座顶尖支承零件成一夹一顶装夹。

3）粗、精车梯形螺纹大径至 $\phi36.3_{-0.1}^{0}$ mm，长度大于 65mm。

4）粗、精车外圆 $\phi24$mm 至尺寸要求，长 15mm。

5）粗、精车退刀槽至 $\phi24$mm，宽度大于 15mm，控制长度尺寸 65mm。

6）两端倒 30°角和倒角 $C1.5$。

7）粗车梯形螺纹 Tr36×6-7h，车削小径至 $\phi29_{-0.419}^{0}$mm 要求，两牙侧留精车余量 0.2mm。

8）精车梯形螺纹大径至 $\phi36_{-0.375}^{0}$mm。

9）精车两牙侧面，用三针测量，控制中径尺寸至 $\phi33_{-0.355}^{0}$mm。

10）切断，总长为 81mm。

11）调头，垫铜皮装夹，车削端面，控制总长 80mm；倒角 $C1.5$。

3. 任务评价（表 7-13）

表 7-13 车削梯形外螺纹任务评价

序号	评价项目与要求	配分	评分标准	检测结果	得分
1	$\phi36_{-0.375}^{0}$mm	12	超差无分		
2	$\phi33_{-0.355}^{0}$mm	15	超差无分		
3	$\phi29_{-0.419}^{0}$mm	8	超差无分		
4	$\alpha = 30°\pm5'$	10	超差无分		
5	$\frac{\alpha}{2} = 15°\pm5'$	10	超差无分		
6	$\phi24$mm（2 处）	2×2	超差无分		
7	80mm、65mm、15mm	1×3	超差无分		
8	$Ra1.6\mu$m	10	超差无分		
9	$Ra3.2\mu$m（6 处）	2×6	超差无分		
10	$C1.5$（2 处）	1×2	超差无分		
11	倒角 30°（2 处）	1×2	超差无分		
12	文明生产和安全生产	12	现场评分		
13	合计	100			

4. 注意事项

1）在车削梯形螺纹的过程中，不允许用棉纱擦拭零件，以防发生安全事故。

2）车削梯形螺纹时，为防止因溜板箱手轮转动时的不平衡而使床鞍发生窜动，可在手轮上安装平衡块，最好采用手轮脱离装置。

3）梯形螺纹精车刀两侧刃应刃磨平直，切削刃应保持锋利。

4）精车前，最好重新修正中心孔，以保证螺纹的同轴度。

5）车削梯形螺纹时思想要集中，严防中滑板手柄多进 1 圈而撞坏梯形螺纹车刀或使零件因碰撞而报废。

6）粗车梯形螺纹时，应将小滑板调紧一些，以防车刀发生移位而产生乱牙。

7）车削梯形螺纹时，应选择较小的切削用量，以减少零件的变形，同时应充分加注切削液。

任务四 车削蜗杆

任务描述

由蜗杆和蜗轮组成的蜗杆副常用于需要较大传动比的减速传动机构中。本任务介绍蜗杆车刀的刃磨方法、单头蜗杆的车削方法和蜗杆的检测方法。

知识链接

一、蜗杆

由蜗杆和蜗轮组成的蜗杆副能获得很大的传动比，因此常用于减速传动机构中，用来传递两轴在空间成 90° 交错的运动。蜗杆一般可分为米制（压力角 $\alpha = 20°$）和寸制（压力角 $\alpha = 14.5°$）两种。我国大多采用米制蜗杆，故本任务只介绍米制蜗杆的车削方法。

米制蜗杆有阿基米德蜗杆（ZA 蜗杆）、法向直廓蜗杆（ZN 蜗杆）、渐开线蜗杆（ZI 蜗杆）、锥面包络圆柱蜗杆（ZK 蜗杆）和圆弧圆柱蜗杆（ZC 蜗杆）等。其中，阿基米德蜗杆的端面齿廓是阿基米德螺旋线，轴向齿廓是直线（故又称轴向直廓蜗杆）；法向直廓蜗杆在垂直于齿线的法平面内的齿廓是直线，端面齿廓是延长渐开线。这两种蜗杆可以在车床上车削成形，其齿形如图 7-74 所示。

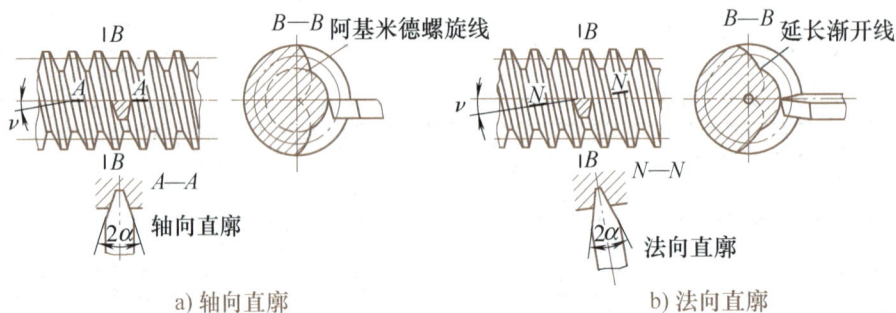

a) 轴向直廓　　　　　　　　b) 法向直廓

图 7-74　常用蜗杆齿形

阿基米德蜗杆的形状类似于梯形螺纹，其车削方法也与车削梯形螺纹的方法类似，它的工艺性能好，制造、测量方便，应用最多，我国大多采用压力角 $\alpha = 20°$ 的阿基米德蜗杆传动。以下介绍的内容中，除特别注明是法向直廓蜗杆外，均为阿基米德蜗杆，并简称蜗杆，蜗杆的旋向为右旋（特殊要求左旋除外）。

二、蜗杆车刀及其装夹

蜗杆车刀一般用高速工具钢材料磨制。由于蜗杆的齿形较深、导程较大，故其加工难度大于车削梯形螺纹。为提高蜗杆的加工质量，车削蜗杆时，蜗杆的粗车与精车一般应分开进行。

1. 蜗杆车刀

（1）蜗杆粗车刀 蜗杆粗车刀如图 7-75 所示。

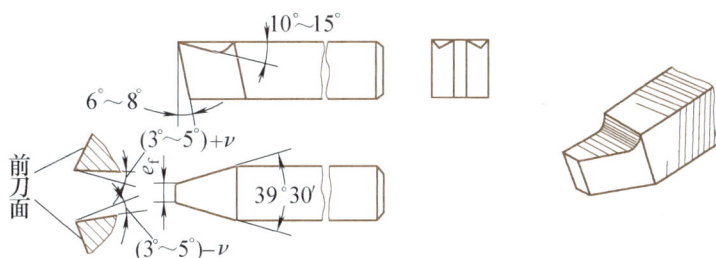

图 7-75 蜗杆粗车刀

1）车刀左、右两切削刃之间的夹角应小于压力角的 2 倍。

2）车刀刀尖宽度应小于蜗杆齿根槽宽。

3）车削钢料时，应磨有径向前角 10°~15°。

4）径向后角为 6°~8°。

5）进给方向后角为（3°~5°）$+\nu$，背向进给方向后角为（3°~5°）$-\nu$（ν 为蜗杆导程角）。

6）刀尖适当倒圆。

（2）蜗杆精车刀 蜗杆精车刀如图 7-76 所示。

1）车刀左、右两切削刃之间的夹角等于压力角的 2 倍。

2）为保证车削出蜗杆的压力角正确，径向前角为 0°。

3）为保证左、右切削刃切削顺利，两刃都磨有较大的前角（$\gamma_o = 15° \sim 20°$）。但这种精车刀只能精车两侧齿侧面，车刀前端切削刃不能用来车削槽底。

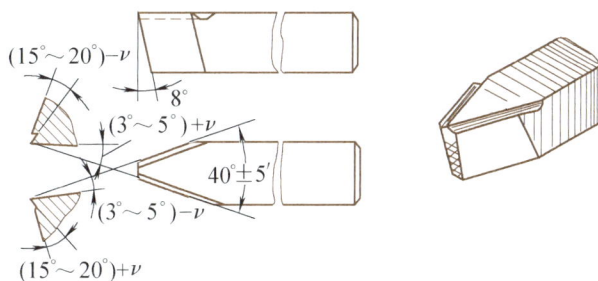

图 7-76 蜗杆精车刀

2. 蜗杆车刀的装夹

（1）水平装刀法 使蜗杆车刀两侧切削刃组成的平面处于水平位置，且与蜗杆轴线等高，如图 7-74a 所示，这种装刀法称为水平装刀法。

车削阿基米德蜗杆时，特别是精车时，应采用水平装刀法，以保证蜗杆齿形的正确性。

（2）垂直装刀法 使蜗杆车刀两侧切削刃组成的平面垂直于蜗杆齿面，两侧切削刃夹角的平分线在通过蜗杆轴线的水平面上，如图7-74b所示，这种装刀法称为垂直装刀法。车削法向直廓蜗杆时，应采用垂直装刀法。

　　粗车阿基米德蜗杆时，为减少因导程角引起一侧切削刃实际后角变小对车削蜗杆的影响，避免振动和产生"扎刀"现象，保证切削顺利，也可以采用垂直装刀法，如图7-77所示。但精车阿基米德蜗杆时，一定要采用水平装刀法。

　　（3）可调节刀排　使用图7-78所示的可调节刀排车削蜗杆，可以不考虑导程角对车刀实际工作前角和工作后角的影响，刀头刃磨简单方便，而且易于垂直装刀，车刀装妥后，朝进给方向一侧转动刀排头部一个导程角 ν 即可。由于刀排开有弹性槽，因此车削时不易产生"扎刀"现象。

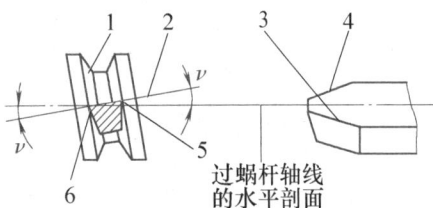

图7-77　垂直装刀法

1—齿面　2—车刀前刀面

3、6—左切削刃　4、5—右切削刃

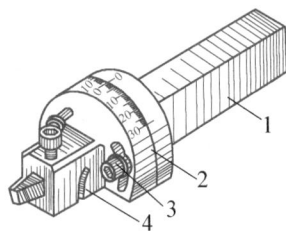

图7-78　可调节刀排

1—刀柄　2—头部

3—调整螺钉　4—弹性槽

　　（4）蜗杆车刀的找正　车削模数较小的蜗杆时，蜗杆车刀可用对刀样板找正装夹；车削模数较大的蜗杆时，蜗杆车刀通常用游标万能角度尺来找正装夹，如图7-79所示。

　　找正装夹蜗杆车刀的方法是：将游标万能角度尺的一边靠住零件外圆，观察其另一边与车刀刃口的间隙，如有偏差，可松开压紧螺钉，重新调整刀尖角的位置，将车刀装正。

三、蜗杆的车削

1. 蜗杆的一般技术要求

1）蜗杆的轴向模数和与之啮合的蜗轮的端面模数必须相等。

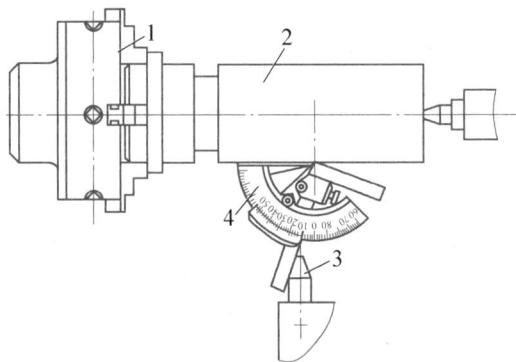

图7-79　用游标万能角度尺找正装夹车刀

1—单动卡盘　2—螺杆零件

3—蜗杆车刀　4—游标万能角度尺

2）蜗杆的轴向齿距应符合要求。

3）蜗杆的轴向齿厚或法向齿厚应符合要求。

4）蜗杆两齿侧面的表面粗糙度值要小，齿形应符合图样要求。

5）蜗杆齿槽的径向圆跳动应在规定范围内。

2. 零件的装夹

　　车削蜗杆时，切削力较大，零件应采用一夹一顶的方式装夹。车削模数较大的蜗杆时，应采用单动卡盘与尾座顶尖装夹，使装夹牢固可靠。零件轴向应采用限位台阶或限位支承定位，以防蜗杆在车削过程中发生窜动。

3. 蜗杆的车削方法

1）蜗杆的车削方法与梯形螺纹的车削方法基本相同。由于蜗杆的导程（即轴向齿距）不是整数，因此车削蜗杆时不能使用提开合螺母法，只能使用倒顺车法车削。

2）车削前，先根据蜗杆的导程在车床进给箱铭牌上找到相应手柄的位置参数，并对各手柄位置进行调整。

3）粗车时，当蜗杆的轴向模数 $m_x \leqslant 3\text{mm}$ 时，可采用左右切削法车削；当蜗杆的轴向模数 $m_x > 3\text{mm}$ 时，一般先采用车槽法粗车，然后用左右切削法半精车；如果蜗杆的轴向模数很大（$m_x > 5\text{mm}$），则先采用车阶梯槽（即分层切削）法粗车，再用左右切削法半精车，单边留 $0.2 \sim 0.4\text{mm}$ 的精车余量。

4）精车时，用两侧带有卷屑槽的蜗杆精车刀，分左、右单边切削成形，最后用刀尖角略小于压力角 2 倍的精车刀精车蜗杆齿根圆直径，把齿形修整清晰。

四、蜗杆的检测

蜗杆主要的检测参数有齿顶圆直径 d_a、轴向齿距 p_x、分度圆直径 d_1 和齿厚 s。齿顶圆直径 d_a 可用千分尺测量；轴向齿距 p_x 主要由车床传动链保证，可用钢直尺或游标卡尺粗略测量；分度圆直径 d_1 可用三针或单针测量，用三针（或单针）测量分度圆直径的量针直径和 M 值（或 A 值）的计算公式见表 7-12。齿厚可用游标齿厚卡尺测量或用三针（或单针）间接测量。

1. 用游标齿厚卡尺测量齿厚

当蜗杆的精度较低时，蜗杆的齿厚可用游标齿厚卡尺测量，如图 7-80 所示。

游标齿厚卡尺由相互垂直的齿高、齿厚游标卡尺组成。测量时，将齿高游标卡尺的读数调整为蜗杆的齿顶高尺寸（必要时应按零件实际齿顶圆直径 d_a 进行修正），使齿厚游标卡尺的两卡脚法向切入蜗杆齿廓（卡尺与蜗杆轴线相交成一个导程角 ν），齿高游标卡尺的卡脚则顶住齿廓顶部。微量摆动游标卡尺，测出的最小读数即为蜗杆分度圆处的法向齿厚 s_n。

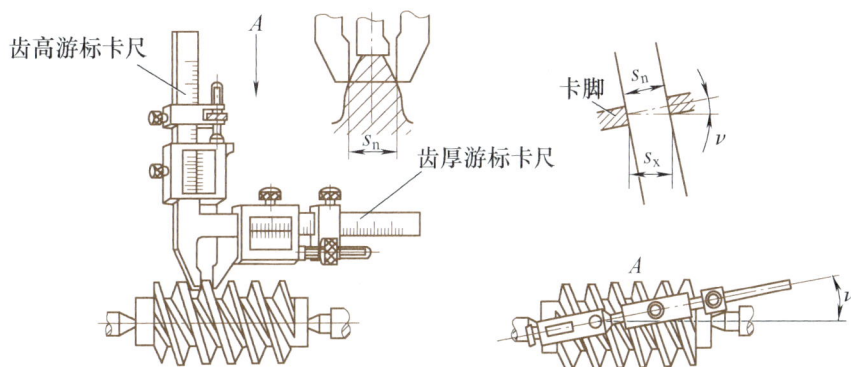

图 7-80 用游标齿厚卡尺测量齿厚

蜗杆零件图样上常给出的是轴向齿厚 s_x，法向齿厚 s_n 与轴向齿厚 s_x 的换算公式是

$$s_n = s_x \cos\nu \tag{7-9}$$

2. 用三针或单针间接测量齿厚

当蜗杆精度要求较高，在图样上标注的是齿厚偏差时，为了提高检测精度，可将齿厚偏差换算成三针（或单针）测量值 M（或 A）的偏差，改用三针（或单针）测量法来间接检测齿厚，如图 7-81 所示。其换算公式为

$$\Delta M = \Delta s \cot \alpha \qquad (7\text{-}10)$$

$$\Delta A = \frac{1}{2}\Delta M = \frac{1}{2}\Delta s \cot \alpha \qquad (7\text{-}11)$$

式中　Δs——齿厚偏差；

　　　α——蜗杆压力角，$\alpha = 20°$。

即三针测量值的偏差 $\Delta M = 2.7475\Delta s$，单针测量值的偏差 $\Delta A = 1.3737\Delta s$。

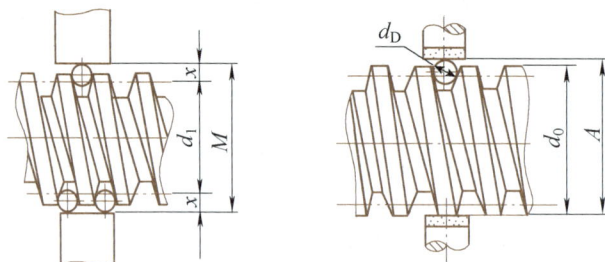

图 7-81　用三针或单针间接测量齿厚偏差

任务实施

一、车削单头蜗杆

1. 任务图样

训练零件图样如图 7-82 所示。

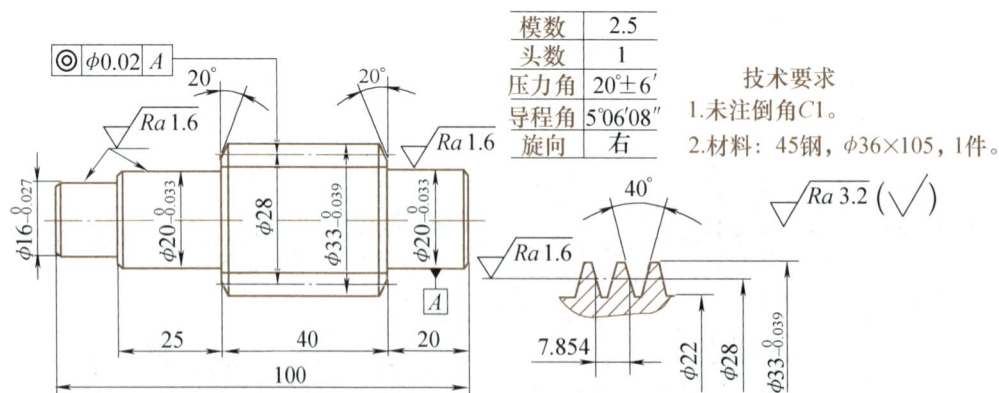

模数	2.5
头数	1
压力角	20°±6′
导程角	5°06′08″
旋向	右

技术要求
1. 未注倒角C1。
2. 材料：45钢，$\phi36×105$，1件。

图 7-82　单头蜗杆

2. 操作步骤

1）夹持外圆，零件伸出长度为 80mm 左右，找正并夹紧。

2）车削端面，钻中心孔，用后顶尖顶住零件成一夹一顶装夹。

3）车削外圆至 $\phi34$mm，长度大于 60mm。

4）粗车右端 $\phi 20_{-0.033}^{0}$ mm 外圆至 $\phi 21$mm，长 19.5mm，倒角。

5）调头装夹，找正并夹紧。

6）车削端面，控制总长 100mm，钻中心孔。

7）粗车 $\phi 20_{-0.033}^{0}$ mm 外圆至 $\phi 21$mm，长 39.5mm。

8）粗车 $\phi 16_{-0.027}^{0}$ mm 外圆至 $\phi 18$mm，长 14.5mm。

9）调头装夹，夹持 $\phi 18$mm 外圆，用后顶尖成一夹一顶装夹。

10）粗车蜗杆。

11）采用两顶尖装夹，分别精车各外圆至图样要求，倒角。

12）精车蜗杆至图样要求。

13）检查。

3. 任务评价（表 7-14）

表 7-14　车削单头蜗杆任务评价

序号	评价项目与要求	配分	评分标准	检测结果	得分
1	$\phi 20_{-0.033}^{0}$ mm（2 处）	5×2	超差无分		
2	$\phi 16_{-0.027}^{0}$ mm	5	超差无分		
3	$\phi 33_{-0.039}^{0}$ mm	5	超差无分		
4	7.854mm	15	超差无分		
5	$\alpha = 20° \pm 6'$	10	超差无分		
6	$\phi 22$mm	3	超差无分		
7	$\phi 28$mm	3	超差无分		
8	◎ $\phi 0.02$ A	6	超差无分		
9	$Ra 1.6 \mu m$	8	超差无分		
10	$Ra 3.2 \mu m$（5 处）	2×5	超差无分		
11	100mm、40mm、25mm、20mm	2×4	超差无分		
12	$C1$（3 处）	1×3	超差无分		
13	倒角 20°（2 处）	1×2	超差无分		
14	文明生产和安全生产	12	现场评分		
15	合计	100			

二、注意事项

1）车削蜗杆时，车削第一刀后，应先检查蜗杆的轴向齿距是否正确。

2）由于蜗杆的导程角较大，因此蜗杆车刀的两侧后角应适当增减。

3）鸡心夹头应靠紧卡爪并牢固地夹住零件，以防车削蜗杆时发生移位而损坏零件；在车削过程中，应经常检查前、后顶尖的松紧情况。

4）粗车蜗杆时，应尽可能提高零件的装夹刚度；减小机床床鞍与导轨之间的间隙，以减小窜动量。

5）粗车蜗杆时，每次切入深度要适当，并经常检测（法向）齿厚，以控制精车余量。

6）精车蜗杆时，应采用低速车削，并充分加注切削液；为了提高蜗杆齿面的表面质量，可采用点动（刚开车就立即停车）方式利用主轴惯性进行慢速切削。

课后测评

1. 刃磨普通外螺纹车刀有什么要求？
2. 螺纹车刀在装夹时有何要求？
3. 什么是乱牙？车削螺纹时如何防止乱牙？
4. 普通外螺纹有哪些检测方法？
5. 圆锥管螺纹的车削方法有哪些？
6. 在车床上套螺纹和攻螺纹分别使用什么工具？
7. 车削梯形螺纹时，如何装夹零件？
8. 梯形外螺纹的检测方法有哪些？
9. 蜗杆车刀的装夹方法有哪些？
10. 蜗杆的检测方法有哪些？

附录 A 金属切削机床 型号编制方法（摘自 GB/T 15375—2008）

类别		组别									
		0	1	2	3	4	5	6	7	8	9
车床 C		仪表小型车床	单轴自动车床	多轴自动、半自动车床	回转、转塔车床	曲轴及凸轮轴车床	立式车床	落地及卧式车床	仿形及多刀车床	轮、轴、辊、锭及铲齿车床	其他车床
钻床 Z		—	坐标镗钻床	深孔钻床	摇臂钻床	台式钻床	立式钻床	卧式钻床	铣钻床	中心孔钻床	其他钻床
镗床 T		—	—	深孔镗床	—	坐标镗床	立式镗床	卧式铣镗床	精镗床	汽车、拖拉机修理用镗床	其他镗床
磨床	M	仪表磨床	外圆磨床	内圆磨床	砂轮机	坐标磨床	导轨磨床	刀具刃磨床	平面及端面磨床	曲轴、凸轮轴、花键轴及轧辊磨床	工具磨床
	2M	—	超精机	内圆珩磨机	外圆及其他珩磨机	抛光机	砂带抛光及磨削机床	刀具刃磨床及研磨机床	可转位刀片磨削机床	研磨机	其他磨床
	3M	—	球轴承套圈沟磨床	滚子轴承套圈滚道磨床	轴承套圈超精机	—	叶片磨削机床	滚子加工机床	钢球加工机床	气门、活塞及活塞环磨削机床	汽车、拖拉机修磨机床
齿轮加工机床 Y		仪表齿轮加工机	—	锥齿轮加工机	滚齿及铣齿机	剃齿及珩齿机	插齿机	花键轴铣床	齿轮磨齿机	其他齿轮加工机	齿轮倒角及检查机
螺纹加工机床 S		—	—	—	套丝机	攻丝机	—	螺纹铣床	螺纹磨床	螺纹车床	—
铣床 X		仪表铣床	悬臂及滑枕铣床	龙门铣床	平面铣床	仿形铣床	立式升降台铣床	卧式升降台铣床	床身铣床	工具铣床	其他铣床
刨插床 B		—	悬臂刨床	龙门刨床	—	—	插床	牛头刨床	—	边缘及模具刨床	其他刨床

（续）

类别	组别									
	0	1	2	3	4	5	6	7	8	9
拉床 L	—	—	侧拉床	卧式外拉床	连续拉床	立式内拉床	卧式内拉床	立式外拉床	键槽、轴瓦及螺纹拉床	其他拉床
锯床 G	—	—	砂轮片锯床		卧式带锯床	立式带锯床	圆锯床	弓锯床	锉锯床	—
其他机床 Q	其他仪表机床	管子加工机床	木螺钉加工机	—	刻线机	切断机	多功能机床	—	—	—

附录 B 车床类（C）的组、系代号及主参数（摘自 GB/T 15375—2008）

组		系			主参数
代号	名称	代号	名称	折算系数	名称
0	仪表小型车床	0	仪表台式精整车床	1/10	床身上最大回转直径
		2	小型排刀车床	1	最大棒料直径
		3	仪表转塔车床	1	最大棒料直径
		4	仪表卡盘车床	1/10	床身上最大回转直径
		5	仪表精整车床	1/10	床身上最大回转直径
		6	仪表卧式车床	1/10	床身上最大回转直径
		7	仪表棒料车床	1	最大棒料直径
		8	仪表轴车床	1/10	床身上最大回转直径
		9	仪表卡盘精整车床	1/10	床身上最大回转直径
1	单轴自动车床	0	主轴箱固定型自动车床	1	最大棒料直径
		1	单轴纵切自动车床	1	最大棒料直径
		2	单轴横切自动车床	1	最大棒料直径
		3	单轴转塔自动车床	1	最大棒料直径
		4	单轴卡盘自动车床	1/10	床身上最大回转直径
		6	正面操作自动车床	1	最大车削直径
2	多轴自动、半自动车床	0	多轴平行作业棒料自动车床	1	最大棒料直径
		1	多轴棒料自动车床	1	最大棒料直径
		2	多轴卡盘自动车床	1/10	卡盘直径
		4	多轴可调棒料自动车床	1	最大棒料直径
		5	多轴可调卡盘自动车床	1/10	卡盘直径
		6	立式多轴半自动车床	1/10	最大车削直径
		7	立式多轴平行作业半自动车床	1/10	最大车削直径

（续）

组		系			主参数
代号	名称	代号	名称	折算系数	名称
3	回转、转塔车床	0	回轮车床	1	最大棒料直径
		1	滑鞍转塔车床	1/10	卡盘直径
		2	棒料滑枕转塔车库	1	最大棒料直径
		3	滑枕转塔车床	1/10	卡盘直径
		4	组合式转塔车床	1/10	最大车削直径
		5	横移转塔车床	1/10	最大车削直径
		6	立式双轴转塔车床	1/10	最大车削直径
		7	立式转塔车床	1/10	最大车削直径
		8	立式卡盘车床	1/10	卡盘直径
4	曲轴及凸轮轴车床	0	旋风切削曲轴车床	1/100	转盘内孔直径
		1	曲轴车床	1/10	最大工件回转直径
		2	曲轴主轴颈车床	1/10	最大工件回转直径
		3	曲轴连杆轴颈车床	1/10	最大工件回转直径
		5	多刀凸轮轴车床	1/10	最大工件回转直径
		6	凸轮轴车床	1/10	最大工件回转直径
		7	凸轮轴中轴颈车床	1/10	最大工件回转直径
		8	凸轮轴端轴颈车床	1/10	最大工件回转直径
		9	凸轮轴凸轮车床	1/10	最大工件回转直径
5	立式车床	1	单柱立式车床	1/100	最大车削直径
		2	双柱立式车床	1/100	最大车削直径
		3	单柱移动立式车床	1/100	最大车削直径
		4	双柱移动立式车床	1/100	最大车削直径
		5	工作台移动单柱立式床	1/100	最大车削直径
		7	定梁单柱立式车床	1/100	最大车削直径
		8	定梁双柱立式车床	1/100	最大车削直径
6	落地及卧式车床	0	落地车库	1/100	最大工件回转直径
		1	卧式车库	1/10	床身上最大回转直径
		2	马鞍车库	1/10	床身上最大回转直径
		3	轴车床	1/10	床身上最大回转直径
		4	卡盘车床	1/10	床身上最大回转直径
		5	球面车床	1/10	刀架上最大回转直径
		6	主轴箱移动型卡盘车床	1/10	床身上最大回转直径
7	仿形及多刀车床	0	转塔仿形车床	1/10	刀架上最大车削直径
		1	仿形车床	1/10	刀架上最大车削直径
		2	卡盘仿形车床	1/10	刀架上最大车削直径
		3	立式仿形车床	1/10	最大车削直径
		4	转塔卡盘多刀车床	1/10	刀架上最大车削直径
		5	多刀车床	1/10	刀架上最大车削直径
		6	卡盘多刀车床	1/10	刀架上最大车削直径
		7	立式多刀车床	1/10	刀架上最大车削直径
		8	异形多刀车床	1/10	刀架上最大车削直径

（续）

组		系			主参数
代号	名称	代号	名称	折算系数	名称
8	轮、轴、辊、锭及铲齿车床	0	车轮车床	1/100	最大工件直径
		1	车轴车床	1/10	最大工件直径
		2	动轮曲拐销车床	1/100	最大工件直径
		3	轴颈车床	1/100	最大工件直径
		4	轧辊车床	1/10	最大工件直径
		5	钢锭车床	1/10	最大工件直径
		7	立式车轮车床	1/100	最大工件直径
		9	铲齿车床	1/10	最大工件直径
9	其他车床	0	落地镗车床	1/10	最大工件回转直径
		2	单能半自动车床	1/10	刀架上最大车削直径
		3	气缸套镗车床	1/10	床身上最大回转直径
		5	活塞车床	1/10	最大车削直径
		6	轴承车床	1/10	最大车削直径
		7	活塞环车床	1/10	最大车削直径
		8	钢锭模车床	1/10	最大车削直径

附录 C 各型中心孔的尺寸

表 C-1　A 型中心孔的尺寸　　　　　　　　　（单位：mm）

d	D	l_2	t 参考尺寸	d	D	l_2	t 参考尺寸
(0.50)	1.06	0.48	0.5	2.50	5.30	2.42	2.2
(0.63)	1.32	0.60	0.6	3.15	6.70	3.07	2.8
(0.80)	1.70	0.78	0.7	4.00	8.50	3.90	3.5
1.00	2.12	0.97	0.9	(5.00)	10.60	4.85	4.4
(1.25)	2.65	1.21	1.1	6.30	13.20	5.98	5.5
1.60	3.35	1.52	1.4	(8.00)	17.00	7.79	7.0
2.00	4.25	1.95	1.8	10.00	21.20	9.70	8.7

注：1. 尺寸 l_1 取决于中心钻的长度，即使中心钻重磨后再使用，此值也不应小于 t 值。

　　2. 表中同时列出了 D 和 l_2 尺寸，制造厂可任选其中一个尺寸。

　　3. 括号内的尺寸尽量不采用。

表 C-2　B 型中心孔的尺寸　　　　　　　　　　　　　　　（单位：mm）

d	D_1	D_2	l_2	t 参考尺寸	d	D_1	D_2	l_2	t 参考尺寸
1.00	2.12	3.15	1.27	0.9	4.00	8.50	12.50	5.05	3.5
(1.25)	2.65	4.00	1.60	1.1	(5.00)	10.60	16.00	6.41	4.4
1.60	3.35	5.00	1.99	1.4	6.30	13.20	18.00	7.36	5.5
2.00	4.25	6.30	2.54	1.8	(8.00)	17.00	22.40	9.36	7.0
2.50	5.30	8.00	3.20	2.2	10.00	21.20	28.00	11.66	8.7
3.15	6.70	10.00	4.03	2.8					

注：1. 尺寸 l_1 取决于中心钻的长度，即使中心钻重磨后再使用，此值也不应小于 t 值。

　　2. 表中同时列出了 D_2 和 l_2 尺寸，制造厂可任选其中一个尺寸。

　　3. 尺寸 d 和 D_1 与中心钻的尺寸一致。

　　4. 括号内的尺寸尽量不采用。

表 C-3　C 型中心孔的尺寸　　　　　　　　　　　　　　　（单位：mm）

d	D_1	D_2	D_3	l	l_1 参考尺寸	d	D_1	D_2	D_3	l	l_1 参考尺寸
M3	3.2	5.3	5.8	2.6	1.8	M10	10.5	14.9	16.3	7.5	3.8
M4	4.3	6.7	7.4	3.2	2.1	M12	13.0	18.1	19.8	9.5	4.4
M5	5.3	8.1	8.8	4.0	2.4	M16	17.0	23.0	25.3	12.0	5.2
M6	6.4	9.6	10.5	5.0	2.8	M20	21.0	28.4	31.3	15.0	6.4
M8	8.4	12.2	13.2	6.0	3.3	M24	26.0	34.2	38.0	18.0	8.0

表 C-4　R 型中心孔的尺寸　　　　　　　　　　　　　　　（单位：mm）

d	D	L_{min}	r max	r min	d	D	L_{min}	r max	r min
1.00	2.12	2.3	3.15	2.50	4.00	8.50	8.9	12.50	10.00
(1.25)	2.65	2.8	4.00	3.15	(5.00)	10.60	11.2	16.00	12.50
1.60	3.35	3.5	5.00	4.00	6.30	13.20	14.0	20.00	16.00
2.00	4.25	4.4	6.30	5.00	(8.00)	17.00	17.9	25.00	20.00
2.50	5.30	5.5	8.00	6.30	10.00	21.20	22.5	31.50	25.00
3.15	6.70	7.0	10.00	8.00					

注：括号内的尺寸尽量不采用。

附录D 普通螺纹 基本尺寸（摘自 GB/T 196—2003）

（单位：mm）

公称直径 D、d			螺距 P	中径 D_2 或 d_2	小径 D_1 或 d_1
第一系列	第二系列	第三系列			
4			0.7	3.545	3.242
			0.5	3.675	3.459
	4.5		0.75	4.013	3.688
			0.5	4.175	3.959
5			0.8	4.480	4.134
			0.5	4.675	4.459
		5.5	0.5	5.175	4.959
6			1	5.350	4.917
			0.75	5.513	5.188
		7	1	6.350	5.917
			0.75	6.513	6.188
8			1.25	7.188	6.647
			1	7.350	7.917
			0.75	7.513	7.188
		9	1.25	8.188	7.647
			1	8.350	7.917
			0.75	8.513	8.188
10			1.5	9.026	8.376
			1.25	9.188	8.647
			1	9.350	8.917
			0.75	9.513	9.188
		11	1.5	10.026	9.376
			1	10.350	10.917
			0.75	10.513	10.188
12			1.75	10.863	10.106
			1.5	11.026	10.376
			1.25	11.188	10.647
			1	11.350	10.917
	14		2	12.701	11.835
			1.5	13.026	12.376
			1.25	13.188	12.657
			1	13.350	12.917
		15	1.5	14.026	13.376
			1	14.350	13.917
16			2	14.701	13.835
			1.5	15.026	14.376
			1	15.350	14.917

公称直径 D、d			螺距 P	中径 D_2 或 d_2	小径 D_1 或 d_1
第一系列	第二系列	第三系列			
		17	1.5	16.026	15.376
			1	16.350	15.917
	18		2.5	16.376	15.294
			2	16.701	15.835
			1.5	17.026	16.376
			1	17.350	16.917
20			2.5	18.376	17.294
			2	18.701	17.835
			1.5	19.026	18.376
			1	19.350	18.917
	22		2.5	20.376	19.294
			2	20.701	19.835
			1.5	21.026	20.376
			1	21.350	20.917
24			3	22.051	20.752
			2	22.701	21.835
			1.5	23.026	22.375
			1	23.350	22.917
		25	2	23.701	22.835
			1.5	24.026	23.376
			1	24.350	23.917
		26	1.5	25.026	24.376
	27		3	25.051	23.752
			2	25.701	24.835
			1.5	26.026	25.376
			1	26.350	25.917
		28	2	26.701	25.835
			1.5	27.026	26.375
			1	27.350	26.917
30			3.5	27.727	26.211
			3	28.051	26.752
			2	28.701	27.835
			1.5	29.026	28.376
			1	29.350	28.917
		32	2	30.701	29.835
			1.5	31.026	30.376
		33	3.5	30.727	29.211
			3	31.051	29.752

参 考 文 献

［1］ 陈海魁. 车工技能训练［M］. 4 版. 北京：中国劳动社会保障出版社，2014.

［2］ 段维峰，翟德梅. 金工实训教程［M］. 北京：机械工业出版社，2013.

［3］ 汪哲能. AutoCAD2013 机械制图实例教程［M］. 北京：机械工业出版社，2014.

［4］ 盛聚，许春英，徐军. 车削加工技术［M］. 北京：人民交通出版社，2017.

［5］ 吕天玉，张柏军. 公差配合与测量技术［M］. 4 版. 大连：大连理工大学出版社，2012.

［6］ 许剑伟，杨从海. 车削加工［M］. 成都：西南交通大学出版社，2012.

［7］ 葛乐清，代金凤. 金属车削加工［M］. 北京：机械工业出版社，2021.

［8］ 薛峰. 车工工艺与技能训练［M］. 北京：机械工业出版社，2012.

［9］ 吴细辉. 车工工艺与技能训练［M］. 北京：机械工业出版社，2013.

［10］ 黄勤芳，孙峰. 机械制造技术基础［M］. 北京：机械工业出版社，2013.

［11］ 余承辉. 金属切削机床［M］. 大连：大连理工大学出版社，2012.

［12］ 艾建军，刘建敏. 金工实训［M］. 大连：大连理工大学出版社，2012.

［13］ 张晓琳，唐代滨. 车削加工技术［M］. 北京：高等教育出版社，2015.

［14］ 王强. 金工实习［M］. 北京：机械工业出版社，2012.

［15］ 陆德光. 车削加工工艺［M］. 西安：电子科技大学出版社，2022.

［16］ 陈海滨，郁冬. 车削加工技术训练［M］. 北京：北京理工大学出版社，2016.

［17］ 余心明，李相富. 车削加工与技能训练［M］. 武汉：华中科技大学出版社，2018.

［18］ 郑文虎. 车削技术经验［M］. 北京：中国铁道出版社，2013.

［19］ 张云龙，刘小兰. 车削加工技术［M］. 北京：化学工业出版社，2016.

［20］ 钟翔山. 车削手册［M］. 北京：化学工业出版社，2021.